Fuchsien

Gerda Manthey

FUCHSIEN

65 Farbfotos
24 Zeichnungen

Verlag Eugen Ulmer

CIP-Kurztitelaufnahme der Deutschen Bibliothek

Manthey, Gerda
Fuchsien: Gerda Manthey. –
Stuttgart: Ulmer 1983
ISBN 3-8001-6140-0

Wollgrasweg 41, 7000 Stuttgart 70 (Hohenheim)
Printed in Germany
Umschlagentwurf: A. Krugmann
mit einem Foto ('South Gate') von Burda GmbH, Offenburg;
Zeichnungen von Cornelia Frank, Stuttgart
Satz: Setzerei Lihs, Ludwigsburg
Druck und Bindung: Passavia GmbH, Passau

Vorwort

Fuchsien gehörten schon in meiner frühen Kindheit zu den Pflanzen, die mir wohl durch die ungewöhnliche, hängende Blütenform als etwas Besonderes aufgefallen waren. Sehr viel später, Anfang der 60er Jahre, bei einem Besuch der Insel Mainau, brach beim Anblick der 130 Jahre alten, meterhohen, über und über mit zierlichen Glöckchen behangenen Fuchsien-Pyramide die alte Begeisterung wieder durch. Ich begann Fuchsien zu sammeln, mußte aber bald feststellen, daß das Angebot zu jener Zeit in Deutschland sehr spärlich war. Überall fanden sich nur die gleichen wenigen Sorten.
Ein glücklicher Zufall spielte mir eines Tages ein Fuchsien-Buch aus England in die Hand. Erst jetzt wurde mir bewußt, daß die züchterische Weiterentwicklung der Gattung *Fuchsia* an unserem Land vorübergegangen war. Ich war schlicht überwältigt von der im englischen Buch dargestellten Farbenvielfalt und der noch größeren Vielfalt der Blütenformen. Dies war zugleich Anstoß für den Aufbau einer Fuchsien-Sammlung, die zeitweilig aus mehr als 700 Arten und Sorten bestand.
Die Fuchsien-Renaissance, in den USA und vielen europäischen Ländern längst vollzogen, fand mit einiger Verspätung inzwischen auch in Deutschland statt. Mehr Freizeit, größere technische und finanzielle Mittel, die es vielen Menschen ermöglichen, sich ein kleines Gewächshaus zu bauen, vergrößerten den Kreis der Fuchsien-Freunde sehr schnell. Angesichts der hohen Energiepreise ist der Aspekt, Fuchsien als Kalthauspflanzen ziehen zu können, inzwischen durchaus relevant.
Wer sich mit einer Pflanzengattung intensiv beschäftigt, hat bald den Wunsch nach Information. Er möchte seine Pflanzen optimal versorgen, sich notwendige Kenntnisse über die Pflege aneignen, vielleicht auch etwas über die Herkunft und Kulturgeschichte erfahren. Im Gegensatz zu England oder den USA, wo es eine umfangreiche, informative Fuchsienliteratur gibt und in schöner Regelmäßigkeit neue Bücher zu diesem Thema erscheinen, suchte ich damals vergeblich nach einem deutschen Fuchsienbuch. Es gab keines und hatte auch nie eines gegeben.
Auch die im vergangenen Jahrhundert und noch bis etwa 1938 selbstverständliche Praxis, daß jede neue Fuchsienzüchtung in den damals vielgelesenen Gartenzeitschriften vom Züchter persönlich oder von namhaften Autoren ausführlich und manchmal sogar farbig illustriert, vorgestellt wurde, hat man leider nach dem Zweiten Weltkrieg in Deutschland nicht wieder aufgegriffen. So wurde bald und immer häufiger von Fuchsienfreunden der Wunsch an mich herangetragen, meine langjährigen Erfahrungen in einem umfassenden Buch für den deutschen Sprachraum niederzulegen.
In Herrn Roland Ulmer habe ich einen verständnisvollen Verleger gefunden. Darum möchte ich, auch im Namen aller Fuchsienfreunde, ihm und allen seinen Mitarbeitern, die das vorliegende Buch gestaltet haben, herzlich danken.
Ich habe mir Mühe gegeben, alle wissenswerten Informationen zusammenzutragen und bei den Kulturmaßnahmen, insbesondere aber auch bei den Beschreibungen der Sorten mit all ihren Besonderheiten, eigene Erfahrungen wiederzugeben.
Mein Dank gilt ganz besonders den Damen und Herren, die mit ihren Farbbildern den subtilen Charme der Fuchsien, der sich mit Worten nur schwer beschreiben läßt, so vollendet eingefangen haben, und nicht zuletzt Frau Ute Schneider für die vielen Stunden einfühlsamer Arbeit an der Schreibmaschine.

Ergste, im Herbst 1982 Gerda Manthey

Inhaltsverzeichnis

Die Entdeckung der Fuchsien

Wie arm wären heute unsere Gärten, hätten nicht Forscherpersönlichkeiten mit großen botanischen Kenntnissen in den vergangenen Jahrhunderten unerhört strapaziöse Reisen auf sich genommen, um neue, unbekannte Pflanzen nach Europa zu bringen.
So steht auch am Anfang der langen Kulturgeschichte der Fuchsie ein Mann, dem wir letztlich die heutige Pracht verdanken: Pater Charles Plumier. Am 20. April 1646 in Marseille geboren, trat er mit 16 Jahren dem Orden der Minimen bei („Orden der mindesten Brüder", Paulaner), gegründet von Franz von Paola im 15. Jahrhundert. Anfangs studierte er Mathematik, wechselte in Rom aber bald zur Botanik über. Seine ganze Begeisterung galt von da an den Pflanzen.
Nach Frankreich zurückgekehrt, lernte er den Botaniker Tournefort kennen. In dieser Zeit entstand sein erstes großes Herbarium. Im Auftrag Ludwig XIV. machte Plumier im letzten Jahrzehnt des 17. Jahrhunderts drei große Forschungsreisen nach Südamerika: 1689, 1693 und 1695. Die dritte Reise (1695) führte ihn nach Brasilien und zu den Inseln Guadeloupe, Martinique und Santo Domingo. In Santo Domingo entdeckte er einen zierlichen Blütenstrauch, den er in seinem 1703 in Paris veröffentlichtem Buch „Nova Plantarum Americanum Genera" als *'Fuchsia triphylla flore coccinea'*, also dreiblättrige Fuchsia mit roten Blüten beschrieb.
Neben dieser ersten von ihm entdeckten Fuchsie beschreibt und illustriert Plumier in seinem Buch noch 219 neue amerikanische Pflanzen aus 106 Gattungen. Alle wurden von ihm nach berühmten Botanikern benannt.
Als Charles Plumier 1704 eine vierte Reise unternehmen wollte, um in Peru Chinin-Bäume zu identifizieren, erkrankte er noch vor der Einschiffung und starb am 20. November 1704 in Cadiz im Alter von 59 Jahren.
Daß Plumier der Entdecker der Fuchsie war, wissen wir auch heute, 275 Jahre nach seinem Tode, noch. Seine Bedeutung als Botaniker ist aber nie richtig gewürdigt worden. Immerhin beschrieb und benannte er viele hundert amerikanische Pflanzenarten zuerst. Weil er aber lebte, bevor Linné sein Werk „Spezies Plantarum" veröffentlichte, wird er heute nicht als Autorität auf diesem Gebiet angesehen. Viele Namen, die er verschiedenen Pflanzengattungen gab, wurden von Linné übernommen und sind auch heute noch in Gebrauch, so z. B. *Bauhinia, Dioscorea, Fuchsia, Gesneria, Lobelia* und *Matthiola.*
Sein Lebenswerk war so phänomenal, daß man sich fragt, wann er noch Zeit für seine religiösen Ordensübungen gefunden haben mag. Neben drei großen Werken, die er veröffentlicht hat, hinterließ er 6000 Zeichnungen, von denen 4300 Pflanzen darstellen, 22 Bände Manuskripte in der Königlichen Bibliothek und 9 Bände Manuskripte in der Bibliothek der Königlichen Gärten (vermutlich in Frankreich). Aber nicht einmal die Hälfte davon wurde jemals veröffentlicht, und wenn überhaupt, dann nur als wenig sorgfältige Wiedergaben in Büchern anderer Botaniker. Zur Erinnerung an seinen Freund Plumier benannte der Botaniker Tournefort eine Pflanzengattung *Plumeria.* Dazu gehören z. B. die prächtig blühenden tropischen Frangipane-Bäume.
Wie schon erwähnt, folgte Charles Plumier dem Brauch der damaligen Zeit und gab der neu entdeckten Pflanze den Namen eines berühmten Botanikers. *Fuchsia* benannte er nach Leonhart Fuchs (1501 bis 1566), der von 1535 bis zu seinem Tode als Professor der Medizin an der Universität Tübingen wirkte und durch sein Buch „De historia stirpium" berühmt geworden war.
Schon 1 Jahr später, 1543, erschien in Basel eine deutsche Übersetzung des „New Kreüterbuoch, in welchem nit allein die gantz Histori, das ist Namen, Gestalt, Statt und Zeit der Wachsung, Natur, Krafft und Würckung des meysten Theyls der Kreüter so in teütschen und andern Ländern wachsen, mit dem besten vleiss beschriben, sonder auch aller derselben Wurtzel, Stengel, Bletter, Blumen, Samen, Frücht, und in summa die gantze Gestalt allso artlich und

kunstlich abgebildet und contrafayt ist, das desgleichen vormals nie gesehen noch an tag kommen".

Dieses mit 518, teils sehr schönen Holzschnitten ausgestattete Werk wurde oft nachgedruckt und übersetzt. 1958 erschien noch einmal ein Faksimile-Druck. Leonhart Fuchs gehört zu den Vätern der Botanik. Sein Werk enthielt auch das erste in Deutschland veröffentlichte Verzeichnis botanischer Ausdrücke.

Samen der *Fuchsia triphylla* scheint Plumier von seiner Reise nicht nach Europa mitgebracht zu haben, denn erst 1731 finden sich in Millers „Gardener's Dictionary" wieder Hinweise auf *Fuchsia triphylla.* Aus Samen, den Dr. William Houston in den Jahren 1728 bis 1732 gesammelt hatte, zog Miller im Chelsea Physic Garden die ersten Pflanzen von *F. triphylla.* Jedenfalls ist die Wahrscheinlichkeit groß, daß es *F. triphylla* gewesen sind.

Karl von Linné, der schwedische Botaniker und Begründer der binären Nomenklatur, übernahm in seinem Werk „Species Plantarum" die Beschreibung und die Zeichnung der *F. triphylla coccinea* von Plumier, nannte sie aber entsprechend seinem System *F. triphylla.*

Gedenktafel für Leonhart Fuchs an seinem Geburtshaus in Wemding bei Nördlingen (nach einer Zeichnung von Prof. A. E. Förster, Bonn-Bad Godesberg).

Die erste authentische Zeichnung einer Fuchsie.

1725 berichtet J. Coutts im „Gardeners Chronicle", Band 87, über die erste authentische Fuchsienabbildung, die R. P. L. Feuillé im „Journal des Observations Botaniques" unter dem Namen „Thilco" (chilenisch: Fuchsie) veröffentlicht hat.

In der Periode von 1768 bis 1840 wurden immer neue Fuchsienarten entdeckt und mit schöner Regelmäßigkeit nach England eingeführt. Die größeren Gärtnereien rüsteten sogar eigene Expeditionen aus, um neue Pflanzenarten nach England zu bringen. So schickte die Firma Veitch & Son in Exeter, Devon, William Lobb nach Südamerika. Der deutsche Botaniker K. T. Hartweg sammelte von 1836 bis 1843 im Auftrag der Royal Horticultural Society in Mittelamerika.

Fuchsien lassen sich mit anderen Pflanzen wirkungsvoll kombinieren, wie die Abbildung von der Fuchsienausstellung in Amsterdam 1980 zeigt.

In diesen Jahren wurden unter anderem die folgenden Arten nach Europa gebracht:

1796 *F. lycioides* nach Kew,

1824 *F. arborescens,* von Bullock aus Mexico eingeführt und von der Sloan Street Nursery verbreitet,

1825 *F. excorticata,* deren Samen in Neuseeland von Richardson gesammelt und in Colville's Nursery ausgesät wurden,

1828 *F. thymifolia,* nach St. Petersburg und England,

1829 *F. microphylla,* nach St. Petersburg und England,

1830 *F. fulgens,* von James Lee of Hammersmith verbreitet,

1840 *F. corymbiflora,*

1842 *F. splendens,* deren Samen von Hartweg gesammelt wurde,

1843–44 *F. apetala, F. decussata* und *F. serratifolia* (heute *F. denticulata*), eingeführt von William Lobb.

Obwohl man die Beschreibung der ersten Fuchsie durch Charles Plumier seit 1703 kannte, war es erst 1873 möglich, den genauen Fundort in Santo Domingo, in der heutigen Dominikanischen Republik, zu lokalisieren. Damals schickte Thomas Hogg Samen von *F. triphylla flore coccinea,* die er dort gesammelt hatte, nach Kew Gardens.

Züchtungsgeschichte

Mit der zunehmenden Verbreitung der Naturformen der Fuchsien begannen auch bald die ersten Versuche der Gärtner, die Arten untereinander zu kreuzen. Erste Aufzeichnungen liegen aus dem Jahre 1832 vor und berichten von Kreuzungen, die der Gärtner Bunney of Stratford mit *F. magellanica (F. coccinea)* als einem Elternteil vorgenommen hat. Im gleichen Jahr brachte Dennis, Chelsea, die *F.* 'Globosa' heraus; auch hier wird *F. magellanica* als Elternteil angenommen.
1839 entstand *F. standishii,* eine der ersten Hybriden aus *F. fulgens* × *F. magellanica. F. boliviana, F. corymbiflora, F. regia, F. cordifolia, F. denticulata* und *F. splendens* wurden ebenfalls von verschiedenen Züchtern als Eltern dieser ersten Generation von Fuchsiensorten benützt.
Ein wirklicher Durchbruch mit völlig neuen Resultaten gelang 1840, als bei John Gulliver, dem Gärtner eines Landpfarrers in Horsmonden, die erste Fuchsie mit weißem Tubus und weißen Sepalen mit purpurblauer Corolle entstand. Unter dem Namen 'Venus Victrix' brachte die Firma Cripps in Tunbridge Wells diese sensationelle Neuheit 1842 in den Handel. In einigen Sammlungen wird 'Venus Victrix' noch heute als Schatz gehütet. Als Elternteil wurde sie mehr als hundert Jahre lang bis auf den heutigen Tag zu Kreuzungen benutzt. James Travis, Preston, hat z. B. aus *F. magellanica* var. *molinae* × 'Venus Victrix' seine Sorten 'Silverdale', 'Hawkshead' und 'Little Langdale' gezüchtet und mit 'Venus Victrix' als Mutterpflanze 'The Tarns'. Auch bei 'Dorothea Flower' von Alf Thornley ist 'Venus Victrix' die Mutter.
Hatten schon die Fuchsienarten die Menschen im vorigen Jahrhundert begeistert, so begann man mit der Einführung immer neuer und immer schönerer Hybriden erst zu ahnen, was in dieser Gattung an Möglichkeiten steckt, welche Vielfalt an Formen und Farben diese eleganten Fremdlinge noch offenbaren würden. Ein wahrer Siegeszug der Fuchsien begann. Viele bedeutende Gärtner in England befaßten sich mittlerweile mit der Züchtung neuer Fuchsienhybriden. Namen wie Banks, Bull, Epps, Harrison, Lye, Salter, Standish, Story, Rundle, Veitch, Youell haben auch heute noch einen guten Klang. Viele der von ihnen damals gezüchteten Sorten werden noch immer geschätzt und kultiviert. Andere sind leider verlorengegangen, darunter vielleicht ähnliche „Juwelen" wie die zum Glück erhalten gebliebene Hybride 'Mrs. W. Rundle'.
1848 gelang Story die Züchtung der ersten Fuchsien mit einer weißen Corolle und einer gefüllten Blüte. Etwa zur gleichen Zeit entstanden die ersten Fuchsien mit gestreiften Blüten wie 'Striata perfecta' oder 'Bland's New Striped'.
Das Markenzeichen von James Lye, der von etwa 1871 an eine Reihe exzellenter Fuchsien züchtete, waren die cremefarbenen, wächsernen Blütenkelche. Noch in Kultur sind unter anderem 'Lyes Unique', 'Amy Lye', 'Beauty of Swanley'.
Der Siegeszug der Fuchsie blieb keineswegs auf England beschränkt, wenn es auch bei der bisherigen Schilderung so erscheinen mag.
1844 bringt der Franzose Felix M. Porcher, Präsident der Gartenbaugesellschaft zu Orleans, das erste Buch heraus, das sich ausschließlich und umfassend mit Fuchsien beschäftigt: „Le Fuchsia, son Histoire et sa Culture." Darin beschreibt er schon 300 Arten und Varietäten. 1848, in der 2. Ausgabe, sind es bereits 520 Sorten. Von den dort beschriebenen Sorten sind immer noch einige in Kultur, so etwa 'Queen Victoria' (Smith 1843), von der Porcher schreibt, daß sie Aufsehen erregte; oder 'Carnea', deren Beschreibung genau auf die noch heute vorhandene Pflanze paßt. „Petit" ist sie auch heute noch. Dann 'Hebe' (Stokes 1848), noch gesucht und geliebt, mit ihren eleganten, zierlichen, weiß-rotvioletten Blüten. Den Namen 'Hebe' gaben auch andere Züchter ihren Pflanzen, die aber anscheinend nicht mehr vorhanden sind.
Im Katalog der Gärtnerei Bass & Brown von 1852, Sudbury-Suffolk, taucht zum ersten Mal 'Tom Thumb' auf. Auch diese Beschreibung stimmt noch haargenau mit der heutigen Pflanze überein ('Tom Thumb', Baudinat 1850). Da im gleichen Katalog auch *F. pumila* (1821) beschrieben wird, können diese

beiden Pflanzen nicht identisch sein, wie heute oft behauptet wird.
'Dominyana' (Dominy, 1852), eine Kreuzung von *F. spectabilis* × *F. serratifolia* (heute *F. macrostigma* × *F. denticulata*) mit ihrem dunklen Laub und ihren leuchtend roten, trompetenförmigen Blüten erregte großes Aufsehen. Damals wurde sie als „reichblühend" angepriesen.
Wie schon zu Beginn erwähnt, kam im Jahre 1873 durch Thomas Hogg der erste Samen von *F. triphylla* nach Kew Gardens. Aber es dauerte ein Jahrzehnt, bis die Firma Henderson of St. Johns Wood 1882 Pflanzen davon in den Handel brachte.
1895 entstand mit *F. triphylla* 'Superba' *(F. triphylla* × *F. boliviana)* bei Veitch in Exeter die erste Triphylla-Hybride.
Von da an wurde es ruhiger um die Fuchsien in England. Fast die gesamte Entwicklung hat sich in der „Viktorianischen Zeit" abgespielt (Queen Victoria, 1837 bis 1901). Darum ist es auch nicht verwunderlich, wenn den Fuchsienfreund von heute der „altmodische", biedermeierliche Charme der Fuchsien – besonders wenn sie als Kronenbäumchen gezogen sind – so anspricht. Sie erinnern eben an die „gute, alte Zeit".
Parallel zur Entwicklung in England hat es auch in Deutschland und Frankreich Gärtner gegeben, die sich mit den Fuchsien beschäftigten. Die Begeisterungswellen erreichten Deutschland schon früh. Im „Deutschen Magazin für Garten und Blumenkunde", Heft 1 von 1848 finden wir eine ausführliche Schilderung der neu eingeführten *F. serratifolia* Ruiz et Pav. und der *F. macrantha* Hook. Die Einleitung ist so hübsch, daß es sich lohnt, sie im Wortlaut wiederzugeben:
„Den Fuchsien eine Lobrede zu halten, ist gewiß überflüssig, denn sie empfehlen sich auf den ersten Anblick.
Schon die älteste Art, die *F. coccinea* (Ait.) war immer ein gern gesehener Strauch, um so mehr aber steigerte sich das Wohlwollen der Blumenfreunde gegen dieselben, als immer neuere und schönere Sorten entdeckt und durch künstliche Befruchtung hervorgebracht wurden. Man glaubte das Schönste zu besitzen, nachdem man die zierliche 'Venus Victrix' und die großartige *F. corymbiflora* erhielt, allein dieß war keineswegs der höchste Glanzpunkt, denn jährlich erhalten wir neuere und schönere, ja wir erfahren durch Reisende, daß die interessanteren Arten noch aus ihrer Heimath zu erwarten sind. Daß diese Behauptung ihre Richtigkeit hat, beweist uns die Einführung der serratifolia und macrantha."
1855 erschien im „Deutschen Magazin für Garten und Blumenkunde", Stuttgart, ein Artikel über die Entstehung der neuen deutschen Fuchsiensorte 'Glory von Neisse' bei Rother in Neisse. Der nicht genannte Verfasser gibt zum Schluß folgende Empfehlung:
„Herr Gottlob Pfitzer, Handelsgärtner in Stuttgart, Kriegsbergstr. 38, beim Friedrichsthor, hat sich den Alleinbesitz dieser unter den deutschen Erzeugnissen bis jetzt einzig in ihrer Art darstehenden Neuheit von Herrn Rother erworben und eine Subscription darauf eröffnet, welche im nächsten Frühjahr effekturit wird, sobald die nötige Anzahl von Subscribenten beisammen ist; weßhalb die verehrlichen Liebhaber wohl daran thun werden, ihre Bestellungen alsbald einzusenden, indem davon der frühe Zeitpunkt der Versendung abhängt. Ein Exemplar kostet 1 fl 30 Kr. Bei einer Subscription auf drei Exemplare wird ein viertes gratis beigegeben.
Außer dieser neuesten Erscheinung besitzt Herr Gottlob Pfitzer die besten bekannten Varietäten, worunter die neuen englischen mit weißer Corolle und dergl. ..."
Man subskribierte also damals Fuchsien-Neuheiten wie heute etwa sehr kostbare Bücher.
Nun, die 'Glory von Neisse' hat, soviel bekannt, die vergangenen 125 Jahre nicht überdauert. Die Nachkommen jenes Gottlob Pfitzer aber sind bis auf den heutigen Tag bemüht, gute Pflanzenneuheiten an Liebhaber weiter zu geben.
Daß Pflanzenneuheiten damals – wie heute – ihren Preis hatten, geht aus einem weiteren Artikel im gleichen Heft des Garten-Magazins hervor:
„Die Herren Henderson & Son, Wellington Nurserey, St. Johns Wood, London, zeigten dieses Frühjahr eine Anzahl neuer Fuchsien an, welche sie im Alleinbesitz haben und in den Handel bringen. Die Hervorragendsten darunter sind einige schöne rothe mit schneeweißer Corolle, außerdem einige mit gestreifter und eine ('Prins Albert') mit prachtvoll dunkelblauer Corolle. Letztere erkauften sie von F. Bank's, Esq., die übrigen von W. Story, Esq., um den bedeutenden Preis von 100 Guineen. Story ist der Züchter der ersten scharlachrothen Fuchsie mit schneeweißer Corolle.
Die von den Herren Henderson in den Handel gebrachten Sorten sind folgende:

'Queen Viktoria'	(Story)	3Thlr.	15 Sgr.
'Prins Albert'	(Banks)	3 Thlr.	15 Sgr.
'Mrs. Story'	(Story)	3 Thlr.	15 Sgr.
'Ranunkulaeflora'	(Story)	7 Thlr.(!)	– Sgr.
'Perugino'	(Story)	3 Thlr.	15 Sgr.
'Empress Eugenie'	(Story)	3 Thlr.	15 Sgr.
'Water Nimph'	(Story)	3 Thlr.	15 Sgr.

Ausschnitt aus der Fuchsienausstellung im Amstelpark in Amsterdam 1978.

Sämtliche 9 Varietäten werden zu 28 Thaler erlassen. Bei dem Handelsgeiste der deutschen Gärtner war nicht zu zweifeln, daß diese Neuheiten in möglichster Kürze zu bedeutend billigeren Preisen bei uns zu haben sein werden."

Das Garten-Magazin von 1855 war fast ausschließlich der Fuchsie gewidmet und enthielt noch einen besonders interessanten Artikel über die doch etwas schwierig zu kultivierende 'Dominyana':

„Obgleich die Cultur der Fuchsien im Allgemeinen eine sehr leichte und bekannte ist, so gibt es doch manche Arten und Varietäten, welche schwer zur Blüthe zu bringen sind, und dennoch ist es öfters eine Kleinigkeit, diese Schwierigkeit aufzuheben. Da die 'Dominyana' von einer Art abstammt, welche unter die schwierigeren gehört, jedoch durch die sehr reichlich blühende väterliche Art verbessert wurde, so könnte dennoch von manchem weniger Erfahrenen ein Mißgriff gemacht werden, deßhalb geben wir hier die Culturangabe, wie sie Hr. Van Houtte in seiner wertvollen „Flore des Serres" mittheilt: Er sagt darüber:

„Um diese Hybride mit Erfolg zu cultiviren, verfährt man auf folgende Art: Die Stecklinge werden in einer Mischung von Sand- und Lauberde in einem geschlossenen, lauwarmen Kasten gehalten. Bei starkem Sonnenschein müssen sie über Mittag beschattet werden,

und nach 4–5 Tagen Morgens einige Minuten frische Luft erhalten. Wenn die Stecklinge bewurzelt sind, werden sie einzeln in kleine Töpfe in die gleiche Erdmischung versetzt. Diesen Compost ziehen wir jedem anderen vor, weil er besonders für die Wintercultur geeignet ist, und den jungen Pflanzen ein gutes Gedeihen gewährt.
Nach dem Versetzen werden die Pflanzen so lange noch in einem Kasten gehalten, bis sie sich vollständig bewurzelt haben. Nun werden die Pflanzen an eine warme und schattige Stelle der Orangerie gestellt, und später nach und nach an die freie Luft gewöhnt, indem man durch die Lüftungsapparate vorsichtig frische Luft zuströmen läßt. Diese Behandlung gibt man ihnen bis zum Januar, von wo an die Wärme ganz allmählig von 4 bis 8 Grad R. bis zu 12 bis 14 Gr. gesteigert wird. Bei Eintritt der Frühlingswitterung muß zur Vermeidung eines zu geilen Wachsthums die Temperatur bei Nacht um etwa 5 Grad, und ebenso muß durch häufiges Lüften die zu große Feuchtigkeit der Luft vermindert werden. Nun kommen sie näher an das Licht, aber gegen zu starke Mittagssonne beschützt.
Bei üppigem Wachsthum werden sie alle 5 bis 6 Wochen versetzt, wobei jedoch darauf gesehen werden muß, daß das Versetzen nicht bei nassen, sondern mehr trockenen Erdballen vorgenommen wird. Nach dem Versetzen müssen sie bis zum Wiederanwachsen einige Tage in gespannter Luft gehalten und bespritzt werden. Haben die Pflanzen eine gewisse Größe erreicht, so wird bei wiederholtem Versetzen dem Sand und der Lauberde noch ein Theil verrotteter Kuhdünger zugesetzt. Zu gleichförmigerer Feuchthaltung des Ballens und zur Beförderung des Wachsthums der oberen Wurzeln kann mit Vortheil eine Lage Moos auf die Erde gelegt werden, welches zugleich das Verschwemmen der Erde beim Begießen verhindert. Das beste Wasser zum Begießen ist, wie für alle anderen Pflanzen, das Regenwasser. Die Größe der Töpfe beim Versetzen muß dem Wachsthumsvermögen entsprechend sein. Während der Vegetationsperiode ist es gut, wenn dem Wasser alle Woche eine Quantität Schaf- oder Kuhdünger zugesetzt wird. An jeder Pflanze muß der Haupttrieb an einem Stab aufgebunden, die Seitentriebe geschont und nur zu üppige Wuchertriebe entfernt werden. Unter dieser Behandlung kann man eines glänzenden Erfolgs versichert sein."
Ein weiterer bedeutender Züchter aus dieser Zeit, der zweiten Hälfte des vergangenen Jahrhunderts, war Johann Nepomuk Twrdy aus Brünn in Mähren (23. 11. 1806 bis 5. 9. 1883). Er berichtet in seinem Artikel

'City of Pacifica' (oben), 'Alison Ewart' (unten).

„Fuchsien deutscher Züchtung" („Deutsches Magazin für Blumen und Gartenkunst", Heft 14, Stuttgart 1861) über neue Züchtungen aus diesem Jahr. Auch seine Ratschläge zur Kultur sind immer noch lesenswert, und wer sie heute beachtet, ist gut beraten:
„Die Steigerung der Vervollkommnung und der damit Hand in Hand gehenden Liebhaberei für Fuchsien, diese für Topf- wie für Gartenkultur so werthvollen und lieblichen Pflanzen, veranlaßten mich, Befruchtungsversuche anzustellen, und ich hatte die Freude, Sämlinge zu gewinnen, welche mit den schönsten ausländischen concurriren können. Da die Sorten mit gefüllter Corolle bei den Blumenfreunden noch mehr Beifall finden, als die mit einfacher, so richtete ich auf dieselben mein Hauptaugenmerk...
Unter „gewöhnlich guter Kultur" ist zu verstehen, daß man weder besondere Mastungsmittel, noch künstliche Treibmethoden anwendet, daß man sich aber auch nicht damit begnügt, die jungen Pflanzen, welche man erhält, in die nächste beste Erde und kleine Töpfe, oder an irgendeinen Platz im Freien ohne alle Auswahl auszupflanzen, sondern daß man eine nachhaltig nahrhafte Erde und angemessene Töpfe für dieselben wählt. Zu große Töpfe sind nicht nothwendig, desto mehr aber ein zweckmäßiges Versetzen von kleineren in angemessen größere, sobald der Topf ganz ausgewurzelt ist, die Pflanze also nicht mehr genug Nahrung für üppiges Wachsthum und zur möglichst vollkommenen Ausbildung ihrer zahlreichen Blüthenknospen findet.
Auch beim Auspflanzen in's Freie muß Verschiedenes berücksichtigt werden:
Erstens der Boden, welcher nicht zu lehmig schwer sein soll, sondern locker und nahrhaft, denn die Fuchsie ist in wildem Zustande eine Waldpflanze, und genießt als solche einen sehr humusreichen Boden, der seit Jahrtausenden in den Urwäldern aus abgestorbenen Vegetabilien, theilweise auch aus animalischen Resten sich gebildet hat. Wo nun der Boden in einem Garten für Fuchsienkultur zu schwer und zu wenig nahrhaft erscheint, muß durch Aufbessern mit leichtem Compost und Dünger nachgeholfen werden.
Zweitens die Lage. Diese ist am besten eine halbschattige, gegen die Mittagssonne geschützte. Die volle Sonne an einer sehr heißen Stelle sollte wo möglich vermieden werden, weil hier die Blumen weder die Größe noch die Färbung erhalten, wie in einer geschützten, namentlich helle oder weiße Sorten, die in der Sonne stets einen rothen, manchmal sehr schmutzigen Anflug erhalten. Auch das Grün der Blätter ist in der Sonne nicht so intensiv und saftig, wie im Schatten.
Drittens die Exemplare. Es sollten niemals ganz kleine Exemplare sogleich ins Freie ausgepflanzt werden, namentlich von neuen Sorten, von denen man das Wachsthum und den Habitus noch nicht kennt. Bei Sorten, welche von Natur aus ein üppiges hohes Wachsthum haben, geht es schon eher, aber solche, welche niedrig bleiben und die Zweige gerne horizontal ausbreiten, können ihre Blumen niemals schön präsentiren, wenn sie so niederliegend heranwachsen. Derartige Sorten, die denn doch auch ihre Vorzüge in Betreff ihrer Blumen haben können, sollten immer vorher in Töpfen mit Sorgfalt bis zu einer entsprechenden Höhe gezogen und alsdann erst ausgepflanzt werden. Bei Gruppirungen ist es um so nothweniger, das Wachsthum der einzelnen Sorten vorher kennen zu lernen, weil sonst leicht die ganze Gruppe ein schlechtes Aussehen bekommen könnte, wenn etwa schwächlich und sparrig wachsende Sorten in die Mitte, und üppiger wachsende nach Außen zu stehen kommen."
Wenn diese wenigen Andeutungen hier wiedergegeben werden, so geschieht dies lediglich im Interesse der Fuchsienkultur im allgemeinen. Oft genug muß man von Anfängern hören, diese oder jene Sorte sei ganz anders ausgefallen, als die Beschreibung oder Abbildung dargestellt habe. Ja, es kommt vor, daß ein Liebhaber eine in besonderer Üppigkeit gesehene Sorte bestellt und der Meinung ist, ein neugekauftes, manchmal direkt aus dem Vermehrungshaus kommendes junges Pflänzchen müsse ebenso vollkommen blühen, wie das erwachsene Exemplar. Dabei ist ihm egal, ob es auf dem Fenstersims oder der Balkonbrüstung der brennenden Mittagssonne ausgesetzt ist, ob es wie eine Waldpflanze im tiefen Schatten steht oder ob er die Fuchsie richtig gepflegt hat, bis sie gekräftigt und zu vollkommener Blüte befähigt ist. Die Fuchsien gehören zu den Pflanzengattungen, „welche nichts weniger als eine komplicirte Kulturmehtode erheischen; allein das Wenige, was zu ihrer Vollkommenheit unumgänglich nothwendig ist, darf nicht bei Seite gesetzt werden, wenn man sich einen guten Erfolg sichern will."
In Porchers 4. Auflage von „Le Fuchsia, son Histoire et sa Culture" aus dem Jahr 1874 werden sechs deutsche Fuchsienzüchter erwähnt: Koch, Twrdy, Zaubitz, Wilkens, Weinrich und Pfitzer. Später kommen noch so bekannte Namen wie Klein, Eggebrecht, Kiese, Köhler, Teupel, Hartnauer, Rademacher, Mahnke, Schadendorff und schließlich Bonstedt und Rehnelt hinzu.
Inzwischen hatten in Frankreich Lemoine in Nancy und Rozain-Boucharlat in Lyon ebenfalls mit der

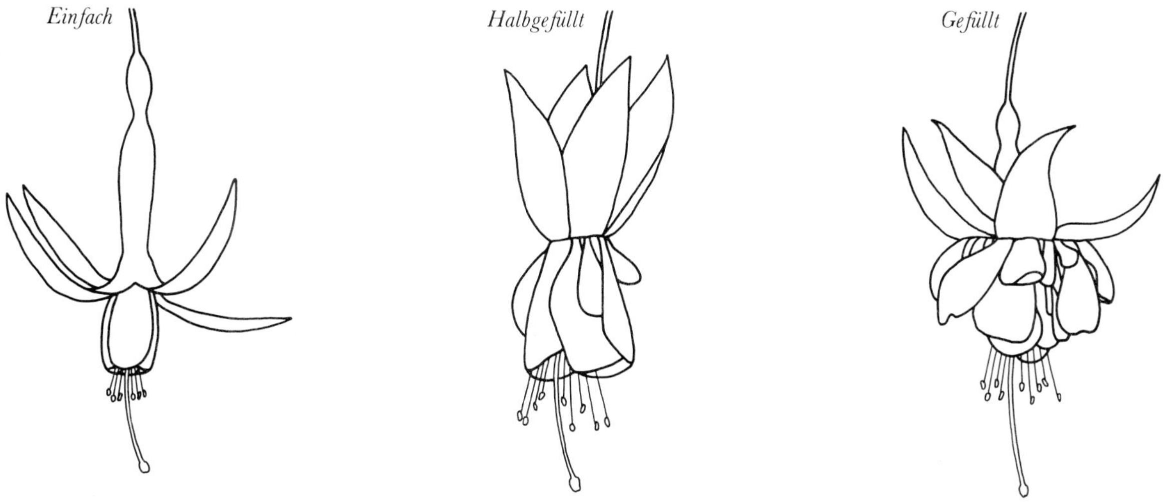

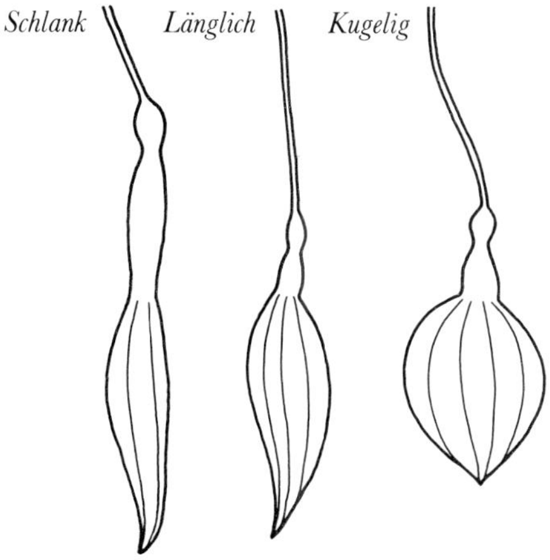

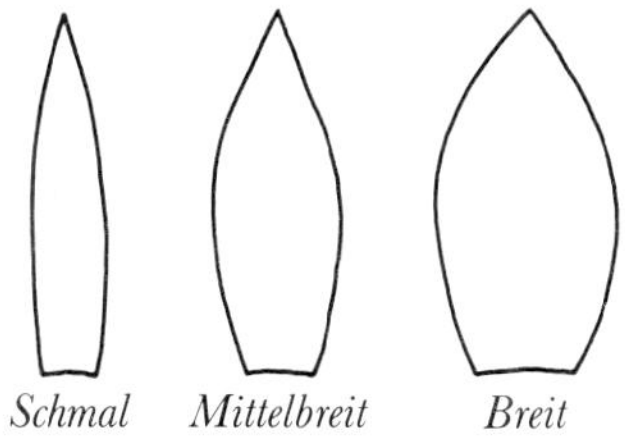

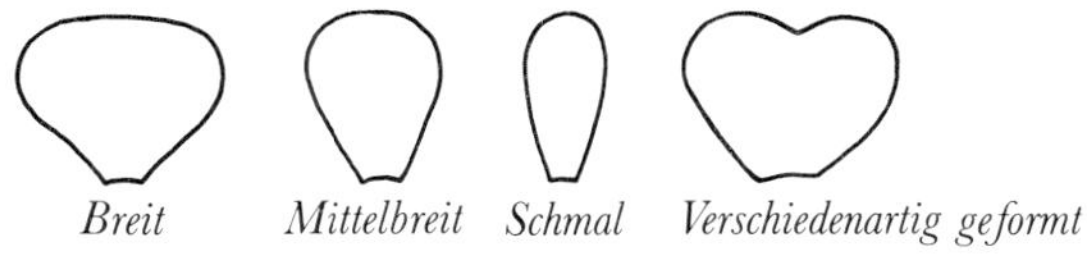

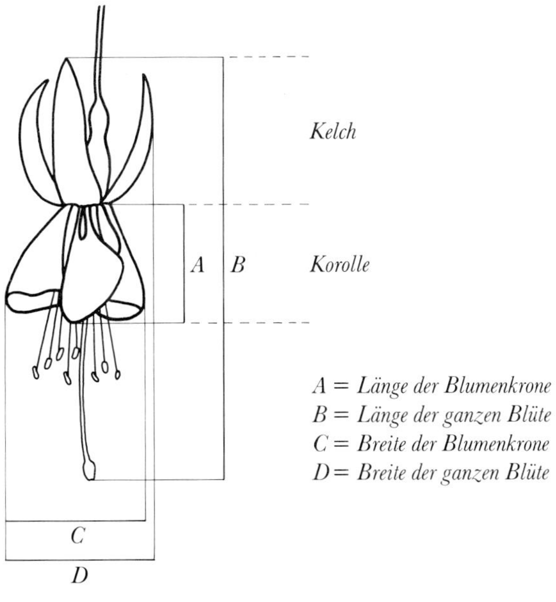

Blütentypen (oben), Blütenknospentypen (Mitte links), Kelchblätter und Kronblätter (Mitte rechts). Die Blüte einer Fuchsie mit Angaben über die Blütengröße (unten rechts).

Fuchsienzüchtung großen Stils begonnen. Von Lemoine Vater und Sohn sind im Verlauf von 80 Jahren mehr als 400 eigene Sorten in den Handel gebracht worden. 'Emile de Wildemann', in England als 'Fascination' bekannt, 'Dollarprinzessin', 'André le Nostre', 'Abbé Farges' und viele weitere sind heute noch in den Sammlungen zu finden und werden selbst in den Sortimenten der Gärtner angeboten.
Die bekannteste Sorte von Rozain-Boucharlat ist die vielseitige, unverwüstliche 'Marinka'.
Weitere französische Züchter dieser Zeit waren Crousse, Baudinat, Dubus, Salter und Meillez.
Von den belgischen Züchtern Cornelissen, de Coene, Verschaffelt und Delbaeve hat sich Cornelissen durch

So reich und ausdauernd wie Fuchsien blühen nur wenige Pflanzen.

seine ausgezeichneten Züchtungen mit rotem Kelch und weißer Corolle einen Namen gemacht. Seine 'Madame Cornelissen' ist in vielen Gärten als gute, winterharte, sonnenverträgliche Sorte zu finden.
Das 19. Jahrhundert näherte sich seinem Ende, als noch einmal ein Höhepunkt in der Entwicklungsgeschichte der Fuchsien eintrat.
Carl Bonstedt (1866 bis 1953), Leiter des Botanischen Gartens in Göttingen, schenkte der Fuchsienwelt mit seinen Triphylla-Hybriden, auch traubenblütige Fuchsien genannt, eine völlig neuartige Gruppe von Pflanzen. Sie zeichneten sich alle durch aufrechten Wuchs und schönes dunkles Laub aus und hatten elegante, lange Blüten in leuchtenden orange und roten Tönen. 'Mary' (1894) entstand aus der *F. triphylla* × *F. corymbiflora*. Später arbeitete Bonstedt auch mit *F. fulgens* × *F. corymbiflora* und deren Hybriden. Die in den folgenden Jahren bis etwa 1906 in kurzen Abständen entstandenen Neuheiten wurden alle von seinem Freund Bornemann in den Handel gebracht. 'Göttingen', 'Koralle', 'Traudchen Bonstedt' und 'Gartenmeister Bonstedt' kann man noch oft als Beetbepflanzung in Parks in voller Sonne bewundern.
Friedrich Rehnelt, Garteninspektor in Gießen, berichtet im April 1901 in der „Gartenwelt" von seiner neuen Fuchsie 'Andenken an Heinrich Henkel' (*F. corymbi-*

Fuchsien im Container als Blickfang.

flora × 'Magnifica'). Sehr viel später, 1928, zieht der Garteninspektor Hartnauer in der Werksgärtnerei von Bayer Leverkusen aus Sämlingen dieser neuen Triphylla-Hybride seine bekannte Sorte 'Leverkusen'. Sie trägt ihre typischen Triphylla-Blüten allerdings in den Blattachseln wie die meisten Fuchsia-Hybriden und nicht am Ende der Triebe.

Vereinzelt erscheinen noch schöne neue Sorten wie

'Gruß aus dem Bodethal' (Sattler & Bethge, Quedlinburg 1894),

'Alice Hoffmann' (Kiese 1901),

'Vielliebchen' ('Charming' × *F. magellanica* 'Gracilis', Wolf, Köthen 1911),

'Neue Welt' (Mahnke, Niederschönhausen 1912),

'Hilde Rademacher' (Rademacher, Mühlheim 1925),

'Saarpfalz' (Köhler, Bexbach 1926).

Mit Beginn des Ersten Weltkrieges, wurde es merklich ruhiger um die Fuchsien. Überall in Europa, und besonders auch in Deutschland, sahen es die Gartenbaubetriebe als ihre vornehmste Pflicht an, zur Ernährung der Bevölkerung beizutragen. Zierpflanzen mußten dem Anbau von Obst und Gemüse weichen, Kohlen wurden vordringlich für andere Zwecke verwendet, als zur Beheizung von Glashäusern. Nach dem Krieg hatten die Menschen in Europa auch noch lange Jahre andere Sorgen. Darüber gerieten die Fuchsien – scheinbar – völlig in Vergessenheit. Einige Sammlungen, vorwiegend in botanischen Gärten, müssen diese wirren Kriegs- und Nachkriegsjahre aber doch überdauert haben, denn viele der damals bekannten Fuchsiensorten sind heute wieder weit verbreitet.

Die mitreißende Fuchsienbegeisterung, die ein ganzes Jahrhundert in Europa angehalten hatte, war zunächst einmal erloschen. Der Funke, der sie wieder entfachen sollte, war aber schon gezündet. Dieses Mal gingen die Impulse von Nordamerika aus, genauer von Kalifornien. Im milden, luftfeuchten Küstenklima gedeihen die Fuchsien dort hervorragend als Gartensträucher. Die relativ gleichmäßigen Temperaturen im Sommer wie im Winter machen es möglich, daß Fuchsien praktisch ohne Ruhepause das ganze Jahr hindurch blühen und so ihre volle Schönheit entfalten können. Nur um eine schöne Form zu erzielen, schneidet man sie im Dezember etwas zurück.

Was lag also näher, als der Wunsch, die Freude an diesen schönen Pflanzen vielen Menschen zugänglich zu machen.

1929 kamen einige besonders interessierte Fuchsienfreunde zusammen und gründeten die „American Fuchsia Society" (AFS). Diese erste Fuchsiengesellschaft der Welt war dazu berufen, eine neue Entwicklung einzuleiten. Eine Fuchsien-Renaissance hatte begonnen. Getreu ihrem Motto, die Entwicklung der Fuchsien zu fördern, und mit amerikanischer Gründlichkeit gingen die Mitglieder an die Arbeit.

Schon im Sommer 1930 reiste eine Delegation von drei Mitgliedern nach England, um Informationen und Fuchsienpflanzen zu sammeln. Um Verlusten auf der langen Reise vorzubeugen, wurden von den 51 ausgewählten europäischen Fuchsiensorten zwei Sendungen gemacht. Eine ging an die Universität von Kalifornien, die andere mit denselben 51 Pflanzen an eine berühmte Gärtnerei.

48 dieser neuen Fuchsien hatten die weite Reise überlebt, wurden vermehrt und den Mitgliedern der AFS zur Verfügung gestellt. Monatliche Bulletins und sehr informative Fuchsienbücher wurden herausgebracht. Das bedeutendste war „A Check List of Fuchsias" von Dr. E. O. Essig, ein Versuch, die damals bekannten Fuchsienarten und -sorten – über 1900 – zu beschreiben. Es erschien im April 1936. Im Vorwort dieser Liste dankt Dr. Essig ganz besonders Dr. Alexander Steffen, Pillnitz bei Dresden, der eine Menge Informationen über europäische Fuchsiensorten beigesteuert hatte.

1937 wurde das erste Züchtungsergebnis mit den neuen aus Europa eingeführten Fuchsien bekannt. Dr. Lagen brachte 'Cascade' ('Rolla' × 'Amy Lye') heraus. Das war der Beginn einer neuen Ära der Fuchsienzüchtung. Immer neue Fuchsien mit immer größeren Blüten erschienen, oft mit ganz neuen Formen und von einer Farbenvielfalt, die überwältigend war. Manche Namen der frühen amerikanischen Züchter klingen den deutschen Ohren sehr vertraut. Einige werden mit ihren Züchtungen im folgenden aufgezählt:

Brand: 'Joyce', 'Errol', 'San Leandro',
Evans und Reeves: 'Claire Evans', 'Mrs. Lovell Swisher',
Garson: 'R.A.F.', 'Winston Churchill',
Hazard & Hazard: 'Chang', 'Flash', 'Other Fellow',
Haag: 'Jack Ackland', 'White Spider', 'Golden Dawn',
Hodges: 'Citation', 'Miss California', 'Purple Sage',
Martin: 'Blue Pearl', 'Lady Beth', 'Sophisticated Lady',
Munkner: 'Curtain Call', 'Golden Glow', 'Torch',
Niederholzer: 'Lucky Strike', 'Bubble Hanger', 'Treasure',
Nelson: 'Rufus' ('The Red'), 'Gay Fandango',
Schmidt: 'Crown Jewell', 'Carioca',
Tiret: 'Swingtime', 'Sweet Leilani', 'Angela Leslei',
Waltz: 'Flirtation Waltz', 'Royal Velvet', 'The Aristokrat',
Walker & Jones: 'Checkerboard', 'Mission Bells', 'South Gate',
Reiter: 'Falling Star', 'Flying Cloud', 'Mantilla', 'Fanfare'.

Der kaum vorstellbare Reichtum an neuen Fuchsiensorten brachte der AFS schon bald neue Aufgaben. Die Internationale Gesellschaft für Gartenbauwissenschaft beauftragte die AFS alle neuen Züchtungen der Welt zu registrieren. Der Name des Züchters, die Eltern, aus denen die neue Pflanze entstanden ist, Farbe und Form der Blüte, die Wuchsform und andere wissenswerte Einzelheiten werden genau aufgezeichnet und jährlich im März-Bulletin der AFS veröffentlicht. Vor allem aber wacht die Registrationsstelle darüber, daß nicht zwei verschiedene Sorten zufällig den gleichen Namen erhalten, was im vergangenen Jahrhundert leider häufig der Fall gewesen ist und zu Verwirrungen geführt hat.

Bei so vielen Aktivitäten der amerikanischen Gesellschaft – zahlreiche neue Fuchsien waren schon über den Atlantik gekommen – konnte es garnicht ausbleiben, daß die Welle der Begeisterung nach Europa zurückschlug. Als erste nahmen sich wieder die Engländer der Fuchsien an. 1938 gründeten sie in London eine Gesellschaft, die später den Namen „British Fuchsia Society" (BFS) erhielt. Wenn auch der Ausbruch des Zweiten Weltkrieges der anfänglichen Entwicklung nicht gerade förderlich war, so versuchte man doch, den Kontakt zu den Mitgliedern durch die Herausgabe von Jahrbüchern aufrecht zu erhalten. Mit dem Ende des Krieges setzte dann eine erstaunliche Entwicklung ein. Die Fuchsien hatten schon bald ihre frühere Popularität zurückgewonnen. Fuchsiengärtnereien, über die ganze Insel verteilt, schossen wie Pilze aus dem Boden und führten natürlich auch immer neue amerikanische Sorten nach England ein. Die BFS, die inzwischen auf mehr als 6000 Mitglieder angewachsen ist, gibt ein sehr informatives Jahrbuch und periodische Schriften mit Kultur-Anleitungen heraus, in denen die Mitglieder auch ihre Erfahrungen mit den Fuchsien austauschen.

Zu den frühen, sehr aktiven Mitgliedern der BFS gehörte auch ein Gärtner im Ruhestand, W. P. Wood. Er verbrachte viele Jahre damit, besonders winterharte Fuchsien zu züchten. Natürlich muß man darunter in diesem Falle Winterhärte im milderen englischen Klima verstehen. Aber einige seiner Sorten haben sich auch in deutschen Gärten als durchaus hart erwiesen, z. B. 'Margaret' (Wood 1943, *F. magellanica* var. *molinae* × 'Heritage'). Leider konnte er seine wichtige Arbeit nicht vollenden. Er starb plötzlich 1951. Viele seiner Züchtungsergebnisse finden wir in seinem Buch „A Fuchsia Survey" (1950) beschrieben.

Heute sind in England so viele Züchter mit großem Erfolg damit beschäftigt, neue Fuchsiensorten zu schaffen, daß man in den Katalogen nur noch vereinzelt neue amerikanische Sorten findet.

Für unsere leider oft sehr kühlen und feuchten Sommer sind manche der neuen englischen Fuchsien auch besser geeignet. Im Gegensatz zu den kalifornischen Züchtern, die vorwiegend Fuchsien mit hängendem Wuchs und großen bis sehr großen Blüten gezüchtet haben, legen die Engländer den Schwerpunkt ihrer Arbeit auf die Züchtung aufrecht wachsender Fuchsien mit weniger gefüllten, regenfesten Blüten, die gut sichtbar über dem Laub getragen werden. Diese Pflanzen eignen sich darum vorzüglich zur Auspflanzung in Balkonkästen und Gartenbeeten, während man die großblütigen „Californier", um sie zu ihrer vollen Schönheit zu bringen, besser im Glashaus, unter schützenden Dachvorsprüngen, auf Balkonen oder überdachten Terassen verwenden kann.

Auch die holländischen Nachbarn entdeckten die Schönheit der Fuchsien schon relativ früh. 1965 wurde der „Nederlandse Kring van Fuchsia-Vrienden" ins Leben gerufen. Meilensteine in der zielstrebigen Arbeit zur Verbreitung der Fuchsien waren Ausstellungen im zweijährigen Abstand in Zwolle, Den Haag, Utrecht, Leiden und Amsterdam. Für die Mitglieder erscheinen sechs „Fuchsiana"-Hefte im Jahr und berichten über die Arbeit des „Kring". Jedem Heft ist ein Farbdruck einer Fuchsie zum Sammeln beigefügt.

Zu Ehren der ersten Präsidentin, Mevrouw Meursing, die wesentliche Arbeit für den „Kring" in den Aufbaujahren geleistet hat, benannte der Engländer G. Hopgood 1968 einen Fuchsien-Sämling 'Mieke Meursing'.

Die holländischen Züchter van Wieringen mit den sehr guten Sorten 'Kwintet', 'Boerhaave' und 'Sweetheart' und in den letzten Jahren vor allem H. J. de Graaff, Lisse, mit seinen ganz besonderen Züchtungen 'Machu Picchu', 'Medusa', 'First Kiss' und 'Tour Eiffel' (1977 und 1978) haben das Fuchsiensortiment ebenfalls bereichert.

In Deutschland hat es wohl immer eine große Liebe zu Fuchsien gegeben, die aber mehr im verborgenen blühte. Erst in den 60er Jahren wurden von Wolansky, Trappenkamp, erste Versuche unternommen, durch Rundbriefe und Sammelbestellungen von Fuchsien aus England einen Fuchsien-Freundeskreis aufzubauen.

Zur gleichen Zeit begann auch die Firma Töpperwein, Ortenburg, damit, durch Neueinführung und Vermehrung neue amerikanische Fuchsiensorten in die Gärtnereien zu bringen. Dieses Verdienst der Firma Töpperwein kann man nicht hoch genug bewerten, denn die Fuchsiensortimente deutscher Gärtnereien waren verarmt und bestanden von Nord bis Süd aus den gleichen, bestenfalls fünf oder sechs Sorten.

Die Sorte 'Beacon' (Bull, England 1871), die zweifellos ihre Qualitäten in mehr als hundert Jahren unter Beweis gestellt hat, ist auch heute noch die meistvermehrte und meistverkaufte Fuchsiensorte in Deutschland, obwohl es mittlerweile viele Sorten mit gleichguten Eigenschaften, aber viel schöneren Farben gibt.

1974 schlossen sich die deutschen Fuchsienliebhaber der traditionsreichen „Deutschen Dahlien- und Gladiolen-Gesellschaft" an. Unter dem neuen Namen „Deutsche Dahlien-, Fuchsien- und Gladiolen-Gesellschaft", mit Sitz in Landau/Pfalz, ist die Gesellschaft mit gutem Erfolg bemüht, den Fuchsien auch bei uns zu neuer Popularität zu verhelfen. Sie ist den Liebhabern bei der Beschaffung von Neuheiten behilflich und steht immer beratend zur Verfügung. In vielen Regionen, über das gesamte Bundesgebiet verstreut, auch in Österreich und der Schweiz, haben sich Freundeskreise gebildet. Man trifft sich zu Vorträgen, tauscht Pflanzen und Erfahrungen aus. Die ersten beiden Fuchsienausstellungen in Bad Neuenahr (1978) und

auf der Bundesgartenschau in Bonn (1979) brachten den Ausstellern schöne Erfolge.
Ein langjähriges Mitglied, Obergartenmeister Herr Karl Nutzinger, Leiter der Stiftsgärtnerei Admont/Steiermark, Österreich, brachte viele schöne Fuchsienneuheiten aus eigener Züchtung auf den Markt. Mit seiner ganz besonders schönen Sorte 'Elfriede Ott' hat er sich im Kreis der Fuchsienliebhaber ein bleibendes Denkmal gesetzt. Am 5. 9. 1981 ging ein langgehegter Wunsch vieler Fuchsienfreunde in Erfüllung. An diesem Tag wurde im Palmengarten Frankfurt die erste deutsche Pflanzengesellschaft gegründet, die sich ausschließlich mit den Fuchsien beschäftigt: die „Deutsche Fuchsien-Gesellschaft". Der vierteljährlich erscheinende „Fuchsienkurier", regelmäßige Ausstellungen und Zusammenkünfte in regionalen Freundeskreisen sollen die Verbreitung der Fuchsien fördern.

'Red Ribbon'

Sektionen und Arten

Die Fuchsien nehmen innerhalb des Pflanzenreichs die folgende Stellung ein, dargestellt am Beispiel von *Fuchsia microphylla* var. *aprica* (nach Engler, Syllabus der Pflanzenfamilien):

Abteilung: Angiospermae (Bedecktsamer)
Klasse: Dicotyledonae (Zweikeimblätterige)
Unterklasse: Archichlamydeae (Freikronenblätterige)
Ordnung: Myrtiflorae (Myrtenpflanzen)
Familie: Onagraceae (Nachtkerzengewächse)
Gattung: *Fuchsia* (Fuchsie)
Sektion: *Encliandra*
Art: *microphylla*
Varietät: *aprica*

Professor Philip A. Munz, Botaniker an der University of California, veröffentlichte im Dezember 1943 seine Monographie „A Revision of the Genus Fuchsia, Onagraceae“ (California Academy of Sciences, Vol XXV). Er teilte die bis dahin bekannten 100 Fuchsienarten in 7 Sektionen ein, die klar voneinander zu unterscheiden und zu bestimmen sind. Weil Munz damals fast ausschließlich mit Herbarium-Material arbeiten mußte, das in einigen Fällen nicht ausreichend war, ist seine verdienstvolle Arbeit in 2 der 7 Sektionen heute überholt.

Moderne Forscher sind beweglicher geworden. Mit den Verkehrsmitteln von heute sind sie in kurzer Zeit am Naturstandort der Pflanzen. Dort können sie am lebenden Material alle Merkmale, die die Arten voneinander unterscheiden, viel klarer erkennen. Der Computer erleichtert die Auswertung. Botaniker sind auch nicht immer einer Meinung darüber, wie viele unterschiedliche Merkmale eine Pflanze gegenüber anderen Pflanzen der Gattung haben muß, um als selbständige Art angesehen zu werden. Viele Fuchsien, die Munz als Art ansah, sind möglicherweise nur Varietäten. Andererseits sind inzwischen auch wirklich neue Arten entdeckt worden.

Professor Peter Raven vom Botanischen Garten Missouri überarbeitet mit einer Gruppe seiner Studenten seit einigen Jahren die Taxonomie der Fuchsien mit Schwerpunkt auf dem Gebiet der Arten aus Mexiko. Gleichzeitig studiert Paul Berry die südamerikanischen Arten und wird die Ergebnisse seiner Arbeit bald veröffentlichen. Hier sind also in absehbarer Zeit wahrscheinlich Veränderungen zu erwarten.

Die Neuseeland-Fuchsien der Sektion *Skinnera* sind von H. H. Allen überarbeitet und im Werk „Flora of New Zealand“ (erschienen bei R. E. Owen, New Zealand, 1961) veröffentlicht worden.

Ebenso kann Munz nicht mehr als Autorität für die Fuchsien der Sektion *Encliandra* angesehen werden, seit Dr. Denis E. Breedlove 1969 sein Buch „The Systematics of Fuchsia Section Encliandra, Onagraceae“ herausbrachte (University of California Press 1969).

Die Gattung *Fuchsia* gehört zur Familie der Nachtkerzengewächse (Onagraceae) genau wie unsere heimischen Weidenröschen (*Epilobium*) oder andere Nachtkerzen (*Oenothera*) und die Sommerblumen *Clarkia* und *Godetia*.

Ihre eigentliche Heimat haben die Fuchsien wahrscheinlich in den Anden in Peru. Von hier aus verbreiteten sie sich nach Norden bis Venezuela und über den Isthmus, die mittelamerikanische Brücke bis nach Mexiko.

Nach Süden wanderten sie bis Tierra del Fuego zur Magellan-Straße, Feuerland und westwärts über den Pazifischen Ozean nach Neuseeland und Tahiti.

Abgesehen von einer Enklave im Orgelgebirge westlich von Rio de Janeiro scheinen sie sich nach Osten nicht natürlich verbreitet zu haben, bevor sie durch Menschen nach Europa kamen.

Formen der *F. magellanica* sind heute überall entlang der Westküste der Britischen Inseln, von Cornwall bis Schottland und Irland, als Hecken und Büsche naturalisiert.

Das natürliche Verbreitungsgebiet erstreckt sich über eine Distanz von fast 10000 km. Es reicht von Nord-Mexiko über Guatemala, Honduras, El Salvador, Costa Rica, Panama, Kolumbien, Venezuela, Ecuador, Brasilien, Bolivien, Peru, Chile und Argentinien

Die natürlichen Verbreitungsgebiete der Fuchsienarten.

bis nach Feuerland und beherbergt eine Vielzahl von Arten und Varietäten. Im Gegensatz dazu weisen die besonders weit gewanderten Neuseeland-Arten der Sektion *Skinnera* charakteristische Merkmale auf.
Obwohl die Fuchsien in tropischen Gebieten beheimatet sind, sind sie doch keine Tropenpflanzen im eigentlichen Sinne. Sie wachsen vorwiegend in höheren Gebirgsregionen im oder am Rande des Regenwaldes. Nur in den südlichsten Verbreitungsgebieten verlassen sie die Berge und finden an Hängen und in den Tälern noch die ihnen zusagenden Lebensbedingungen.
Nur verhältnismäßig wenige der bis heute bekannten etwa 100 Fuchsienarten sind in Kultur. Botanische Gärten und private Sammler pflegen und erhalten eine ganze Anzahl Arten, die oft von exotischer Schönheit sind. Das Interesse an ihnen nimmt ständig zu.

Sektion Quelusia

Die Arten, die ganz offensichtlich als Fuchsien zu erkennen sind, gehören in diese erste Sektion, z. B. *F. magellanica* und *F. regia*. Professor Munz schließt in diese Sektion auch die meisten Cultivare als *F. hybrida* ein.
Fuchsien dieser Sektion haben einen Tubus (Kelchröhre), der nicht länger ist als die Sepalen (Kelchblät-

Quelusia
campos-porti
bracelinae
magellanica
– var. *magellanica*
– var. *macrostema*
– var. *molinae*
coccinea
regia
– var. *regia*
– var. *affinis*
– var. *alpestris*
– var. *radicans*

ter). Die Staubbeutel an langen Staubfäden ragen weit aus der Korolle (Blütenkrone) hervor. Typisch für diese Sektion sind auch der rote Kelch und die blaue oder purpurne Korolle. Nur in dieser Sektion finden wir das tiefe Purpurblau.

Sektion Fuchsia (Eufuchsia)

Dies ist die größte Sektion, die die meisten Arten umfaßt (58). Nach den Regeln moderner Nomenklatur mußte sie allerdings in Sektion Fuchsia umbenannt werden, weil sie den Art-Typus *(F. triyphylla)* enthält. Alle Arten dieser Sektion haben einen sehr langen

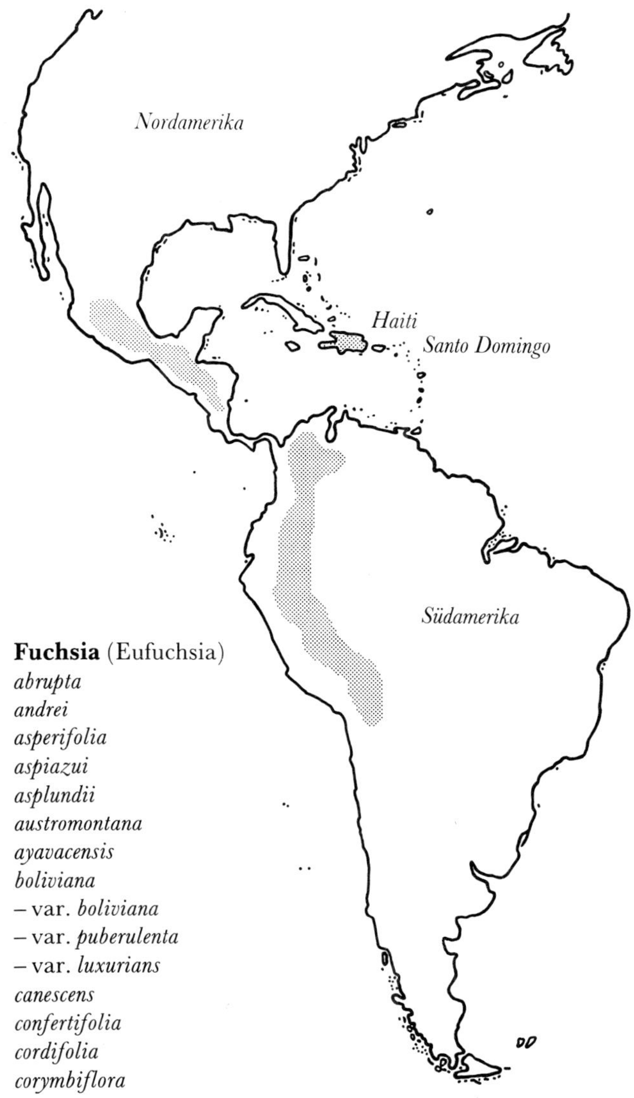

Fuchsia (Eufuchsia)
abrupta
andrei
asperifolia
aspiazui
asplundii
austromontana
ayavacensis
boliviana
– var. *boliviana*
– var. *puberulenta*
– var. *luxurians*
canescens
confertifolia
cordifolia
corymbiflora
cuatrecasasii
decussata
denticulata
(serratifolia)
fischeri
fulgens
furfuracea
gehrigeri
glaberrima
hartwegii
hirtella
hypoleuca
jahnii
killipii
lehmannii
leptopoda
llewelynii
loxensis
macrophylla
macrostigma
– var. *macrostigma*
– var. *longiflora*
magdalinae
mathewsii
munzii
osgoodii
ovalis
pallescens
petiolaris
– var. *petiolaris*
– var. *bolivarensis*
pilosa
platypetala
polyantha
pringsheimii
putumayensis
rivularis
sanctae-rosae
scabriuscula
sessilifolia
simplicicaulis
smithii
splendens
storkii
sylvatica
tincta
townshendii
triphylla
venusta
– var. *venusta*
– var. *huilensis*
verrucosa
woytkowskii

Tubus und kleine, kurze Sepalen. Die Farbskala ist auf verschiedene Rot-Töne beschränkt, die oft mit Grün abgesetzt sind. Einige wachsen als Sträucher, andere sind Kletterpflanzen oder Epiphyten. Die Blätter stehen meist zu dritt quirlständig.
In Kultur sind nur wenige Fuchsien dieser Sektion, z. B. *F. boliviana*, *F. denticulata*, *F. fulgens*, *F. sanctae rosae*, *F. splendens* und *F. triphylla*.

Sektion Kierschlegeria

Diese Sektion hat nur eine Art aufzuweisen. Typisch sind die kurzen Dornen, die als Relikt der Blattmittelrippe an der Pflanze verbleiben, wenn das Blatt abgefallen ist. Die einzige Art ist *F. lycioides*, die in der Atacama-Wüste in Chile gefunden wurde. Dort soll sie den größten Teil des Jahres blattlos stehen und die kleinen, rosa Blüten an den Zweigenden tragen. *F. lycioides* scheint – echt – nicht in Kultur zu sein. Was heute unter diesem Namen angeboten und kultiviert wird, ist eine Hybride der *F. magellanica*.

Kierschlegeria
lycioides

Sektion Skinnera

Diese Sektion umfaßt die Arten, die in Tahiti und Neuseeland beheimatet sind. Unter den 4 bekannten Arten ist sowohl der höchste Baum dieser Gattung als auch eine kriechende, nur 5 cm hohe Art anzutreffen. Andere sind Sträucher oder Kletterpflanzen.
F. procumbens, die kriechende Art, hat einen gelben Tubus mit braunen Sepalen und keine Petalen. Die Blüten werden aufrecht getragen, die Früchte sind sehr dekorativ. Ausgereift sehen sie wie kleine Pflaumen aus. Diese Art ist auch bei uns ziemlich winterhart und hübsch als Polsterpflanze im Steingarten zu verwenden. Die von Munz beschriebene *F. kirkii* ist die männliche Form von *F. procumbens*.
F. excorticata ist in ihrer Heimat ein bis zu 10 m hoher Baum mit brauner Rinde, die sich oft in Streifen vom Stamm löst. Die langen Blüten sind anfangs grün-gelb und verfärben sich später bräunlich-violett.
F. perscandens ist ein Kletterer mit ähnlichen Blüten wie bei der *F. excorticata*.
F. × *colensoi* ist ein unordentlich wachsender Strauch und eine natürlich entstandene Hybride zwischen den beiden vorher beschriebenen Arten.
Neuseeland-Fuchsien haben heterostyle Blüten, wobei langgriffelige Arten schmalere Blüten haben. Die Staubfäden unterscheiden sich in der Länge, manchmal sind sie fast eingeschlossen. Die unterschiedliche Länge der Griffel ist auf die heterostyle Morphologie zurückzuführen. Es gibt Blüten mit langem, mittellangem und kurzem Griffel. Bei dem langgriffeligen Typ ist der Blütenstaub verkümmert und sitzt auf sehr kurzen Staubfäden, dies macht die Blüte funktionell zu einer weiblichen. Bei der Form mit dem mittellangen Griffel sind die Staubfäden länger, aber immer noch kürzer als der Griffel. Die langgriffelige Form bringt mehr Früchte hervor als andere Formen. Vielleicht macht die Art zur Zeit eine Evolution durch, und die langgriffelige Form entwickelt sich allmählich zu einer weiblichen Blüte, und die kurzgriffelige Form, die mehr Blütenstaub aufweist, zu einer männlichen Form.

Skinnera
colensoi
excorticata
perscandens
procumbens

Fuchsia perscandens

Sektion Hemsleyella

Die Arten dieser Sektion sind in den gleichen Gebieten heimisch wie die Arten der Sektion *Fuchsia*. Typisch sind Blüten ohne Petalen *(F. apetala)* und die Neigung, die Blätter abzuwerfen, wenn die Blüten erscheinen. In Kultur scheint keine Fuchsie dieser Sektion zu sein.

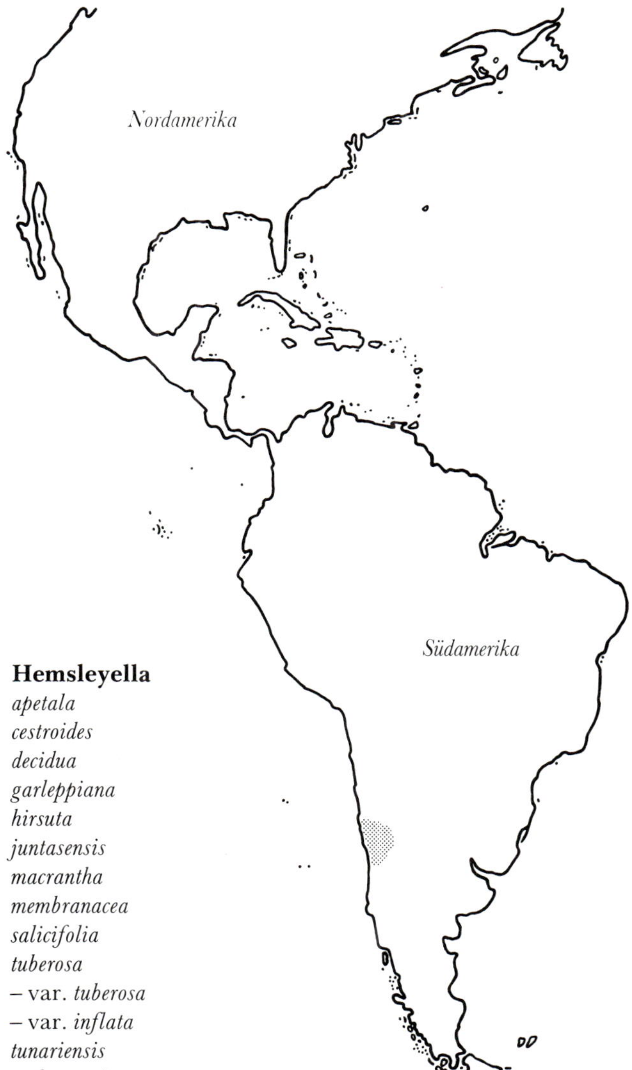

Hemsleyella
apetala
cestroides
decidua
garleppiana
hirsuta
juntasensis
macrantha
membranacea
salicifolia
tuberosa
– var. *tuberosa*
– var. *inflata*
tunariensis
unduavensis

Sektion Schufia

Im Gegensatz zu Munz, der nur eine Art in diese Sektion stellte, werden der Sektion *Schufia* heute 2 Arten zugeordnet. *F. arborescens* hat kleine Blüten in Rispen wie beim Flieder (syn. *F. syringaeflora,* Fliederfuchsie). Die Blätter sind ganzrandig und glänzend, die Blüten rosa und hermaphrodit. Die Art setzt viele Früchte an. An den 6 m hohen Bäumen sind viele Fruchtstände und Blüten gleichzeitig vorhanden. Vorkommen in Zentral-Mexiko.

F. paniculata hat kleine, mehr purpurne Blüten in lockeren Rispen. Die Blätter sind an den Rändern leicht gezähnt. Die Art ist zweihäusig, d. h. es gibt männliche und weibliche Pflanzen. Sie setzt wenig Samen an. Vorkommen in Süd-Mexiko und Panama.

Schufia
arborescens
– var. *arborescens*
– var. *tenuis*
– var. *parva*

Sektion Encliandra (syn. Breviflora)

Die Arten dieser Sektion bilden kleine Sträucher mit kleinen, oft farnartigen Blättern und sehr kleinen weißen, rosa oder roten Blüten, die einzeln in den Blattachseln sitzen. Munz beschrieb 16 Arten, davon blieben nach der Überarbeitung durch Dr. Breedlove 4 Arten und eine natürliche Hybride übrig. 1969 sind 2 weitere Arten dieser Gruppe von Dr. Breedlove neu beschrieben worden.

In der Sektion *Encliandra,* die in Mexiko und Mittelamerika beheimatet ist, existiert jede Art in 2 Formen. Die Blüte der einen Form ist weiblich und bringt keinen fruchtbaren Pollen hervor. Diese Form ist immer

Encliandra
microphylla
– var. *microphylla*
– var. *hidalgensis*
– var. *quercetorum*
– var. *aprica*
– var. *hemsleyana*
thymifolia
– var. *thymifolia*
– var. *minimaeflora*
encliandra
– var. *encliandra*
– var. *tetradactyla*
obconica
parviflora
ravenii
× *bacillaris*

kleiner als die zweite Form, die je nach der Art entweder männliche oder perfekte (vollständige) Blüten hat. Befruchtet werden die Arten der Sektion *Encliandra* durch Kolibris, aber häufig auch durch verschiedene Insekten, in Europa von Bienen. Als Folge davon gibt es in der Kultur eine große Anzahl von Kreuzungen zwischen Arten, die in der Natur nie zusammen in einer Gegend vorkommen. John O. Wright, Reading, hat alle *Encliandra*-Formen, die er in Spezialgärtnereien und botanischen Gärten vorfand, untersucht und ist dabei zu folgendem Ergebnis gekommen: Beinahe alle heute kultivierten Pflanzen der Sektion Encliandra sind Hybriden, entstanden aus *F.* × *bacillaris,* die selbst eine 1830 entstandene Hybride zwischen *F. microphylla* ssp. *microphylla* und *F. thymifolia* ssp. *thymifolia* ist.

Besondere botanische Arten

F. boliviana var. *boliviana* Roezl (1873)
Diese Fuchsie wurde, wie der Name schon sagt, in Bolivien in 2000 bis 3000 m Höhe gefunden. Sie gehört zu den traubenblütigen Fuchsien, die besonders reich und lange blühen. Die langen Blüten sind einheitlich korallenrot. Da die Blätter hellgrün sind, kommen die vielblütigen Trauben neben dem Laub besonders gut zur Geltung. Leider ist die Art sehr frostempfindlich. In einem leicht beheizten Gewächshaus, frei ausgepflanzt, wächst sie schnell zu großen Büschen heran. Diese Varietät setzt viele fleischige, zylindrische, hellgrüne Früchte an, die bei der Reife fast schwarz-violett sind und der Pflanze neben den leuchtenden Blüten zu besonderer Zierde gereichen.

F. boliviana var. *luxurians* Ruiz and Pavon (1802)
Diese Varietät ist oft fälschlich unter dem Namen *F. corymbiflora* anzutreffen und stammt aus Peru. Eine stark wachsende Art, die leider unordentlich wächst und sich schlecht verzweigt. Als Kletterpflanze im Gewächshaus gezogen kann man diesem Mangel ein wenig gegensteuern. Dort ist sie auch besonders wirkungsvoll. Die langen, in endständigen Trauben erscheinenden Blüten sind einheitlich rot und wirken durch den langen, schlanken Tubus und die winzigen (2 cm) zurückgeschlagenen Sepalen sehr elegant. An den hochgestellten Sepalen kann man *F. boliviana* und ihre Varietäten erkennen. Bei *F. corymbiflora* stehen die Sepalen waagerecht. Die sehr großen Blätter sind ovallänglich, zugespitzt und ganzrandig, mit rötlichen Blattstielen und Blattadern.

F. boliviana var. *luxurians* 'Alba' Bentham (1845)
In manchen Büchern wird Courcelles, ein französischer Gärtner, als jener genannt, der diese Fuchsie nach Europa eingeführt hat (1850). Diese Sorte von *F. boliviana* var. *luxurians* ist in der Natur entstanden und unterscheidet sich von der Stammart durch den reinweißen Tubus und das hellgrüne Blatt ohne jegliche rote Aderung. Im Wuchs gleicht sie der Art und blüht wie diese am 2jährigen Holz besonders reich. Häufiges Entspitzen bringt viele Blütentriebe. Im Schmuck der langen leuchtenden Trauben und der dekorativen, anfangs hellgrünen, später dunkelroten Früchte ist die Pflanze überwältigend schön. Sie ist ein reicher und zuverlässiger Winterblüher im Gewächshaus. Bei frostfreier Überwinterung stellt sie nicht mehr Ansprüche an die Kultur als Fuchsia-Hybriden.

F. denticulata Ruiz et Pavon (1802)
(syn. *F. serratifolia*)
Für den Liebhaber ist sie eine der schönsten Wildarten. Ihre Heimat ist Peru und Bolivien. Das Laub ist glänzend dunkelgrün an der Oberseite, die Unterseite ist hellgrün. Die Blüten sind wohlgeformt mit extra langem Tubus. An der Basis dunkelrosa, zu den Sepalen heller werden. Die grünen Spitzen der Sepalen sind besonders leuchtend im Kontrast zu der roten Korolle. F. denticulata ist ein Elternteil der schönen 'Fanfare'.

F. excorticata
Wird am Naturstandort in Neuseeland bis 10 m hoch. Typisch ist die hellbraune Rinde, die sich in langen Streifen vom Stamm löst. Die Blätter sind 3 bis 7 cm lang und bis 3 cm breit, oberseits dunkelgrün, unterseits silberig. Die eigenartigen Blüten mit dem erst eingeschnürten, dann verdickten Tubus sind anfangs grün, später purpurn mit blauem Pollen. In Kultur unordentlich wachsend.

F. fulgens
Diese mexikanische Art besitzt sehr große, grau-grüne behaarte, gegenständige Blätter, etwa 10 bis 20 cm lang, 5 bis 12 cm breit. Blüten am Ende der Triebe in vielblütigen Trauben, Tubus 10 cm lang, mennigrot, Sepalen mit grünen Spitzen, Korolle kurz, scharlachrot. Der Wurzelansatz von *F. fulgens* ist knollig verdickt. Die langen, zylindrischen, etwas höckerigen Beeren sind glänzend hellgrün.

F. microphylla var. *aprica*
Gehört zur Sektion *Encliandra* (syn. *Breviflora*). Ihre Heimat ist Mexiko. Zierliches, farnartiges Laub, die Zweige stehen im rechten Winkel zum Hauptstamm.

Fuchsia paniculata (oben), *Fuchsia boliviana* var. *boliviana* (unten).

Blüten sehr klein, rot, achselständig. Die Art bildet 2 Formen aus, eine mit funktionellen Staubgefäßen, die andere ohne Staubgefäße und kleineren Blüten.

F. sanctae-rosae
Die Art, in Bolivien und Peru zu Hause, ist starkwachsend, mit quirlig stehenden, glänzend grünen Blättern. Die relativ kleinen Blüten sitzen einzeln in den Blattachseln. Der Tubus ist orange-rot, die kurzen Sepalen und die Korolle etwas heller orange. Empfindlich, reagiert auf Unregelmäßigkeiten in der Kultur mit dem Abwurf der Blätter. Nicht unter 10 °C überwintern.

F. sessilifolia
Kleiner Strauch mit schmal lanzettlichen Blättern. Blüten in wenigblütigen Trauben am Ende der Triebe, 2 bis 3 cm lang, Tubus salmorange, sehr dünn, Sepalen und Korolle gelbgrün. Heimat ist Kolumbien.

F. simplicicaulis
Die Pflanze wird in Kultur bis 2 m hoch. Die Blätter sind schmal, lanzettlich, glänzend dunkelgrün. Die in dichten Trauben am Ende der Triebe erscheinenden Blüten sind 6 bis 7 cm lang und weinrot. Tubus lang und dünn, kleine Korolle. Sie stammt aus Peru.

F. splendens
Kräftiger, vielverzweigter Strauch mit grau-grünen, herzförmigen, leicht behaarten gegenständigen Blättern. Die achselständigen Blüten haben einen abgeflachten, hellroten Tubus, Sepalen und Korolle sind kurz und gelbrün mit eingeschlossenen Staubgefäßen. Guter Winterblüher im temperierten Gewächshaus. Naturstandorte in Mexiko und Costa Rica.

F. thymifolia var. *thymifolia*
Farnartiges, zierliches Laub. Die achselständigen winzigen Blüten sind anfangs weiß, später rötlich. Unter einer Lupe kann man die typischen Knospen mit den 4 divergierenden Spitzen gut erkennen. Stammt aus Zentral-Mexiko.

Jedem Fuchsienfreund, der es bisher noch nicht versucht hat, kann nur empfohlen werden, einige dieser botanischen Arten in seine Sammlung aufzunehmen. Sie sind etwas ganz Besonderes und haben ihren eigenen Charme. Viele Arten blühen im Winter und im Frühjahr, wenn nur wenige andere blühende Pflanzen im Kleingewächshaus oder Wintergarten zur Verfügung stehen.
Wenn man die Herkunft beachtet und die Kulturmaßnahmen darauf einstellt, sind diese Arten auch nicht

Fuchsia boliviana var. *luxurians* 'Alba' (oben), *Fuchsia excorticata* (unten).

schwerer zu halten als Fuchsienhybriden. Die Arten, die z. B. aus dem kühlen Hochland Mexikos stammen, brauchen im November–Dezember eine ausgesprochene Ruhezeit. Der Wasserbedarf ist dann nur gering. Andere Arten wie die in den frostfreien Küstenstrichen Chiles beheimateten, benötigen keine so ausgesprochene Ruheperiode und müssen darum feuchter gehalten werden. Das Studium der klimatischen Bedingungen der Gegend, aus der die Arten kommen, gibt die besten Hinweise für eine erfolgreiche Kultur.

Manche Arten sind als Topfpflanze im Gewächshaus oft viel zu starkwüchsig. Pflanzt man sie den Sommer über an geschützte Stellen im Garten, werden sie kompakter und verzweigen sich besser. Im Herbst aufgenommen und vorsichtig in große Töpfe gesetzt, wie man es mit Chrysanthemen auch macht, erfreuen sie viele Monate mit ihren einmalig schönen Blüten. Auch als Hochstamm gezogen sind manche besser in Form zu halten.

Neu entdeckte Arten

F. lampadaria Wright (1978)
Eine neue Fuchsienart, die aus Nordkolumbien stammt. Unter Fuchsiensamen, die John O. Wright, Reading, aus Südamerika bekam, war eine Kollektion des Entomologen (Insektenforscher) Mike Adams, gesammelt in Santa Marta, Nordkolumbien. Ein Päck-

Fuchsia lampadaria

chen enthielt Samen, aus denen sich eine Fuchsie entwickelte, die keiner der früher beschriebenen Arten glich, obwohl sie eine gewisse Verwandtschaft zu einigen Fuchsien der *Sektion Fuchsia (Eufuchsia)* wie etwa *F. magdalenae* Munz zeigte.
Der Wuchs dieser Art läßt vermuten, daß sie sich in der Natur einen Weg durch andere Sträucher suchen muß. Es ist schwierig, eine ordentliche Topfpflanze zu ziehen.
Die Blüten sind lang, der Tubus bis zu 5 cm bei 8 mm unterer Weite und von fester Substanz, die Farbe ein flammendes Rot (RHS 43 A) mit purpurnen Schatten am Grunde der Kelchröhre. Dies war die Veranlassung, die neue Spezies *F. lampadaria* zu nennen (lat. Fackelträger). Hält man die Blüten aufrecht, gleichen sie einer olympischen Fackel.
Die Blätter stehen zu dritt, quirlständig und sind groß und glänzend, bis zu 12 cm × 6 cm mit purpurnen Blattstielen und Adern. Die Blütenstiele und jungen Triebe sind ebenfalls purpurn. Die wissenschaftliche Beschreibung ist im Journal der Linné-Gesellschaft, London, 1978 erschienen.

F. vargasiana C. V. Calderon (1973)
Diese neue Art, die zur Sektion Fuchsia (*Eufuchsia*) gehört, wurde gefunden in einer Höhe von 2350 m in den Wäldern der Ceja zwischen Yanamaygo und Rio Tambomayo. Sie gleicht *F. tincta* und ist früher häufig mit dieser Art verwechselt worden, der sie auch sehr nahe steht. Der wesentliche Unterschied besteht in der Länge des Perianth und einiger anderer Merkmale. Sie bildet einen Strauch von 1,50 m Höhe. Beschrieben in „Ecological and Taxonomic Notes" von Prof. C. V. Calderon, University of Cuzco.

Falsch benannte Arten

(nach John O. Wright)

Um Irrtümer bei der Benennung von Fuchsien auszuräumen, werden im folgenden einige Fuchsienarten, die unter falschen Namen in Umlauf sind, mit ihren korrekten Bezeichnungen wiedergegeben.

Falscher Name	Richtiger Name
F. aprica	Kultivierte Pflanzen sind meistens *F.* × *bacillaris*, selten *F. microphylla* var. *aprica*.
F. coccinea	Reine Arten sind nicht mehr in Kultur. Angebotene Pflanzen sind *F. magellanica* oder Hybriden dieser Art.
F. colimae	Kultivierte Pflanzen sind alle *F.* × *bacillaris*.
F. cordifolia	Kultivierte Pflanzen sind alle *F. splendens* oder Hybriden dieser Art.
F. corymbiflora	Kultivierte Pflanzen sind alle *F. boliviana* var. *luxurians*.
F. corymbiflora alba	Der korrekte Name ist *F. boliviana* var. *luxurians* 'Alba'.
F. cylindracea	Kultivierte Pflanzen sind alle *F.* × *bacillaris*.
F. encliandra	Kultivierte Pflanzen sind alle *F.* × *bacillaris*.
F. hemsleyana	Kulitivierte Pflanzen sind alle *F.* × *bacillaris*.
F. kirkii	Ist eine männliche Form von *F. procumbens*.
F. loxensis	Kultivierte Pflanzen sind Hybriden von *F. splendens* × *F. fulgens*.
F. lycioides	Kultivierte Pflanzen sind alle Hybriden von *F. magellanica*.
F. mexiae	Kultivierte Pflanzen sind alle *F.* × *bacillaris*.
F. michoacanensis	Kultivierte Pflanzen sind alle *F. microphylla* var. *aprica*.
F. microphylla	Kultivierte Pflanzen sind meistens *F.* × *bacillaris*, selten *F. microphylla* var. *aprica*.
F. minimiflora	Kultivierte Pflanzen sind alle *F.* × *bacillaris*.
F. minutiflora	Kultivierte Pflanzen sind alle *F.* × *bacillaris*.
F. mixta	Kultivierte Pflanzen sind alle *F.* × *bacillaris*.
F. pringlei	Kultivierte Pflanzen sind alle *F.* × *bacillaris*.
F. riccartonii	Ist keine reine Art, sondern eine Hybride von *F. magellanica*. Korrekter Name als Cultivar ist 'Riccartonii'.
F. serratifolia	Ein Synonym für *F. denticulata*.
F. skutchiana	Kultivierte Pflanzen sind alle *F.* × *bacillaris*.
F. speciosa	Ist eine Hybride von *F. splendens* × *F. fulgens*.
F. striolata	Kultivierte Pflanzen sind alle *F.* × *bacillaris*.
F. tacanensis	Kultivierte Pflanzen sind alle *F.* × *bacillaris*.
F. tetradactyla	Kultivierte Pflanzen sind alle *F.* × *bacillaris*.
F. thymifolia	Kultivierte Pflanzen sind meistens *F.* × *bacillaris*, selten *F. thymifolia* var. *thymifolia*.

Kultur

Standortansprüche

Aus der Herkunft der Fuchsien ergibt sich, daß ein Teil des Erfolges in der Fuchsienkultur von der sorgfältigen Wahl des Standortes für die Pflanzen abhängt. Die Fuchsien kommen am Naturstandort in Zentral- und Südamerika in temperierten Regionen in Höhen von 3000 m vor. Dort wachsen sie in humusreichem Waldboden, der einen ausgezeichneten Wasserabzug garantiert. Die Luftfeuchtigkeit ist hoch, und Licht und Sonne werden durch hohe Bäume gefiltert. Es gilt also, den Fuchsien auch in Kultur ähnliche Lebensbedingungen zu schaffen.

Ideal sind Balkone oder Terrassen an der Ostseite des Hauses. Die Pflanzen kommen hier in den vollen Genuß einiger Stunden Morgensonne, sind aber vor den Strahlen der sengenden Mittagssonne geschützt. Westseiten, auch noch Nordwestseiten, sind die zweitbeste Lösung. Kleine Vorgärten oder schmale, oft anderweitig nur schlecht zu nutzende Pflanzstreifen unter Dachvorsprüngen an diesen Seiten des Hauses sind ebenfalls hervorragend geeignete Standorte für Fuchsien. Die milderen Sonnenstrahlen des Nachmittags reichen aus, um gutes Wachstum und reichen Blütenansatz zu bewirken. Direkte Südlagen scheiden eigentlich aus, obwohl ein Fuchsienliebhaber mit ein wenig Einfühlungsvermögen, allerdings auch mit größerem Aufwand, seinen Pflanzen noch erträgliche Bedingungen schaffen könnte. Zu denken ist dabei an schattenspendende Markisen oder Rankgerüste mit schnellwachsenden dichten Kletterpflanzen, z. B. Feuerbohnen (*Phaseolus coccineus*) oder Kaiserwinden (*Pharbitis nil*). Die erforderliche Luftfeuchtigkeit ist durch häufiges Besprühen der Pflanzen und Überbrausen der Umgebung mit der Gießkanne zu schaffen. Etwas einfacher wird die Pflege der Fuchsien in Südlage, wenn man sich ausschließlich auf Triphylla-Hybriden beschränkt, die Sonne besser vertragen können. Allgemein gilt für Fuchsien wie für alle übrigen Pflanzen der Grundsatz: Je idealer der Standort, desto einfacher die Kultur.

Substrate, Pflanzerden

Diesbezügliche Überlegungen gehen wieder vom heimatlichen Standort der Fuchsien in den Wäldern Südamerikas aus. Daraus läßt sich schließen, daß die Erde, in der Fuchsien optimal gedeihen, locker und porenreich wie ein Waldboden sein muß. Locker, um einen guten Wasserabzug zu gewährleisten, denn Staunässe ist schädlich; porenreich, weil viele luftgefüllte Poren im Boden ein gutes Wurzelwachstum fördern und mehr Saugwurzeln eine bessere Nährstoffaufnahme bedeuten. Außerdem hat der Waldboden einen sehr hohen Humusanteil, der durch die jährlich fallenden Blätter und Nadeln ständig ergänzt wird. Humus fördert die Mikroorganismen und Bakterien, ohne die ein Boden leblos ist.

Der pH-Wert sollte bei etwa 6,5 bis 7 liegen, also im schwach sauren bis neutralen Bereich. Wer nur wenige Fuchsien kultiviert und keinen großen Bedarf an Erde hat, kann die überall käuflichen, fein säuberlich in Beuteln verpackten Torfkultursubstrate (TKS) verwenden, auch Einheitserde T oder TKS 2. Bei größerem Bedarf sind sie allerdings relativ teuer. Alle reinen Torfsubstrate haben leider den Nachteil, daß sie zu trocken werden, Wasser so stark binden, daß die Saugkraft der Pflanze nicht mehr ausreicht, dem Substrat das lebensnotwendige Wasser zu entnehmen. Torfkultursubstrate dürfen also niemals völlig austrocknen. Geschieht dies doch einmal, sind sie nur schwer wieder anzufeuchten. Das Gießwasser fließt an den Topfseiten durch und der Ballen bleibt trocken. Die meisten Hersteller von Torfsubstraten fügen inzwischen ihren Produkten einen gewissen Anteil Ton bei, um die Benetzungsfähigkeit zu verbessern.

Demgegenüber haben eigene Mischungen mit einem Anteil Garten- oder Ackererde den Vorteil, daß sie

- besseres Wasserhaltevermögen besitzen und dadurch nicht so schnell austrocknen,
- pH-Wert-Schwankungen besser ausgleichen,
- überhöhte Salzkonzentrationen durch Düngemittel und Gießwasser besser puffern können.

Eine bei Fuchsien langjährig erprobte Standardmischung besteht aus

1 Eimer Kompost
1 Eimer Gartenerde
2 Eimer Düngetorf
½ Eimer Sand

Der Kompost mit einem hohen Laubanteil wird ohne die übliche Verwendung von Kalk-Stickstoff hergestellt. Er muß gut ausgereift, also mindestens 2 bis 3 Jahre alt sein. Lehmhaltige Gartenerde hat ein gutes Wasserhaltevermögen. Als Düngetorf ist der grobfaserige in Ballen vorzuziehen. Den Sand kauft man in Baustoffhandlungen. Es kann entweder kalkfreier Flußsand sein oder gewaschener kalkfreier Kiessand (Körnung 0 bis 3 mm).

Dieser Standardmischung sind, wenn sie zum Ein- oder Umtopfen verwendet werden soll, folgende Dünger beizufügen (pro Liter Substrat):

3 g kohlensaurer Kalk
2,5 g grobe Hornspäne
2,5 g Oscorna-Animalin
3 g getrockneter Rinderdung
2 g Patentkali
1 12-er-Topf grob zerstoßene Holzkohle (Grillkohle, gerechnet auf die Gesamtmenge)

Holzkohle hat eine desinfizierende Wirkung und bindet toxische Stoffe.

Zur Bepflanzung der Balkonkästen und Kübel im Mai wurden in den letzten Jahren mit sehr gutem Erfolg sogenannte Langzeit- oder Depotdünger beigefügt, z. B. Osmocote in der Zusammensetzung 15:12:15. Osmocote wird im Handel auch in 300-g- und 1-kg-Packungen angeboten. Triabon (16:8:12) und Plantosan 4 D (20:10:15) kann man nur in 25-kg-Säcken kaufen.

Auf einen Liter Standardmischung ist zu rechnen mit

2 g Triabon oder
3 g Osmocote oder
1½ g Plantosan 4 D

Ist der Langzeitdünger einmal zugesetzt, sollte die Erde bald verbraucht werden. Eine längere Lagerung würde schon Nährstoffe freisetzen, bevor sie den Pflanzen zugute kämen. Im Extremfall würde der Salzgehalt zu hoch werden und den Pflanzen schaden. Hingegen ist die Standardmischung nur mit organischen Zutaten lagerfähig.

Wie kommt aber ein Fuchsienliebhaber, der in der Stadt wohnt und seine Pflanzen auf dem Balkon kultiviert, an gute Erde? Sofern er ein natürlich gewachsenes Substrat bevorzugt, kann er sich jener Erde bedienen, die der Maulwurf auf den Wiesen und Weiden im Frühjahr aufwirft. Am richtigen Standort findet er eine lockere, lehmig-sandig-humose Erde, die jedoch nicht pur, sondern als Komponente einer Erdmischung verwendet werden sollte. Dieser Auswurf des Maulwurfs ist, da er aus dem Wurzelbereich nach oben gebracht wird, fast völlig frei von Unkrautsamen.

Wer sich diese Arbeit nicht machen will, sollte getrost die industriell hergestellten, käuflichen Torfsubstrate TKS 2 oder Einheitserde T benutzen, aber versuchen, ihre Wasserbindefähigkeit zu verbessern. Dazu bietet sich Bentonit an, ein Tonmehl, das alle positiven Eigenschaften des Tons in sich vereinigt. Es besteht zu 40 bis 60 % aus Montmorillonit, 15 bis 20 % Illit und 5 bis 10 % Kaolinit. Außerdem enthält es Feldspat, Glimmer und Quarz. Dazu die Spurenelemente Bor, Kobalt, Kupfer, Mangan, Molybdän und Zink, die für ein optimales Gedeihen der Fuchsien sehr wichtig sind, aber in den käuflichen Substraten oft fehlen.

Bentonit wird als feines, sehr helles Pulver angeboten und reagiert leicht alkalisch (pH 7,5), so daß sich damit auch der pH-Wert mancher, oft sauer reagierender Torfsubstrate auf den für Fuchsien gewünschten Wert einstellen läßt. Zugesetzt werden zu fertigen Torfsubstraten 500 g Bentonit auf 20 Liter. Bentonit kann man im Gartenbedarfshandel kaufen. Manchmal wird es als Edasil-Tonmehl angeboten. Die besten und oft schwer beschafften Zutaten wären aber verschwendet, wenn die Mischungen daraus nicht sorgfältig hergestellt würden. Zunächst muß alles abgemessen werden. Die Erde sollte keinesfalls naß verarbeitet werden, sondern nur schwach feucht. Torf hingegen darf nicht so trocken verarbeitet werden, wie er aus den Ballen kommt, sondern muß, am besten am Tag vorher, angefeuchtet werden. Mit dem trockenen Sand mischt man zuerst alle organischen Dünger und gegebenenfalls das Bentonit. Dann kommt die Erde als unterste Schicht auf den möglichst ebenen Boden oder in eine große Wanne. Darüber wird der Torf ausgebreitet und zuletzt obenauf das Sand-Dünger-Gemisch. Alles muß mindestens dreimal umgeschaufelt werden, damit alle Bestandteile gleichmäßig in der gesamten Mischung verteilt sind.

Substrate für Fuchsien-Aussaaten oder für die Stecklingsvermehrung werden in den entsprechenden Abschnitten beschrieben.

Düngung

Nur wenige Fuchsienliebhaber werden sich wissenschaftlich mit der Wirkungsweise der einzelnen organischen oder anorganischen Dünger beschäftigt

haben. Im Zeitalter der Chemie, angesichts der vielfältigen Fertigpräparate, ist das auch nicht erforderlich. Einige Grundkenntnisse über die Pflanzennährstoffe, die für das optimale Gedeihen einer Pflanze unerläßlich sind, sollten aber vorhanden sein, besonders wenn man gesunde Pflanzen mit gutem Aufbau, kräftigem Laub und dem für Fuchsien so typischen Blütenreichtum erzielen möchte. Pflanzen in Töpfen und Containern, zumal wenn sie unter Glas oder auf überdachten Terrassen gehalten werden, sind im Nachteil gegenüber denen, die in der freien Natur wachsen. Das Wurzelsystem ist auf einen relativ kleinen Behälter beschränkt, und folglich sind die Nährstoffe, die anfangs im Substrat reichlich vorhanden waren, schnell verbraucht. Durch den großen Wasserbedarf der Fuchsien wird auch ein Teil der Nährstoffe regelmäßig ungenutzt ausgewaschen. Kurzum, die Fuchsien sind in ihrer Ernährung vollständig von uns abhängig. Man sieht es jeder Pflanze sehr bald an, ob die Pflege ernstgenommen oder ob alles mehr oder weniger der Laune oder dem Zufall überlassen wird.
Von Fuchsienspezialisten bekommt man oft den Rat, die Pflanzen während der frühen Wachstumsperiode mit Stickstoffdünger zu versorgen und mit Beginn der Knospenbildung auf hohe Kaligaben überzugehen. Obwohl der Rat im Prinzip richtig ist, enthält er doch nur die halbe Wahrheit. Die große Bedeutung, die der pH-Wert des Substrates hat, soll noch einmal deutlich herausgestellt werden. Er ist die Grundvoraussetzung für jede ausgewogene und wirksame Düngung. Wenn der pH-Wert nicht korrekt eingestellt ist, kann die Pflanze den regelmäßig gegebenen Dünger nicht verwerten. Zu tiefe oder zu hohe pH-Werte führen zur Festlegung verschiedener Nährstoffe im Substrat, so daß sie der Pflanze nicht mehr verfügbar sind. Gleichzeitig gehen Stoffe in Lösung, die – in hoher Konzentration – die Pflanze schädigen können. Bei den für Fuchsien inzwischen allgemein anerkannten pH-Werten von 6,5 bis 7 können die Pflanzen die angebotenen Nährstoffe maximal nutzen.
Der erste Schritt zu einem optimalen Ernährungsprogramm ist die Feststellung des pH-Wertes des Substrates. In Gartenfachgeschäften bekommt man preiswerte sogenannte pH-Meter. Das sind einfach zu handhabende Meßgeräte. Es wird die Zahl der freien Wasserstoffionen gemessen und in Konzentrationszahlen von 0 bis 14 ausgedrückt. Der mittlere Wert 7 wird als neutral bezeichnet. Alle Werte darunter liegen im sauren, d. h. kalkarmen, alle darüber im alkalischen, also kalkhaltigen Bereich.
Ist das Substrat beim Test zu sauer, also unter pH 6,5, muß Kalk hinzugefügt werden, um den gewünschten Wert zu erreichen. Auch Bentonit neutralisiert saure Medien. Ist das Substrat zu alkalisch, übersteigt also den Höchstwert von pH 7, unterbleibt jeder Kalkzusatz, und es wird mehr Torf zugesetzt.
Für den Anfänger ist es verwirrend, sich die vielen wechselseitigen Wirkungsmöglichkeiten zwischen einzelnen Nährstoffen und pH-Wert einzuprägen. Für den Spezialisten sind sie Gegenstand eines umfassenden Studiums. Sicher ist es auch möglich, mit ein wenig Geschick und mit Hilfe der im Handel angebotenen, ausgewogenen Fertigdünger gute Fuchsien zu ziehen. Doch spätestens wenn die Pflanzen zu kränkeln beginnen, die Blätter gelb werden oder die Knospen abfallen, fragt man sich, warum das so ist. Darum muß ein wenig über die wichtigsten Nährstoffe gesagt werden.
Die Pflanzennährstoffe, die für ein gesundes Wachstum erforderlich sind, werden gewöhnlich in Makro- und Mikronährstoffe unterteilt. Makronährstoffe werden in größeren Mengen benötigt. Zu ihnen gehören Stickstoff (N), Phosphor (P), Schwefel (S), Kalium (K), Calcium (Ca) und Magnesium (Mg). Mikronährstoffe, auch Spurenelemente genannt, werden nur in winzigen Mengen gebraucht, sind aber zum guten Gedeihen der Pflanzen unerläßlich. Zu den Mikronährstoffen zählen Eisen (Fe), Mangan (Mn), Kupfer (Cu), Zink (Zn), Molybdän (Mo) und Bor (B).

Die Grundnährstoffe

Stickstoff (N)

Stickstoff ist lebenswichtig für das vegetative Wachstum, also für die Bildung von gesundem Laub, kräftigen Zweigen und Stämmen.
Er muß den Fuchsien die ganze Vegetationsperiode in ausreichender Menge zur Verfügung stehen. Darum ist es also falsch, mit der Stickstoffdüngung völlig aufzuhören, wenn man, zur Zeit der Knospenbildung, verstärkt Kalidünger geben muß. Bei Stickstoffmangel werden zuerst die unteren Blätter gelb und fallen ab. Der Prozeß setzt sich weiter nach oben fort. Zu hohe Stickstoffgaben führen dagegen zur Vergrößerung der Pflanzenzellen, die als Folge mehr Wasser speichern und verweichlichen. Das macht die Pflanzen anfälliger für mögliche Krankheiten und im späten Jahr, an ungeschützten Standorten, auch für frühe Fröste.

Phosphor (P)

Phosphor ist als Ausgleich zum Stickstoff wichtig. Es fördert besonders das Wurzelwachstum junger Pflanzen und hat Einfluß auf Blüten- und Fruchtbildung.

Man verwendet ihn in der Form von Superphosphat oder gedämpftem Knochenmehl mit 25 % Phosphor („Oscorna“).

Kalium (K)
Kali spielt im Pflanzenleben eine sehr große Rolle, besonders bei der Photosynthese und dem Aufbau von Chlorophyll. Es gleicht die Wirkung von N und P aus. Kalium ist wichtig für den Aufbau kräftiger Pflanzen, erhöht die Widerstandsfähigkeit gegen Krankheiten und verbessert die Farben der Fuchsienblüten. Es beschleunigt die Holzreife, folglich überwintern die Fuchsien besser. Eine Überdosierung von Kali über einen längeren Zeitraum führt bei Fuchsien zu Magnesiummangel und kann die Wirkung des Stickstoffs völlig blockieren. Obwohl im Substrat vorhanden, steht es den Pflanzen nicht zur Verfügung. Sie verholzen vorzeitig, das Wachstum stagniert.

Spurenelemente

Diese Nährstoffe sind nur in winzigen Mengen erforderlich. Die in den Substraten verarbeitete Garten-, Maulwurfs- oder Ackererde enthält genügend davon. Das Fehlen von Mikronährstoffen ruft aber bei Fuchsien bestimmte Mangelerscheinungen hervor, die meist an Blattverfärbungen zu erkennen sind.
Eisenmangel, auch als Chlorose bekannt, wird durch ein Übermaß an Phosphor oder Kalk hervorgerufen. Er ist an der grüngelben Verfärbung der Blätter zu erkennen. Die Blattadern und die Blattränder bleiben dabei grün. Gegenmittel: Fetrilon in der angegebenen Konzentration.
Molybdänmangel ruft auch Blattverfärbungen hervor und entsteht, wenn das Substrat zu sauer ist. Die Blätter sehen aus wie gesprenkelt mit verschiedenfarbigen Flecken. Gegenmittel: Auf korrekten pH-Wert achten.
Magnesiummangel. Die Blätter zeigen chlorotische, gelbe Zonen oder bilden Nekrosen, d. h. ein Teil des Blattgewebes, meistens die Spitzen oder Ränder, werden braun und sterben ab. Gegenmittel: Magnesium-Sulfat (Bittersalz, Epsom-Salz), 1 Teelöffel auf 10 Liter Wasser.
Bor. Bei Bormangel wölben sich die Blätter oft in Form kleiner Boote. Vegetationspunkte und ganze Triebspitzen sterben ab.
Mangan. Manganmangel erkennt man daran, daß die größeren Blattnerven von breiten grünen Bändern eingefaßt sind. Die Blätter selbst sind zwischen den Blattadern hellgrün und heller an den Rändern.
Zink. Bei Zinkmangel werden die Internodien, die Blattabstände an den Spitzen der Triebe, ungewöhnlich und auffallend verkürzt. Die Blätter bilden sich als kleine chlorotische Rosetten aus.
Es zeigt sich, daß sich die Verfärbung der Blätter bei den verschiedenen Mangelerscheinungen stark ähneln. Eine korrekte Diagnose ist schwer zu stellen. Während Eisen- oder Magnesiummangel einzeln auftreten können und die Gegenmittel entsprechend eingesetzt werden, lassen sich Mangelerscheinungen bei den Spurenelementen Bor, Mangan und Zink mit einem Flüssigdünger beheben, der diese Elemente enthält (Gebrauchsanweisung beachten). Bei Blattdüngung werden die Mängel schnell und wirksam behoben. Wenn man zur Grunddüngung ausschließlich den Langzeitdünger Osmocote verwendet, müssen zusätzlich Spurenelemente gegeben werden, z. B. 100 bis 150 g Radigen oder 50 bis 100 g Fetrilon pro m^3 Substrat.

Häufigkeit, Menge, Dünger

Fuchsien sind einerseits starke Nährstoffzehrer, andererseits aber salzempfindlich, besonders als frisch bewurzelte Stecklinge und als Jungpflanzen. Eine gut durchwurzelte größere Pflanze dagegen kann man kaum überdüngen. Der Erfolg bei der Düngung hängt von der Erfahrung und der Beobachtungsgabe des Gärtners, aber fast noch mehr von der Sorgfalt und Regelmäßigkeit in der Anwendung ab. Einige Grundregeln sind zu beachten:
- Niemals eine trockene Pflanze düngen, gegebenenfalls erst gießen und dann die Nährlösung folgen lassen.
- Niemals eine kränkelnde Pflanze düngen. Die Düngung würde zum völligen Zusammenbruch führen. In diesem Fall müssen erst die Krankheitsursachen herausgefunden und behoben werden.
- Bewurzelte Stecklinge und Jungpflanzen kommen, bis sie im 10-cm-Topf stehen, mit der im Substrat vorhandenen organischen Grunddüngung aus. Sollte das Wachstum einmal nicht befriedigend sein, ist es besser, mit Blattdüngern (z. B. Wuxal) in schwacher Konzentration nachzuhelfen, als in den noch nicht völlig durchwurzelten Topf zu düngen. Gerade die jungen Wurzeln sind besonders salzempfindlich und dürfen nicht geschädigt werden.
- Steht die Pflanze einmal im endgültigen Topf und hat diesen durchwurzelt, beginnt die regelmäßige flüssige Zusatzdüngung. In alten englischen Fuchsienbüchern ist der einprägsame Ratschlag „weekly – weakly“ (wöchentlich, aber schwach) zu finden.

Als richtige Konzentration gilt die Hälfte der vom Düngerhersteller angegebenen Menge. Wenn man sich einen bestimmten Tag in der Woche als „Düngetag" angewöhnt, ist auch die so wichtige Regelmäßigkeit gewährleistet.

Für die Zeit des Pflanzenaufbaus, bis zum letzten Entspitzen und bis die Fuchsien nach dem darauffolgenden Durchtrieb die gewünschte Form und Größe erreicht haben, wählt man einen stickstoffbetonten Dünger (z. B. Hakaphos perfekt, 14:10:14).

Erscheinen die ersten Knospenansätze, folgt ein kalibetonter Dünger (z. B. Hakaphos spezial, 8:12:16). Jeder gute Dünger in etwa dieser Zusammensetzung erfüllt seinen Zweck. Man kann sich durchaus an die örtlich angebotenen Erzeugnisse halten.

Blattdüngung

Fuchsien nehmen flüssigen Dünger gut und gerne über das Blatt auf. Diese Tatsache ist bei der Anzucht von Stecklingen und Jungpflanzen von Nutzen. Junge Wurzeln sind besonders gegen Salz und auch gegen zuviel Feuchtigkeit im Topf empfindlich. Um den Pflanzen in diesem frühen Stadium zu einem zügigen Wachstum zu verhelfen, erhalten sie mittels einer Sprühflasche eine Blattdüngung. Auf 1 Liter abgestandenes Wasser geben wir 2 g Wuxal, Poly-Crescal, Mairol oder ähnliches und nebeln die Pflanzen damit gründlich ein, nicht jedoch in der prallen Sonne, sonst könnten Blattflecken und Verbrennungen die Folge sein. Auch Algenpräparate haben, als Blattdünger aufgebracht, eine kräftigende Wirkung. Wann immer Fuchsien sich nicht zufriedenstellend entwickeln oder wenn die Entwicklung einer Pflanze, z. B. bei der Anzucht von Hochstämmen oder sonstigen dekorativen Formen, bei denen es auf ein zügiges Wachstum besonders ankommt, gefördert werden soll, ist eine Blattdüngung hilfreich.

Bei holländischen Fuchsienfreunden mit herrlich blühenden Pflanzen wurde häufig der „geheimnisvolle" Stoff UDK als besonders wirksamer Dünger empfohlen. Damit war der Urin von trächtigen Kühen gemeint. Bei Analysen wurde die Zusammensetzung 6:0:15 herausgefunden, d. h. wenig Stickstoff, kein Phosphat, aber ein hoher Kaliumanteil und Hormone, die eine reiche Blüte bewirken. Wer über Beziehungen zur Landwirtschaft verfügt, sollte diesen „Dünger" in stark verdünnter Form ausprobieren.

Die seit einigen Jahren angebotenen Depotdünger mit einer Langzeitwirkung von mehreren Monaten bieten nicht nur dem Berufsgärtner, sondern auch dem Fuchsienliebhaber, der nicht allzu viel Zeit auf sein Hobby verwenden kann, enorme Vorteile. Das so außerordentlich wichtige, gleichmäßige Nährstoffangebot ist somit gewährleistet. Die an Kunststoff gebundenen granulierten Körner lassen sich leicht im Substrat verteilen. Sie enthalten alle Hauptnährstoffe, die im Boden nach und nach in eine für die Pflanzen aufnehmbare Form freigesetzt werden. Bodentemperatur und -feuchtigkeit, Bakterientätigkeit und pH-Wert lösen die Nährstoffe den jeweiligen Bedürfnissen der Pflanzen entsprechend. Mangelperioden mit den bekannt betrüblichen Folgen, wie unbefriedigendes Wachstum, Knospen, die sich nicht öffnen oder gar abgeworfen werden, können gar nicht erst auftreten. Nährstoffe, die nur bei wirklichem Bedarf der Pflanze freigesetzt werden, können also auch keine Überdüngungsschäden hervorrufen. Der Nährstoffvorrat in den Pflanzgefäßen wird beim Gießen nicht ausgewaschen und hält darum auch länger vor.

Zu beachten ist allerdings, daß der Düngevorrat im Substrat nach etwa 2 bis 3 Monaten erschöpft ist. Von diesem Zeitpunkt an ist dann wieder – am besten flüssig – nachzudüngen. Da etwa Ende August–Mitte September jegliche Düngung eingestellt wird, um ein gutes Ausreifen der Pflanzen zu fördern, was bessere Überwinterung bedeutet, ist dieser Zeitraum nicht mehr lang. Abschließend sei angemerkt, daß organische Dünger im Substrat gleichzeitig auch Humusquellen und darum besonders vorteilhaft sind. Sie sind in ihrer Wirkung aber sehr abhängig von den Außentemperaturen. In kühlen Sommern, wenn die Temperaturen für einen längeren Zeitraum unter 20 bis 25 °C bleiben, können sie ihre volle Wirkung nicht entfalten. Man wird in diesem Fall besser zu den anorganischen flüssigen Düngern übergehen, um die kühlen Zeiten zu überbrücken.

Nährstoffversorgung und Blütenbildung

(nach Dr. Helmut Burghardt)

Ernährungsversuche* bei Fuchsien haben ergeben, daß eine richtige Nährstoffversorgung – neben den anderen Wachstumsfaktoren während des Sommers –

* Der ausführliche Versuchsbericht von Dr. Helmut Burghardt erschien als Sonderdruck aus Gartenwelt 62 (13), 267–268, Verlag Paul Parey, Hamburg und Berlin, 1962.

Blütenbildung und Anzahl der Blüten ganz erheblich begünstigt. Eine Tatsache, die nicht nur den Fuchsien-Liebhaber, sondern auch den Erwerbsgärtner interessieren muß. Dies um so mehr, als sich die Fuchsie als Topf-, Balkonkasten- und Beetpflanze großer Beliebtheit erfreut und im Zierpflanzenbau einen wesentlichen Wirtschaftsfaktor darstellt.
Die Versuchsergebnisse zeigen deutlich, daß die Grunddüngung weitgehend dem vegetativen Aufbau der Pflanzen dient und daß erst eine Nachdüngung – die sich in jedem Falle empfehlen dürfte, schon um zu hohe einmalige Gaben an notwendigen Nährstoffen zu vermeiden – in der Lage ist, optimale Blüherfolge zu bewirken. Zwar begünstigen auch die übrigen Wachstumsfaktoren während des Sommers die Blütenbildung gegenüber dem Frühjahr ganz allgemein, unabhängig davon erhöht sich jedoch mit steigenden Nährstoffgaben die Blütenzahl ganz beträchtlich. Pflanzen, die eine höchstmögliche Düngergabe erhalten haben, entwickelten die mehr als dreifache Anzahl von Blüten gegenüber den ungedüngten.
Wesentliche Voraussetzung für eine lohnende Fuchsienkultur ist also eine ausreichende Nährstoffversorgung, die mit insgesamt 4 bis 5 g eines hochwertigen Mehrnährstoffdüngers je Topf noch nicht ihr Maximum gefunden haben dürfte.

Pflege

Gießen, Ausputzen, Schädlinge

Die Pflege der Fuchsien, ob als Jungpflanzen gekauft oder aus Stecklingen selbst herangezogen, ist nicht besonders aufwendig. Sie erfordert aber doch einige Aufmerksamkeit und etwas Zeit. Das beginnt mit dem Gießen.

Eine Pflanze mit so viel Laub hat einen großen Wasserbedarf, weil die Blätter ständig viel Wasser verdunsten. Andererseits ist eine andauernd nasse Erde für die Fuchsienwurzeln äußerst schädlich. Sie verfaulen und können ihre Funktion, Wasser und Nährstoffe aufzunehmen, nicht mehr erfüllen. Die meisten Fuchsien sterben wohl an nassen und dadurch kalten „Füßen". Der Gärtner spricht vom „Vergießen". Besonders empfindlich sind frisch getopfte Pflanzen, die die neue Erde im jetzt größeren Topf noch nicht völlig durchwurzelt haben. In diesem Fall sollte man einmal kräftig angießen und mit der nächsten Wassergabe warten, bis die Pflanze fast trocken geworden ist.

Völlig austrocknen dürfen die Fuchsien aber auch niemals. Diese Gefahr ist jedoch nicht so groß, weil man den Blättern Wassermangel sofort ansieht. Sie verlieren ihre pralle Frische, werden stumpf, weich und „schlappen". Im Extremfall wirft eine völlig trocken gewordene Fuchsie Blätter, Knospen und Blüten ab. Der Idealzustand wäre eine immer gleichmäßig schwach feuchte Erde. In Zeiten, als noch ausschließlich Tontöpfe verwendet wurden, klopfte der erfahrene Gärtner mit dem Knöchel an den Topf. Klang es dumpf, war noch genügend Wasser vorhanden, klang es hell, mußte dringend gegossen werden. Dieses Hilfsmittel läßt sich bei den heutigen Plastiktöpfen nicht mehr anwenden. Dafür sieht man mit etwas geschulter Beobachtungsgabe bald den Pflanzen ihre Bedürfnisse an.

An heißen Sommertagen, besonders wenn es dazu noch windig ist, muß oft zweimal, morgens und abends, gegossen werden. An solchen Tagen hält man die Pflanzen durch zusätzliches Sprühen oder leichtes Überbrausen der Blätter und der Umgebung frisch, obwohl dieses probate Mittel bei Pflanzen in voller Blüte auch Nachteile hat. Die Blüten der hellen, pastellfarbenen und weißen Sorten bekommen dadurch leicht häßliche, braune Flecken.

Sollte bei aller Sorgfalt doch ein Gießfehler unterlaufen sein und besteht die Gefahr, eine Fuchsie zu verlieren, bleibt nur eines, um sie zu retten. Man nimmt die Pflanze aus dem Topf, entfernt die alte Erde sowie alle kranken Wurzeln und Blätter. Größere Pflanzen werden drastisch zurückgeschnitten. Dann topft man wieder mit frischer, lockerer Erde in den kleinsten Topf, der möglich ist. Gegossen wird vorsichtig, statt dessen wird viel gesprüht. Mit etwas Glück treibt die Fuchsie bald neue Wurzeln und neue Blätter. Zur Unterstützung des Genesungsprozesses kann man die kranke Pflanze noch in einen Folienbeutel setzen, um bei hoher Luftfeuchte die Regeneration zu beschleunigen.

Ein wichtiger Teil der Pflege ist das fortlaufende Entfernen der verblühten Blumen und der Fruchtstände. Erspart man den Fuchsien die Ausbildung unerwünschter Früchte, können sie ihr Energie auf die Bildung immer neuer Blüten verwenden. Auch gelbe und beschädigte Blätter sollten ausgeputzt werden. Hin und wieder müssen im Laufe des Sommers noch zu lang gewordene Triebe oder solche, die unter der Last ihrer großen und entsprechend schweren Blüten zu brechen drohen, eine Stütze erhalten, an der sie vorsichtig angebunden werden.

Große Aufmerksamtkeit ist zu jeder Zeit den Schädlingen zu widmen. Von den grünen Blattläusen abgesehen, die gut sichtbar an den Triebspitzen sitzen, verstecken sich die meisten Schädlinge auf der Blattunterseite. So oft es unsere Zeit erlaubt, sollte man die Pflanzen kontrollieren und gleich zu Beginn entsprechende Gegenmaßnahmen ergreifen, damit es gar nicht erst zu einem großen Befall mit den üblen Folgen kommen kann. Schon das Besprühen der Blattunterseiten mit einfachem klaren Wasser verhütet oft den Befall mit der gefürchteten „Roten Spinne", die es heiß und trocken liebt. Nach den Erfahrungen des extrem nassen Sommers 1980 bestehen an dieser Tatsache jedoch gewisse Zweifel. Nie zuvor gab es so viele von „Roter Spinne" befallene Fuchsien im Freiland; ob in England, Holland oder Deutschland. Ausführliche Bekämpfungsmaßnahmen folgen in einem späteren Abschnitt.

Überwinterung

Die meisten Fuchsien, die von den Gärtnern alljährlich herangezogen werden, erleben nur einen Sommer. In den Monaten von Mai bis Oktober schmücken sie Fensterbänke, Balkone, Terrassen, Gartenbeete und Friedhöfe und machen mit ihrer Blütenfülle so viel Freude, daß man meinen möchte, das reiche aus. Man genießt die Schönheit, solange sie dauert, und trennt sich dann von den Pflanzen.

Vielen Menschen ist gar nicht bekannt, daß die Fuchsien zu den laubabwerfenden Gehölzen gehören, die am Naturstandort in ihrer Heimat jedes Frühjahr neu austreiben wie bei uns etwa die Forsythien oder der Flieder. Der gravierende Unterschied ist allerdings, daß mitteleuropäische Wintertemperaturen für die meisten Fuchsien zu niedrig liegen. Sie müssen also im Haus frostfrei über den Winter gebracht werden. Zugegeben, es erfordert ein wenig Überlegung, geeignete Räumlichkeiten zu finden. Ein richtiger Fuchsienfreund, der seine Pflanzen selbst herangezogen hat, brächte es nicht übers Herz, sie im Herbst einfach wegzuwerfen, zumal er weiß, daß die Fuchsien von Jahr zu Jahr schöner werden. Viele Sorten erreichen erst im zweiten und dritten Jahr ihre optimale Schönheit und die Blütenfülle nimmt mit jedem weiteren Jahr zu.

Als laubabwerfende Gehölze brauchen die Fuchsien im Winter eine Ruhezeit, in der sie neue Kräfte für die kommende Saison sammeln. Da sie diese Ruhezeit aber nicht unter natürlichen Bedingungen im Freien erhalten können, darf das nicht bedeuten, sie einfach einräumen und für den Rest des Winters zu vergessen. Etwa alle drei Wochen sollte man schon gießen, damit die Erde in den Töpfen und Kästen nicht völlig austrocknet.

Auch die Temperatur im Winterquartier muß man im Auge behalten. Sie sollte etwa 5 bis 7 °C nicht überschreiten. Bei diesen Temperaturen kommen die Pflanzen wirklich zur Ruhe. Bei zu warmem Stand würde der neue Austrieb schon bald wieder beginnen und von Ruhezeit könnte keine Rede sein. Weil das Licht im Winter zu einem kräftigen Austrieb nicht ausreicht, sind die entstehenden Neutriebe blaß und geil und schwächen die Pflanze unnütz. Sie müssen also entfernt werden. Ist der Raum kühl genug, dürfen die Fuchsien für die Zeit von November bis Februar sogar völlig dunkel stehen.

Vorbereitung zur Überwinterung

Um das Einräumen zu erleichtern, erfolgt ein erster, vorläufiger Schnitt. Wie weit dabei zu gehen ist, hängt von den jeweiligen Platzverhältnissen im Winterquartier ab. Zuerst werden alle schwachen, gebrochenen oder in das Pflanzeninnere gewachsenen Zweige, vor allem die nicht ausgereiften, noch weichen Teile der Pflanze, die ohnehin verfaulen würden, geschnitten. Um keine Krankheitskeime oder Schädlinge mit durch den Winter zu bringen, werden alle restlichen Blätter und Blüten entfernt. Diese werden nicht einfach abgerissen, sondern sorgfältig mit einer Schere abgeschnitten, um die Rinde nicht zu verletzen. Die größte Gefahr für Pflanzen im Winterquartier, die Bildung von *Botrytis* (Grauschimmel) an abgefallenen Blättern und Blüten, ist damit beseitigt. Diese Schimmelpilze greifen schnell auch auf Stamm und Zweige der Fuchsien über, und oft bedeutet das den Tod der Pflanze.

Verschiedene Überwinterungsquartiere

Das temperierte Gewächshaus

Der Besitzer eines Gewächshauses hat keinerlei Probleme mit der Überwinterung. Das Haus wird zuerst sorgfältig gereinigt, am besten mit Sodawasser. Wenn alle Pflanzen eingeräumt sind, besprüht man vorbeugend noch einmal alles, Pflanzen und Haus, mit einem Insektizid, stellt den Thermostaten auf 5 bis 7 °C ein, und der Winter kann beginnen. Häufiges Lüften bei mildem, frostfreien Wetter hält die Pflanzen gesund.

Das kalte Gewächshaus

Hier muß man, weil nicht geheizt werden soll oder kann, die in Töpfen stehenden Pflanzen vorher noch einmal gründlich wässern und so tief wie möglich in die Grundbeete eingraben. Dann wird alles mit einer dicken Schicht Torf, alter Topferde oder Laub abgedeckt. In Frostperioden sind die Pflanzen zusätzlich mit Plastikfolien, dicken Lagen Zeitungspapier, alten Säcken oder Decken zu schützen. In milden Perioden muß der zusätzliche Schutz aber wieder entfernt werden, damit die Pflanzen nicht ersticken. Auch hier ist alle paar Wochen die Feuchtigkeit in den Töpfen zu kontrollieren. Bespannt man das Haus innen mit Folie, besser Noppenfolie, so wird viel kalte Luft abgehalten.

Der Frühbeetkasten

Zur Überwinterung im Frühbeet werden die Pflanzen wie zuvor beschrieben vorbereitet. Dann werden sie aus den Töpfen genommen und die feinen Haarwurzeln von den Ballen entfernt. In einer ausgehobenen Grube werden die Pflanzen auf der Seite liegend dicht an dicht eingeräumt. Mit den kleinen Pflanzen werden die Zwischenräume ausgefüllt. Vorbeugend sollte man auch hier die Pflanzen mit einem Fungizid gegen *Botrytis* spritzen, z. B. Euparen. Dann schaufelt man zuerst die Frühbeeterde vorsichtig wieder über die Pflanzen. Zusätzlich wird der Kasten bis zum Rand mit trockenem Torf gefüllt, ersatzweise mit trockenem Laub von Kastanien, Buchen oder Nußbäumen.

Zum Schluß werden die gut schließenden Fenster aufgelegt. Zusätzlich zu der im Kasten vorhandenen Feuchtigkeit, die man durch Lüften bei mildem, frostfreien Wetter zu mindern versucht, sollte auf keinen Falle Regen eindringen können. In strengen, anhaltenden Frostperioden werden wieder Matten, Säcke, Styroporplatten, Bretter oder ähnliches aufgelegt. In extrem kalten Wintern kann man den Frühbeetkasten rundherum mit Erde anschütten.

Erdgruben

Diese Methode ist früher viel angewandt worden, dann aber zeitweilig in Vergessenheit geraten. In einer dauerhaft angelegten, solide, mit Brettern abgestützten Erdgrube wurden alle nicht winterharten Pflanzen untergebracht wie Geranien und Oleander, Granatbäumchen und auch die Fuchsien. Unsere Gärten sind selten noch so groß, daß man sich eine fest installierte Grube anlegen könnte. Aber eine wenigstens 60 cm tiefe Grube – es kann auch ein länglicher Graben sein – läßt sich anlegen.

Die Maße richten sich nach der Größe und der Anzahl der vorhandenen Pflanzen. Als Standort ist eine möglichst trockene Stelle auszusuchen. In Gegenden mit hohem Grundwasserstand sollte diese Tatsache in die Überlegungen mit einbezogen werden, denn der Winter könnte regenreich werden. Die Fuchsien werden wieder von Blättern und Blüten befreit, aus den Töpfen genommen und die Erdballen ausgeschüttelt. Die Etikettierung muß bei dieser Überwinterungsmethode besonders dauerhaft und wasserfest sein. Auch sollte man eine Liste der eingeräumten Pflanzen anlegen.

Auf den Grund der Grube schüttet man eine Lage trockenen Torf oder trockenes Laub. Dann kommen die schweren Pflanzen zuunterst und die Zwischenräume werden wieder mit kleineren Pflanzen ausgefüllt. Mehr als 3 Lagen Pflanzen sollten jedoch nicht übereinander gepackt werden. Zum Abschluß alles wieder mit reichlich trockenem Torf oder Laub auffüllen. Stroh ist für diesen Zweck nicht geeignet. Es würde sich durch Erdfeuchtigkeit zu schnell zersetzen. Dabei entstehen hohe Temperaturen, wie man sie von der Kompostbereitung kennt. Aus dem gleichen Grund darf auch kein Laub, das sich schnell zersetzt, verwendet werden. Die Kastanien-, Buchen- und Nußbaumblätter sind am besten geeignet. Torf hat den großen Vorzug, steril zu sein und sich im Frühling auf mancherlei Art im Garten weiterverwenden zu lassen. Mit ein paar leichten Brettern oder einem Rahmen, der mit feinem Maschendraht bespannt ist, wird abgedeckt, um das Abbröckeln der Grubenseiten zu verhindern. Ein großes Stück PVC-Folie hält Regen und Schnee von den Pflanzen fern. Die zuvor ausgegrabene Erde wird zuletzt darübergelegt. Kein Frost wird nun den Pflanzen etwas anhaben können.

Sonstige frostfreie Räume

Nicht winterharte Pflanzen hat man schon immer in Kellerräumen, auf dem Dachboden, in frostfreien Garagen und sonstigen Abstellräumen über den Winter gebracht. Allgemein gültige Regeln lassen sich aber schlecht aufstellen. Die örtlichen Gegebenheiten sind zu unterschiedlich. Ist ein Raum hell und leicht beheizt, muß natürlich öfter gegossen werden, als in einem dunklen Keller, der vielleicht die ideale Temperatur von 5 bis 6 °C hat, aber kein Licht und in dem die kahlen Pflanzen kaum Wasser verdunsten. Bei den heute fast immer zentral-beheizten Häusern liegt das eigentliche Problem auch eher darin, die Temperatur so niedrig zu halten, daß die Pflanzen nicht vorzeitig austreiben. Man wird hier so oft wie möglich bei frostfreiem Wetter lüften müssen.

Abschließend noch einmal die 3 Hauptanforderungen:

Frostfrei überwintern.
Nicht austrocknen lassen.
Vor *Botrytis* schützen.

Behandlung im Frühjahr

Nach einer Ruhezeit von etwa 3 Monaten, in der Regel von November bis Ende Januar, werden die Fuchsien im Februar wieder heller und wärmer aufgestellt, 15 bis 16 °C genügen aber vorerst. In Gegenden mit langen strengen Wintern ist es auch im März noch früh genug. Um den neuen Austrieb zu beschleunigen und das harte, alte Holz ein wenig aufzuweichen, werden die Pflanzen zweimal täglich mit lauwarmem Wasser gesprüht. Der Topfboden sollte gleichmäßig schwach feucht gehalten werden. Bald werden die schlafenden Augen anschwellen und die Triebspitzen die ersten grünen Blättchen zeigen.

Schnitt

Wie bereits beschrieben, gehören die Fuchsien zu den laubabwerfenden Gehölzen. Blüten erscheinen nur an den jungen, einjährigen Trieben. Kann die Fuchsie ohne Regulation austreiben, wird sie im Frühling genau da weiterwachsen, wo sie im Herbst aufgehört hat. Es werden nur die Spitzen weiterwachsen und der untere, verholzte Teil der Pflanze bleibt kahl. Natürlich werden im Verhältnis zur Größe der Pflanzen auch nur relativ wenige Blüten entwickelt.

Ein Rückschnitt ist deshalb notwendig. Er regt die unteren, schlafenden Augen zu neuem Austrieb an, die Pflanze wird verjüngt und wieder in eine ansprechende Form gebracht. Wie weit man zurückschneidet, ist von Sorte zu Sorte verschieden. Junge Pflanzen werden anders geschnitten als alte mehrjährige. Es gibt sogar Sorten, die einen Rückschnitt gar nicht mögen. Man zieht diese besser alle Jahre neu aus Herbststecklingen heran.

Junge einjährige Pflanzen werden auf 2 Augen des letzten Sommer gewachsenen Holzes zurückgeschnitten. Augen oder Knoten, auch Nodien genannt, sind die leicht verdickten Stellen an den Zweigen, wo im vorhergehenden Jahr die Blätter gesessen haben. Dort erfolgt immer auch der neue Austrieb.

Bei älteren Pflanzen ist ein Rückschnitt bis in das alte Holz oft nicht zu umgehen, wenn man eine gut

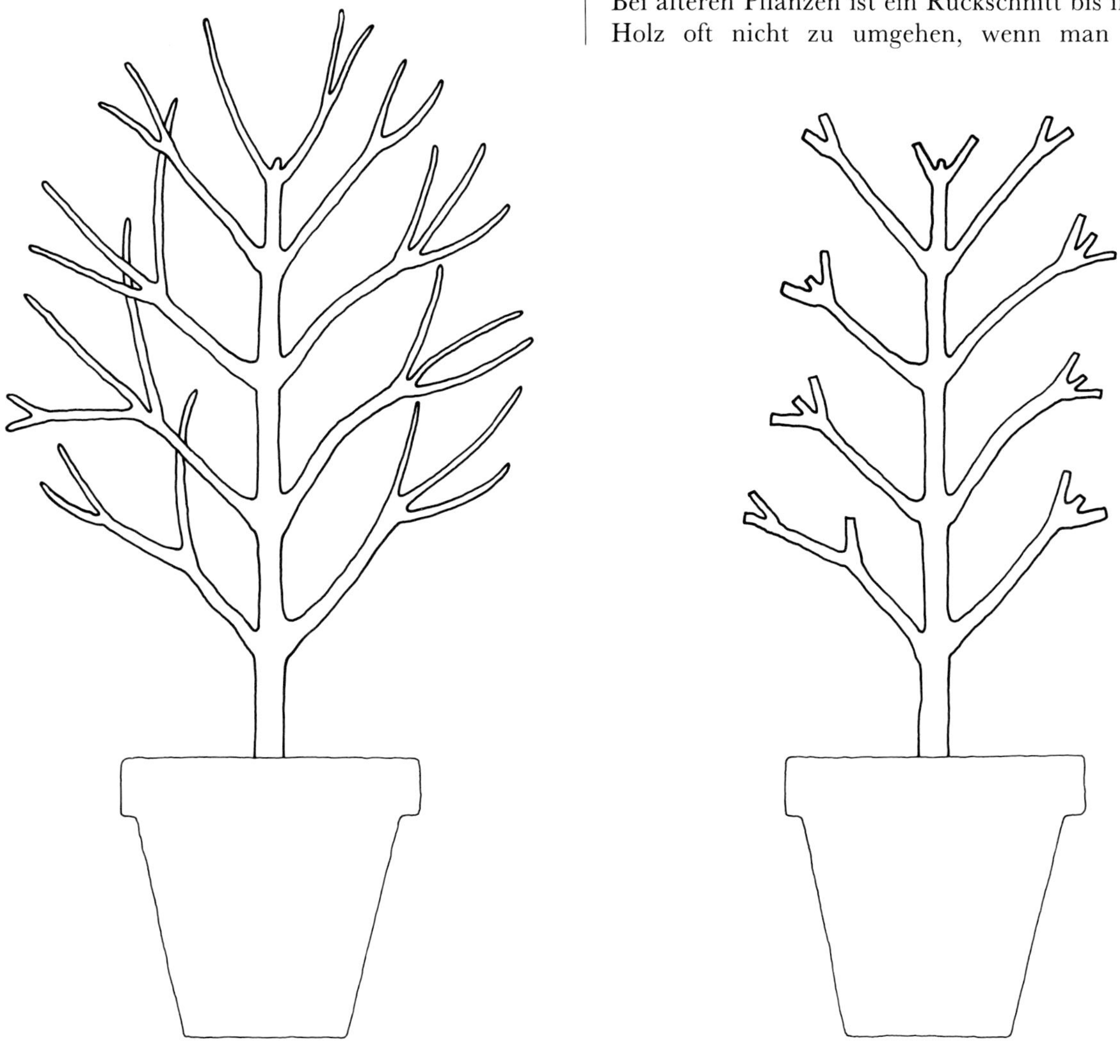

Eine Busch-Fuchsie vor und nach dem Rückschnitt.

geformte, von unten bis oben belaubte Pflanze anstrebt. Allerdings dauert es in diesem Fall länger, bis der neue Austrieb erfolgt.
Geschnitten wird mit einer scharfen Schere. Das Holz darf nicht gequetscht werden. Über den vorgesehenen Augen soll immer ein Stück altes Holz stehen bleiben. Ist der Zweig etwa 0,5 cm dick, so wird auch 0,5 cm über dem Auge geschnitten. Bei stärkeren Trieben wird entsprechend verfahren. Dünne, spindelige Triebe, auch solche, die in das Innere der Pflanzen wachsen oder andere Zweige kreuzen, werden ganz entfernt. Durch Beobachtung der Sorten und durch Erfahrung wird bald klar, bei welchem Schnitt optimaler Erfolg zu haben ist. Wichtig ist auch zu wissen, daß einige Sorten von Natur aus erst sehr spät austreiben. Sie sind Langschläfer, holen aber bald durch verstärkten Wuchs das Versäumte auf.
Hängepflanzen schneidet man über dem Auge, das gerade über dem Topfrand nach unten zeigt. So können sich die neuen, zarten Triebe nicht am Topfrand reiben. Bei Hochstämmen sollte man durchaus hartherzig sein und alle Jahre weit zurückschneiden. Eine innen kahle, völlig verholzte Krone ist kein schöner Anblick. Generell läßt sich sagen, daß man robuste, stark wachsende Sorten getrost auch kräftig zurückschneiden kann. Bei schwächer wüchsigen genügt ein leichter Formschnitt.

Umtopfen

Nach dem Rückschnitt müssen die Fuchsien in neue Erde umgepflanzt werden. Durch ihren großen Nährstoffbedarf ist die alte Erde völlig verbraucht. Töpfe und Gefäße sind auch so dicht mit alten, abgestorbenen Wurzeln ausgefüllt, daß die neuen Wurzeln keinen Entwicklungsraum mehr finden würden.
Zum Thema „Umtopfen" gibt es zwei voneinander abweichende Ansichten. Die einen topfen sofort nach dem Rückschnitt in neue Erde mit der Begründung, den Schock, den die Pflanzen durch Rückschnitt und Umtopfen erleiden, auf ein einziges Mal zu beschränken. Bei der zweiten, etwas schonenderen Methode, läßt man den Pflanzen 2 bis 3 Wochen Zeit, sich von dem Rückschnitt zu erholen und neue Austriebe zu bilden; erst dann topft man in neue Erde. Vom alten Ballen und den braunen, abgestorbenen Wurzeln wird schonend soviel wie möglich entfernt. Die eventuell schon vorhandenen, neugebildeten weißen Wurzeln dürfen aber nicht verletzt werden. Die Pflanze wird mit frischer Erde in den kleinstmöglichen Topf gesetzt. Der Sinn der Sache ist, daß die neuen Wurzeln den kleinen Topf schnell wieder ausfüllen sollen. Dadurch kommt das oberirdische Wachstum, die Bildung vieler junger Triebe, schneller wieder in Gang. Nehmen wir zu diesem Zeitpunkt aber einen zu großen Topf, wird die Pflanze bestrebt sein, diesen zunächst mit Wurzeln zu füllen, und der Austrieb würde dadurch verzögert.
Man sollte sich auch darüber klar sein, daß Erde, die noch nicht durchwurzelt ist, in einem zu großen Topf zum Versauern neigt. Es können sich Giftstoffe bilden, die der Pflanze schaden. Neu getopfte Pflanzen, das ist besonders wichtig, dürfen darum auch nur sehr vorsichtig und sparsam gegossen werden. Sonst verliert man bereits zu diesem Zeitpunkt die meisten Pflanzen. Hält man die Topferde aber immer nur schwach feucht und besprüht häufig die oberirdischen Teile der Pflanzen, so bilden sich sehr schnell neue Wurzeln und die gefährliche Periode ist vorüber. Ist der kleine Topf einmal durchwurzelt, wird später mit intaktem Ballen von Fall zu Fall in größere Töpfe gesetzt.
Jeder neue Trieb wird, wenn er 2 voll ausgebildete Blattpaare gebildet hat, weich entspitzt. Mit Daumen und Zeigefinger oder einer kleinen Schere wird die Triebspitze entfernt. Je öfter wir entspitzen, um so mehr Triebe bekommt die Pflanze; natürlich auch entsprechend mehr Blüten.

Krankheiten, Schädlinge und ihre Bekämpfung

Gut gepflegte und gut ernährte Fuchsien werden glücklicherweise selten von Krankheiten befallen. Allerdings nimmt in großen Monokulturen – wie bei anderen Pflanzengattungen auch – die Widerstandsfähigkeit ab. Unter den Kulturbedingungen, herausgelöst aus dem ökologischen und biologischen Schutz, den die Fuchsien am Naturstandort genießen, können Krankheiten auftreten, und auch der Befall mit Schädlingen nimmt zu. Hinzu kommt die menschliche Neigung, schwache Pflanzen mit allen nur möglichen Mitteln zu erhalten, während in der Natur durch immerwährende Selektion die schwachen Pflanzen ausgemerzt werden und nur die gesunden, starken überleben können. Die wenigen natürlichen Widersacher tierischer Schädlinge, z. B. Schlupfwespen oder Marienkäfer, werden bei Gegenmaßnahmen oft mitvernichtet. Es gibt heute erfreulicherweise Institute, die Schlupfwespen und Marienkäfer verschiedener Arten in großen Mengen züchten und verkaufen. Der Einsatz lohnt aber nur in großen Unter-Glas-Kulturen.

Es ist schon viel über den Umgang mit Pflanzenschutzmitteln und die Gefahren, die bei leichtfertiger Anwendung drohen, geschrieben worden. Manche Mittel sind gefährlicher als andere, aber giftig sind alle und die nötige Vorsicht darum immer geboten. Der allerbeste Pflanzenschutz ist aber immer noch eine gute Kultur. Fuchsien, die zur rechten Zeit die richtige Pflege bekommen und richtig ernährt werden, sind gesund, widerstandsfähig und nicht besonders anfällig für Krankheiten und Schädlinge.

Pilzkrankheiten

Grauschimmel *(Botrytis cinerea)*

Diese Pilzkrankheit tritt mit Vorliebe in den Herbst- und Wintermonaten auf, wenn die Luftfeuchtigkeit im Gewächshaus oder im Überwinterungsquartier extrem hoch ist. Oft ausgehend von heruntergefallenen Blättern oder Blüten bilden sich an den Stengeln in Bodennähe braun-schwarze faulige Stellen, die ganze Zweigpartien absterben lassen. Ist der Befall weiter fortgeschritten, sieht man den grauen Pilzrasen schon mit dem bloßen Auge. Die Botrytis-Sporen sind praktisch überall gegenwärtig und warten auf günstige Bedingungen, um auskeimen zu können. Daraus ergeben sich entsprechende vorbeugende Maßnahmen.

Vorbeugende Maßnahmen
- Pflanzen nicht zu eng stellen,
- viel lüften, damit keine stagnierende Luft entsteht,
- sparsam gießen, am besten früh am Tage, damit die Blätter am Abend wieder abgetrocknet sind,
- peinliche Sauberkeit, jedes herabgefallene Blatt sofort entfernen und vernichten.

Pflanzenschutzmittel:

Euparen 0,25 % (25 g auf 10 l Wasser),
Ronilan 0,1 % (10 g auf 10 l Wasser)
oder andere Mittel in der jeweils angegebenen Konzentration.

Flüssige Pflanzenschutzmittel werden, falls erforderlich, ebenfalls früh am Tag ausgebracht.

Da weiße und pastellfarbene Fuchsien besonders anfällig sind, sollte man sie schon vorbeugend mit einem systemischen Fungizid besprühen.

Fuchsienrost

Dieser Rostpilz *(Pucciniastrum epilobii* f. sp. *palustris)* an Fuchsien ist in der wissenschaftlichen Literatur seit 1918 bekannt und in Amerika und England an Fuchsien weit verbreitet. Er hat in den letzten Jahren auch in die deutschen Kulturen Einzug gehalten und kann, wenn er nicht rechtzeitig erkannt wird, großen Schaden anrichten.

Die Rostpilze sind alle auf bestimmte Pflanzenarten spezialisierte Parasiten. Alle gehören zu den wirtswechselnden Pilzen und haben einen sehr komplizierten Entwicklungszyklus mit mehreren Stadien. Der Fuchsienrost infiziert dabei vom Weidenröschen *(Epilobium)* aus die Fuchsien. Deshalb sollte man Weidenröschen nicht in der Nähe von Fuchsien dulden.

Der Rostpilz befällt zuerst die unteren Blätter der Pflanze. Auf den Blattunterseiten entdeckt man Gruppen von gelb-braunen bis rostroten Sporen. Etwas später sind auch auf den Blattoberseiten braun-graue runde Flecken zu erkennen. Sind die Sporen reif, werden sie bei der geringsten Bewegung und durch jeden Luftzug auf benachbarte gesunde Pflanzen übertragen. Wenn auch eine ausgewachsene Pflanze – bei rechtzeitiger Bekämpfung – nicht sehr geschädigt wird, kommt für Stecklinge und Jungpflanzen oft jede Hilfe zu spät. Vorbeugende Maßnahmen:

- zu dichten Stand vermeiden,
- zu hohe Luftfeuchtigkeit, besonders bei niedrigen Temperaturen, durch sparsames Gießen und häufiges Lüften verringern,
- absolute Sauberkeit bei der Kultur, befallene Blätter vorsichtig abpflücken und sofort verbrennen.

Pflanzenschutzmittel:

Saprol, systemisch	0,15 %	(15 g auf 10 l Wasser),
Plantvax, systemisch	0,1 %	(10 g auf 10 l Wasser),
Dithane-Ultra	0,2 %	(20 g auf 10 l Wasser).

Es wird zweimal im Abstand von 8 Tagen sorgfältig gespritzt, besonders die Blattunterseiten und auch die Erdoberfläche. Anschließend wird die Behandlung mehrmals im Abstand von 14 Tagen wiederholt. Um den Zyklus zu unterbrechen, müssen die Weidenröschen, die oft in der Umgebung der Gärten wild wachsen, entfernt werden.

Wurzelfäule

Fuchsien, die in einem guten, durchlässigen Substrat stehen, richtig gepflegt und mit Bedacht gegossen werden, sollten nicht unter Wurzelfäule zu leiden haben. Und doch kommt es manchmal vor, daß eine Pflanze sozusagen über Nacht die Blätter hängen läßt, obwohl die Erde feucht ist. So plötzlich aber, wie es den Anschein hatte, ist diese Krankheit gewiß nicht gekommen. Nimmt man den „Patienten“ aus dem Topf, findet man ein schwarzes, völlig verfaultes Wurzelsystem vor. Es existiert keine Faserwurzel mehr. Die Pflanze mußte im feuchten Topf verdursten.

Die Wurzelfäule wird durch verschiedene Bodenpilze verursacht, z. B. *Phytophthora, Thielaviopsis basicola, Fusarium, Verticillium* oder *Rhizoctonia.*

Vorbeugende Maßnahmen:

- durch richtige Pflege die Ausbildung eines guten Wurzelsystems fördern,
- einen guten Wasserabzug schaffen,
- Fuchsien niemals länger als 30 Minunten im Wasser stehen lassen, besonders bei Verwendung von Übertöpfen darauf achten,
- den Wurzelballen nie ganz austrocknen lassen.

Ist eine Pflanze einmal völlig trocken geworden, sterben zuerst die feinen Faserwurzeln ab. Gießt man anschließend besonders reichlich, um das Versäumnis wieder gutzumachen, ist der verhängnisvolle Kreislauf schon geschlossen. Die Pflanze kann das Wasser nicht mehr aufnehmen, die Erde bleibt zu naß, der Rest der Wurzeln verfault und die Pilze beginnen ihre Zerstörungsarbeit.

Ganz zu Beginn dieses Prozesses könnte man durch Behandlung mit einem Fungizid die Pflanze noch retten. Leider ist es, wenn man den Schaden bemerkt, schon zu spät. Jetzt hilft nur noch, die erkrankte Pflanze weit zurückzuschneiden, alle Erde zu entfernen, die Wurzeln sorgfältig auszuwaschen und die verfaulten Wurzeln abzuschneiden. Wenn man dann die Pflanze mit frischer Erde in den kleinstmöglichen Topf pflanzt, kann sie neue Wurzeln bilden und sich langsam erholen. Zur Unterstützung der Wurzelbildung stellt man den „Patienten“ in einen geschlossenen Folienbeutel. Hat die Wurzelfäule nicht schon das Stengelgerüst der Fuchsie befallen, lassen sich vielleicht auch noch Stecklinge abnehmen und neu bewurzeln. Ansonsten ist die Pflanze zu vernichten.

Schädlinge

Läuse

Von den vielen verschiedenen Läusearten, die es gibt, werden die Fuchsien hauptsächlich von der Grünen Pfirsichblattlaus *(Myzus persicae)* befallen. Im Gegensatz zu anderen Läusen sind diese ziemlich aktiv und bilden keine dichten Kolonien. Ebenso wie die Weiße Fliege scheiden auch die Läuse klebrigen Honigtau aus. Wenn sich oft die schwarzen Rußtaupilze festsetzen, werden die Pflanzen bald unansehnlich. Die Blattatmung ist behindert und die Blätter leiden unter Lichtmangel. Läuse entziehen durch ihre Saugtätigkeit den Pflanzen den Zellsaft. Es entstehen Blattverkrüppelungen, Blattkräuselungen und die Blätter vergilben. Zur Bekämpfung genügen die wenig giftigen Pyrethrum-Spritzmittel wie Parexan, Rotenol oder Spruzit.

Spinnmilbe

Der „Rote Spinne“ *(Tetranychus urticae)* genannte Schädling ist eine winzige, mit dem bloßen Auge kaum sichtbare Milbe. Man entdeckt sie meistens erst, wenn man weiß-gelbliche Blattflecken wahrnimmt. Die Milben, die sich rasant vermehren, sitzen an der Blattunterseite, stechen das Blattgewebe an und saugen den

Zellinhalt aus. Durch die Lupe betrachtet sehen die Blattunterseiten aus wie mit Paprika bestreut. An trocken-heißen Sommertagen vermehren sich die Milben besonders schnell. Bei einem starken Befall ist die Unterseite der Blätter oft mit einem dichten Gespinst überzogen. Man sollte schnellstens zu Gegenmitteln greifen, bevor junge Pflanzen durch den großen Blattverlust eingehen.
Im Gewächshaus muß man zunächst versuchen, durch Feuchthalten der Tische und Gänge die Temperatur zu senken. Wasser und Feuchtigkeit schätzen die Milben nicht. In alten Büchern wird empfohlen, jeden einzelnen Topf von unten mit scharfem Wasserstrahl anzuspritzen. Aber wer findet dazu die Zeit? Auch Freilandfuchsien an heißen, lufttrockenen Standorten können von Spinnmilben befallen werden.
Pflanzenschutzmittel:

Kelthane MF	0,1 %	(10 g auf 10 l Wasser),
Folimat	0,15 %	(15 g auf 10 l Wasser),
Pentac	0,1 %	(10 g auf 10 l Wasser).

Pentac wurde speziell für die Bekämpfung resistenter Milbenstämme entwickelt. Es empfiehlt sich, im Abstand von 8 Tagen mehrmals zu spritzen. Da die „Rote Spinne" sehr bald Resistenz gegen bestimmte Chemikalien entwickelt, muß man die Mittel häufiger wechseln. Es sollte nicht bei hohen Temperaturen und zu trockener Luft gespritzt werden.

Mottenschildlaus (Weiße Fliege)
Unter einer Lupe betrachtet sieht die Weiße Fliege *(Trialeurodes vaporariorum)* wie eine kleine weiße Motte aus, kaum mehr als 1 mm lang. Eine ausgewachsene weibliche Weiße Fliege lebt etwa 30 bis 40 Tage und legt in dieser Zeit bis zu 500 Eier. Die Eier sind anfangs gelblich, später fast schwarz. Unter günstigen Bedingungen dauert der ganze Entwicklungszyklus vom Ei bis zum erwachsenen Tier etwa 5 Wochen. Man muß mit mehreren Generationen im Jahr rechnen. Ist die Wirtspflanze, in diesem Fall die Fuchsie, besonders gut genährt, so wird die Entwicklung der Weißen Fliege auch dadurch beschleunigt.
Die Larven und die erwachsenen Tiere saugen nicht nur den Saft aus den Blättern, sondern scheiden auch den klebrigen „Honigtau" aus, auf dem sich bald Rußtaupilze ansiedeln. Bei starken Infektionen werden die Blätter bald schwarz und können nicht mehr assimilieren. Das erste Befallsanzeichen der Weißen Fliege sind zusammengerollte Blattspitzen, besonders an jungen Trieben. Werden die Pflanzen bewegt, fliegen Schwärme der Tiere auf. In Amerika hat man durch Versuche herausgefunden, daß Weiße Fliegen von leuchtend gelben Farbflächen angezogen werden. Man hat darum gelben Karton mit Motoröl bestrichen und in den Glashäusern aufgehängt. Die aufgescheuchten Weißen Fliegen landeten immer auf den gelben Kartons und blieben am Ölfilm kleben. Bei starkem Befall ist diese Methode sicher nachahmenswert.
Bei den Weißen Fliegen gibt es verschiedene, auf bestimmte Pflanzengruppen spezialisierte Arten. Die Art, die an Kohlpflanzen und verschiedenen Unkräutern (z. B. Vogelmiere) lebt, befällt nicht die Fuchsie.
Pflanzenschutzmittel:
Die Weiße Fliege wird sehr schnell immun gegenüber Insektiziden. Man sollte die Mittel daher ständig wechseln. Pyrethrum-Präparate wie Parexan, Spruzit, Rotenol sind wirksam. Ein anderes synthetisches Pyrethrum-Präparat ist Ambush. Es bekämpft nicht nur die ausgewachsene Weiße Fliege, sondern tötet auch die Larven und ist darum besonders wirksam. Ambush wird 0,01%ig gespritzt (1 ml auf 10 l Wasser), und zwar zur Unterbrechung des Entwicklungszyklus zweimal im Abstand von 7 Tagen. Besonders die Blattunterseiten müssen tropfnaß sein.

Blattwanzen
Blattwanzen kommen in vielen Arten im Garten und in der Natur vor. Man kann sie an ihren wie ein Wappenschild geformten Flügeldecken erkennen. An Fuchsien richten besonders die Arten *Lygus ruguli pennis* (Trübe Feldwanze) und *Lygus (Lygocoris) pabulinus* (Grüne Futterwanze) großen Schaden an. Die erste Art ist grünlich mit schwarzem Kopf, die zweite gleichmäßig grün. Beide sind etwa 6 mm lang. Sie überwintern als ausgewachsene Insekten im abgefallenen Laub oder langen Gras und bilden in einem Sommer zwei Generationen. Die erste Generation erscheint etwa Ende Mai, die zweite gegen Ende August. Die Blattwanzen saugen an den jungen, saftigen Triebspitzen und entziehen den Pflanzen den Zellsaft. Dabei durchstechen sie die Blätter wie mit feinen Nadelstichen und scheiden gleichzeitig ein Sekret aus, das junges Gewebe zum Absterben bringt und die Vegetationspunkte verkrüppeln läßt. Dabei sterben auch immer die schon gebildeten Knospen ab, so daß es 6 bis 8 Wochen dauert, bis sich an den befallenen Stellen neue Triebe mit neuen Blüten bilden. Wenn man den Schaden bemerkt, ist es leider schon zu spät. Es gilt, vorbeugend etwas tun.
Pflanzenschutzmittel:
Bevor nach den Eisheiligen die Fuchsien ins Freie gebracht werden, sollte man mit einem systemischen Mittel wie Metasystox R oder PD 5 vorbeugend gießen oder sprühen. Diese Mittel bleiben im Saftstrom der Fuchsien etwa 14 Tage bis 3 Wochen wirksam.

Zikaden

Auch dies sind kleine grüne oder braune, schlanke, bootförmige Insekten, die sich vorwiegend auf den Blattunterseiten aufhalten. Berührt man die Pflanzen, machen sie Sprünge, darum werden sie in England auch „leafhoppers" genannt. Zikaden saugen an den Blättern und dadurch entstehen feine weiße Flecken. Bei starkem Befall werden die Blattränder braun und die Blätter fallen ab. Im Freiland kann man an Fuchsien manchmal auch Schaumzikaden finden, die aber wenig Schaden anrichten. Die Bekämpfung beider Arten erfolgt mit Pyrethrum-Präparaten.

Dickmaulrüßler

Der wegen seiner vorgeschobenen, rüsselartigen Kauwerkzeuge Dickmaulrüßler (Gefurchter Dickmaulrüßler) genannte Käfer *(Otiorrhynchus sulcatus)* ist ein Nachttier, das man nur selten zu Gesicht bekommt. Er ist schwarz-grau und etwa 10 mm lang. Im späten Frühling frißt der Käfer halbkreisförmige Teile aus den Fuchsienblättern.

Den wirklich ernsthaften Schaden verursachen aber die Larven. Sie ernähren sich von den Wurzeln, so daß das gesamte Wurzelsystem bald zerstört ist. Wenn Fuchsien nach der Winterruhe nicht wieder austreiben, finden sich oft die Larven des Dickmaulrüßlers im Topf. Die beinlosen Larven mit braunem Kopf sind immer, das unterscheidet sie von anderen ähnlichen Larven, C-förmig zusammengerollt.

Obwohl es den Käfer im Garten schon immer gegeben hat, er richtet dort Schäden an Eiben, Rhododendron oder Stauden an, wird sein häufiges Auftreten in Zierpflanzenkulturen unter Glas auf die vielfache Verwendung von Torfsubstraten zurückgeführt.

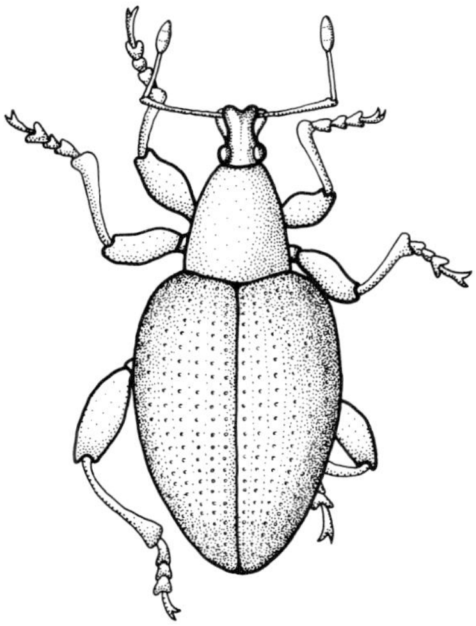

Der Dickmaulrüßler *(Otiorrhynchus)* frißt an den Fuchsienblättern, seine Larven zerstören die Wurzeln.

Pflanzenschutz:

Metasystox R oder Tamaron. Diese systemischen Präparate werden 0,1%ig gegossen, werden vom Pflanzenkreislauf aufgenommen und töten Käfer und Larven, die von Pflanzenteilen fressen, zuverlässig ab. Naphtalin, in Mottenkugeln enthalten, ist gegen die Larven ebenfalls wirksam. Man steckt einfach eine Kugel in die Topferde.

Trauermücken

Es gibt verschiedene Arten dieser kleinen schwarzen Fliegen, deren Larven die Pflanzenwurzeln angreifen. Arten, die im Gewächshaus am häufigsten auftreten, sind die auch als Moosfliegen bezeichneten *Sciara*-Arten. Die nur 3 mm große schwarze Fliege wird überall dort zur Plage, wo viel mit Torfsubstraten gearbeitet wird. Wegen ihrer schwarzen Tarnfarbe sind sie auf der Erde nur schwer zu erkennen. Typisch ist, daß sie sich, wenn sie einmal aufgestört wird, nur widerwillig erhebt und nach einigen Zentimetern Flug sofort wieder nieder läßt.

Großer Schaden entsteht an jungen, gerade erst bewurzelten Fuchsien, während ältere Pflanzen geschwächt und dadurch leichter ein Opfer von Bodenpilzen werden.

Pflanzenschutzmittel:

Alle Spritzmittel sind wirksam. Die Spritzungen müssen jedoch mehrfach im Abstand von einigen Tagen wiederholt werden. Auch durch Mafu-Strips, die man im Treibhaus aufhängt, werden die Fliegen getötet. Die Larven bekämpft man durch Gießen mit Malathion (0,2%). Bei einem starken Befall muß dieser Vorgang im Abstand von 10 Tagen wiederholt werden.

Raupen

Der Schaden durch Raupenfraß an den Fuchsien hält sich in Grenzen. Hin und wieder entdeckt man aber regelmäßige vom Rand her in das Blatt gefressene Löcher. Sieht man näher hin, findet man auf einigen Blättern auch die dunklen, fast schwarzen Ausscheidungen der Raupen.

Gefürchtet wegen ihrer Gefräßigkeit ist die Raupe des Mittleren Weinschwärmers (Deilephila elpenor). Sie ist leuchtend grün mit roten, runden Flecken am Kopf, die wie Augen aussehen. Der bis zu 8 cm lange Körper ist dick, walzenförmig und verjüngt sich zu einem Horn.

Natürlich gibt es chemische Bekämpfungsmittel gegen Raupen. Einfacher ist es, die Tiere mit der Hand abzusammeln. Wer häufig Raupen der vorstehend beschriebenen Art an seinen Fuchsien findet, sollte auch wieder in der Umgebung auf *Epilobium* (Weidenröschen) und andere Nachtkerzengewächse achten. Diese Nachtfalter legen ihre Eier, die wie ein erstarrter Wassertropfen aussehen, auf die Blattunterseite dieser Pflanzen. Ambush hat eine gute Nebenwirkung gegen Raupen.

Wespen
Sie beschädigen Fuchsienblüten dadurch, daß sie ovale Löcher in die Kelchröhre beißen, um an den Nektar heranzukommen. Manchmal beißen sie auch Staubgefäße und Stempel, sogar ganze Petalen der Korolle ab. Solche Schäden an den Blüten kann man besonders im Spätsommer beobachten. Wo Wespen zahlreich sind und zu einer wirklichen Plage werden, sollte man die Nester suchen und vernichten.

Ohrwürmer
Diese Tiere verursachen ähnliche Schäden an den Blüten wie die Wespen. Wenn sie in großen Mengen auftreten, kann man sie nach altbewährter Methode in strohgefüllten Blumentöpfen fangen.
Da sich Ohrwürmer mit Vorliebe unter abgefallenen Blättern oder Blüten aufhalten, sollte man durch Sauberkeit unter den Pflanzen und den Gefäßen dafür sorgen, daß keine Schlupfwinkel entstehen können.

Blattflecken

Diese Symptome können vielerlei Ursachen haben. Zunächst ist zu überlegen, ob etwas bei der Pflege der Fuchsien falsch gemacht wurde.
Beunruhigend, aber harmlos sind die bräunlichen Flecke, die bei manchen Sorten nach dem Auspflanzen Mitte Mai–Anfang Juni und später im Herbst ab September etwa auftreten. 'Marinka' und 'Mission Bells' sind dafür bekannt. Aber auch bei anderen, meistens rot-blauen Sorten ist diese Erscheinung zu beobachten. Diese Fuchsien sind gegen kühle Nachttemperaturen besonders empfindlich. Wenn es wieder wärmer wird, sind die nachgewachsenen, neuen Blätter wieder völlig normal. Regelrechte Brandflecken treten auf, wenn die Fuchsien in den heißen sonnigen Stunden des Tages gegossen und dabei das Laub naß wird. Auch Pflanzenschutzmittel in zu starker Konzentration oder unverträgliche Mittel verursachen Blattflecken. Vorsicht ist geboten bei Präparaten, die in Spraydosen gebrauchsfertig abgefüllt sind. Beim Sprühen muß ein Mindestabstand zur Pflanze von 30 cm eingehalten werden, sonst entstehen Kälteschäden und die Blätter werden schwarz. Blattflecken verschiedener Art, die durch Überdüngung oder durch Mangel an bestimmten Nährstoffen entstehen, wurden im Kapitel „Düngung" schon beschrieben.

Vermehrung

Wer sich mit Pflanzen intensiv beschäftigt, wird von der Vermehrung immer ganz besonders fasziniert sein. Zu beobachten wie aus einem Samenkorn eine große kräftige Pflanze wird oder wie aus einem Steckling eine Pflanze entsteht, die der „Mutter" in allen Teilen völlig gleicht, ist interessant und aufregend. Es ist immer wieder ein „Erfolgserlebnis", wenn eine Vermehrung gelungen ist.

Die Vermehrung der Fuchsien macht insofern besondere Freude, weil sie einfach und problemlos ist und fast immer gelingt. Die Technik sollte man jedoch beherrschen. Es gibt 3 Arten, Fuchsien zu vermehren:

1. aus Samen (generative Vermehrung),
2. aus Stecklingen (vegetative Vermehrung),
3. durch Absenker und Teilung.

Samen

Die Samenbeeren (s. Seite 96), die bei den meisten Fuchsienarten und Sorten in großer Zahl gebildet werden, sind je nach Art und Sorte grün, rötlich oder fast schwarz, klein und rund oder schmal und länglich; bis zu dicken, fast pflaumengroßen Gebilden ist alles vertreten. Wenn die Beeren an der Pflanze völlig ausgereift, d. h. saftig, weich und geschwollen sind, werden sie geerntet und vorsichtig mit einer Rasierklinge der Länge nach geöffnet. Die feinen Samenkörner werden einzeln mit einem spitzen Hölzchen (Zahnstocher) herausgelöst und auf saugfähigem Papier getrocknet. Manche Züchter zerdrücken die Beeren einfach mit einer Gabel und spülen die Samen mit Wasser aus. So läßt sich gleich erkennen, welche Samen keimfähig sind. Diese sinken unter, die tauben schwimmen auf der Wasseroberfläche.

Da die Samen ihre Keimfähigkeit schnell verlieren, führt eine sofortige Aussaat mit größter Wahrscheinlichkeit zum Erfolg. Die Saatschale muß peinlich sauber gewaschen sein. Es wird ein Aussaatsubstrat aus

1 Teil gesiebter Erde,
1 Teil Torf oder gedämpftem Kompost,
1 Teil Vermiculite oder Hygro-Perlite,
1 Teil scharfem Sand

hergestellt, eventuell ein Teelöffel Orthocid zugegeben und alles gut vermischt. Die Saatschale wird damit etwa bis zur halben Höhe gefüllt und die Oberfläche des Substrats geebnet. Damit sich das lockere Substrat nicht verfestigt, läßt man es sich von unten mit Wasser vollsaugen. Die Samen werden jetzt einzeln im Abstand von 3 cm aufgelegt, mittels Sieb hauchdünn (Samenkornstärke) mit Erde überdeckt und in einen Plastikbeutel gesteckt. Da Fuchsien Dunkelkeimer sind, dient ein Stück Packpapier zum Abdecken. Bei 12 bis 16 °C werden die ersten grünen Spitzen nach 3 bis 4 Wochen erscheinen. Bis zu diesem Zeitpunkt reicht die Feuchtigkeit im geschlossenen Beutel meistens aus.

Wenn alle Samen gekeimt sind, wird vorsichtig gelüftet; erst für eine halbe Stunde, dann von Tag zu Tag länger, um die Umhüllung schließlich ganz zu entfernen, wenn die jungen Keimlinge sich an die trockene Außenluft gewöhnt haben.

Fuchsiensamen sind als „launisch" bekannt. Die ersten Keimlinge haben schon mehrere Blätter entwikkelt, wenn die letzten Samen erst zu Keimen beginnen. In diesem Fall sind alle Sämlinge, die zwei Blattpaare entwickelt haben, vorsichtig einzeln herauszunehmen und in kleine Töpfchen zu pikieren. Dann steckt man die Schale wieder in den Beutel und die Weiterentwicklung der restlichen Keimlinge bleibt abzuwarten.

Junge Sämlinge sind empfindlich und anfällig für Pilzerkrankungen. Besonders Botrytis, aber auch Bodenpilze bringen Gefahr. Sicherheitshalber sollten sie von Zeit zu Zeit mit einem Fungizid besprüht werden z. B. mit Euparen (0,2 %). Sofern man mit besonderen, wertvollen Samen aus einer bestimmten Züchtung oder Kreuzung arbeitet, ist auf ganz besondere Sorgfalt zu achten und die Saatschale und das Substrat zu

sterilisieren. Die folgende Methode hat sich gut bewährt:
In Haushaltwarengeschäften werden flache, rechteckige Pastetenformen aus Aluminiumfolie gekauft. In den Boden werden mit einer geschlossenen Schere etliche Abzugslöcher gebohrt. Dann wird das vorher beschriebene Substrat bis zur halben Höhe eingefüllt und die Schale im Backofen bei 200 bis 225 °C zwei Stunden erhitzt. Wenn man die so sterilisierten Schalen zum Vollsaugen auch noch in kochendes Wasser stellt, sollten wirklich alle Schadpilze abgetötet sein. Nach dem Abkühlen wird gesät wie vorher beschrieben. Natürlich muß zum Übersieben der Samen auch sterilisierte Erde genommen werden und der PVC-Beutel sollte ebenfalls neu und steril sein. Ein bißchen Mühe macht das ganze zwar, doch hat man jetzt die Gewißheit, den Sämlingen den bestmöglichen Start gegeben zu haben. Alle Pflanzen, die aus Samen stammen, werden dann wie Stecklingspflanzen weiterbehandelt und entwickeln sich bei guter Pflege so schnell, daß sie im nächsten Sommer blühen werden.

Stecklinge

Verfügt man über die erforderlichen räumlichen Voraussetzungen, z. B. ein Gewächshaus oder eine verglaste Veranda, kann die Stecklingsvermehrung das ganze Jahr über praktiziert werden; vielleicht mit Ausnahme der beiden dunkelsten Monate, November und Dezember, wenn das vegetative Wachstum still zu stehen scheint. Die beste Zeit für die Stecklingsvermehrung ist jedoch das Frühjahr. Die überwinterten Pflanzen stehen wieder heller und sind in frische Erde getopft. Sie treiben neu aus, so daß gutes Steckmaterial reichlich zur Verfügung steht. Zu diesem frühen Zeitpunkt, im März bis April, sind noch keine Knospen entwickelt und jeder kräftige Trieb ist als Steckling verwendbar.
Der Steckling soll gesund und kräftig entwickelt, noch weich, also nicht verholzt und frei von Schädlingen sein. Nur dann besteht die Gewähr, daß auch gute Pflanzen entstehen. Der Steckling wird geschnitten, wenn der neue Austrieb der Mutterpflanze vier Blattpaare umfaßt, d. h. er wird unter dem dritten Blattpaar abgenommen. Das unterste Blattpaar wird an der Mutterpflanze belassen. Sie, die im vergangenen Jahr zu einer bestimmten Form erzogen wurde, verliert diese Form nicht und kann aus den verbleibenden zwei Augen neue Seitentriebe bilden. Zwischen dem Schneiden der Stecklinge und dem eigentlichen Steckvorgang sollte nicht viel Zeit vergehen. Heute steckt man direkt in TKS 1 oder gute Einheitserde, die zu einem Drittel mit Sand oder Hygroperlite vermischt sind. Allerdings ist auf den pH-Wert zu achten und eventuell kohlensaurer Kalk oder Bentonit zuzusetzen. Die Stecklinge bekommen nach etwa 8 bis 10 Tagen schon eine schwache Blattdüngung. Bei dieser Methode entwickeln die Fuchsienstecklinge ein dichtes, robustes und kräftiges Wurzelsystem. Einfache Sorten bewurzeln schneller als gefüllte, trotzdem sollten in 14 Tagen bis 3 Wochen alle Stecklinge bewurzelt sein.

Töpfe, Multitopfplatten, Vermehrungsbeete

Die Größe der Gefäße, die zum Stecken verwendet werden, hängt natürlich von der Anzahl der Stecklinge ab. Stecklinge dürfen sich gegenseitig nicht berühren. Sie müssen ausreichend Platz im Gefäß haben. Ein Amateur, der nur wenige Stecklinge macht, steckt sie einzeln in 5-cm-Tontöpfe. Tontöpfe sind porös, die Luft hat von allen Seiten Zutritt und das beschleunigt die Wurzelbildung. Das Substrat wird eingefüllt und leicht angedrückt, dann durchdringend gewässert. Dies sollte man unbedingt vor dem Stecken tun. Gießen nach dem Stecken könnte den Steckling wieder lockern.
Mit einem spitzen Hölzchen wird in das Substrat in der Topfmitte eine Vertiefung gemacht. Nicht den Steckling einfach in die Erde drücken, denn wenn das empfindliche Gewebe dabei geknickt oder verletzt wird, können sich keine Wurzeln mehr bilden. Nun setzt man den Steckling vorsichtig 1 bis 2 cm tief in das kleine Loch und drückt ihn vorsichtig fest. Selbstverständlich bekommt jeder Steckling ein Etikett mit dem Namen der Sorte oder Art. Auch das Steckdatum auf dem Schildchen ist hilfreich und erleichtert die Kontrolle.
Fuchsienstecklinge müssen vor Zugluft, praller Sonne und Verdunstung geschützt werden, sollten aber hell stehen. Mit PVC-Folien ist das heute kein Problem mehr. Man setzt das Töpfchen in einen Plastikbeutel, der den Topf etwa um 10 bis 15 cm überragt, damit die Folie nicht auf dem Steckling aufliegt. Schon früher wurden Stecklinge unter einem Einmachglas bewurzelt. Im Prinzip ist es das gleiche, ob unter Glas oder Folie; in beiden Fällen entsteht gespannte Luft, die Verdunstung verhindert und die Bewurzelung beschleunigt.
Multitopfplatten mit 3½- bis 4-cm-Töpfchen sind für größere Vermehrungseinheiten gut geeignet. Die

Ein umgestülptes Einmachglas ist die einfachste Form eines Mini-Gewächshauses.

bewurzelten Stecklinge halten den Ballen gut zusammen und die Verpflanzung in Einzeltöpfchen geht ohne Störung vor sich. Auch in diesem Fall muß mit Folien vor Verdunstung und Zugluft geschützt werden. Unter der in diesem Fall direkt auf den Stecklingen aufliegenden Folie ist die Kondenswasserbildung sehr stark und man sollte darum ab und zu lüften.
Minitreibhäuschen nennt man Vermehrungsschalen aus stoßfestem Plastikmaterial mit einer durchsichtigen Abdeckhaube. Man kann sie in Gartenfachgeschäften in verschiedenen Größen kaufen. Sie haben sich für den Liebhaber mit einer größeren Fuchsiensammlung, der auch entsprechend mehr Stecklinge zu machen hat, hervorragend bewährt. Eine Schale mit den Maßen von 60 × 22 × 8 cm nimmt gut 30 Stecklinge auf. Die Haube ist so hoch, daß sie nirgendwo auf den Stecklingen aufliegt und läßt sich zum Lüften bequem abnehmen. Die schmalen Formen finden auf jeder Fensterbank im Haus Platz und man kann bei Herbstvermehrung oder im zeitigen Frühjahr die ohnehin vorhandene Heizungswärme nutzen. Zum Temperaturausgleich lassen sich Styroporplatten unterlegen.

Boden- und Lufttemperatur

Fuchsienstecklinge wurzeln schnell und zügig bei einer Bodenwärme von 18 bis 20 °C. Will man den Vorgang aus irgendeinem Grund beschleunigen, kann man bis auf maximal 22 °C gehen. Die Lufttemperatur darf bei Abdeckung durchaus tiefer liegen. Ist die Wurzelbildung erfolgt, sieht man das an den glänzenden fest und saftig gewordenen Triebspitzen. Bei vorsichtigem Hochziehen spürt man auch den Widerstand der Wurzeln. Jetzt muß die Temperatur auf 15 bis 16 °C abgesenkt werden. Die durch die Wärme und Abdeckung sehr weich und empfindlich gewordenen Stecklinge müssen nun nach und nach wieder an die kühlere Außenluft gewöhnt werden. Dies geschieht, indem man die Abdeckung am 1. Tag für eine halbe Stunde entfernt und dann von Tag zu Tag länger. Dadurch werden die jungen Pflanzen abgehärtet.

Bewurzelung im Wasser

Diese Methode, Stecklinge zu bewurzeln, ist bei Pflanzenliebhabern schon lange bekannt und wird auch heute noch oft praktiziert. Es ist interessant, die Wurzelbildung in einem durchsichtigen Gefäß genau zu beobachten. Man stellt das Glas auf eine Küchenfensterbank, denn in der Küche ist die Luftfeuchtigkeit meist höher als in den übrigen Wohnräumen. In der Küche ist in den meisten Fällen auch die erforderliche Bodenwärme vorhanden. Da die Stecklinge im Wasser keine Nahrung vorfinden, werden die Wurzeln sehr schnell überlang und verfilzen sich regelrecht. Wartet man zu lange, wird dadurch das Einpflanzen schwierig und die feinen Saugwurzeln auch leicht beschädigt. Am besten ist einzutopfen, wenn die Wurzeln 2 bis 3 cm lang sind. Bei diesem schnellen Übergang vom Wasser in ein nahrhaftes Erdsubstrat tritt der oft zu beobachtende Verpflanzungsschock nicht auf.

Einrolltechnik

Diese zuverlässige und platzsparende Methode ermöglicht eine größere Anzahl halbreifer oder auch schon etwas verholzter Fuchsienstecklinge im Herbst auf kleinstem Raum zu bewurzeln.
Ein rechteckiges Stück Polyäthylenfolie wird in der Mitte dicht mit feuchtem Sphagnummoos belegt (im Blumengeschäft erhältlich). 7 bis 10 cm lange Stecklinge, vorbereitet wie bereits beschrieben, werden mit den Schnittflächen in das Moos gesteckt. Die Spitzen mit den Blättern bleiben außerhalb der Folie. Nun klappt man die untere Folienhälfte über die obere und rollt das ganze vorsichtig von einer Seite zur anderen auf. Mit Bast zusammengebunden entsteht so ein kleiner Stecklingsstrauß. Mehrere dieser Bündel kann man bequem in eine Schale stellen, mit einer Folie abdecken und an einem warmen hellen Ort erfolgt die Bewurzelung sehr schnell.

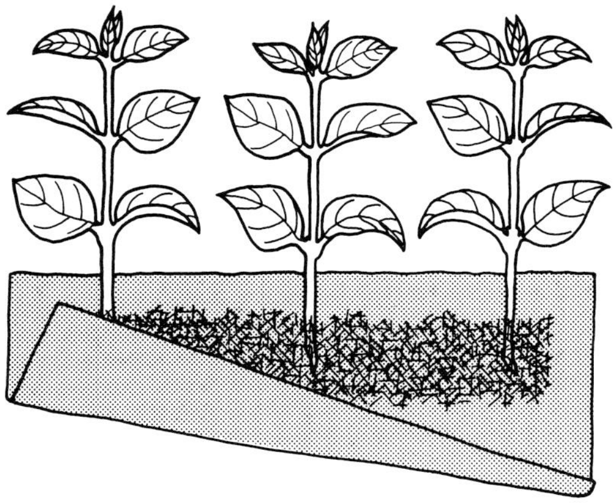

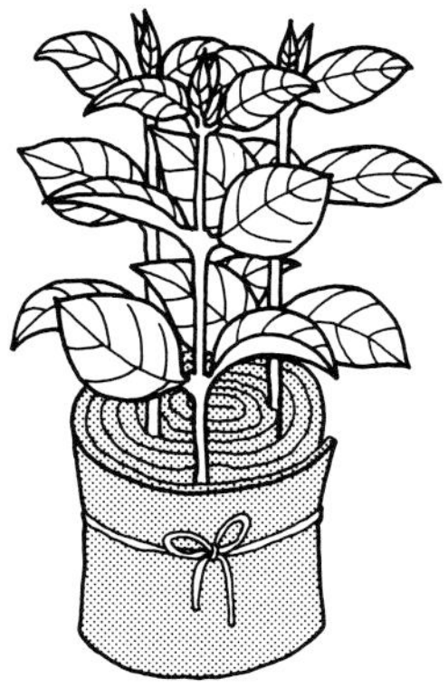

Einrolltechnik.

Vermehrung im Plastikbeutel

In Holland wird eine Vermehrungsmethode praktiziert, die noch einfacher ist und zu tadellosen Ergebnissen führt. Ein rechteckiger, schlauchartiger Folienbeutel wird mit dem vorher beschriebenen Vermehrungssubstrat, das gleichmäßig feucht sein muß, prall gefüllt. Es dürfen im Beutel keine Hohlräume entstehen. Den Beutel verschließt man mit einer starken, haltbaren Hanf- oder Sisalschnur, die fest verknotet wird. Die Enden der Schnur werden nicht abgeschnitten, es sollten 25 bis 30 cm überhängen. In kleine Kreuzschlitze, die in der benötigten Anzahl und dem entsprechendem Abstand in die Folie geschnitten werden, kann man den Beutel rundherum mit Stecklingen besetzen. Der Beutel wird mit den überhängenden Schnüren an einem schattigen, geschützten Platz im Garten aufgehängt, z. B. an den unteren Ästen eines lichten Baumes.

Der Erfinder dieser Methode, ein holländischer Fuchsienfreund, hatte in der Wohnung keinen Platz, um mehrjährige größere Fuchsien zu überwintern, denn holländische Häuser sind selten unterkellert. Aus dem gleichen Grund wollte er auch nicht zu früh vermehren, damit die Stecklinge im Winter in kleinen Töpfchen in der Veranda durchkultiviert werden konnten. Hinzu kommt, daß dieser Fuchsienfreund seinen Urlaub immer zu einer Zeit nehmen mußte, wenn Herbststecklinge gemacht werden sollten, im August oder September. Kommt er nun von der Reise zurück, sind alle Stecklinge bewurzelt. Ausfälle gibt es nur vereinzelt. Er braucht nur noch eintopfen, der Bestand seiner großen Sammlung ist gesichert. Das „Folienzeitalter“ hat den Pflanzenliebhabern und den Erwerbsgärtnern doch vielfältige Möglichkeiten bei der Pflanzenvermehrung erschlossen.

Herbststecklinge

Wie aus dem vorher beschriebenen hervorgeht, müssen Fuchsienliebhaber, die keinerlei Möglichkeiten zur Überwinterung mehrjähriger größerer Pflanzen haben, durchaus nicht darauf verzichten, den einmal zusammengetragenen Bestand durch eigene Vermehrung zu erhalten. Viele Fuchsiensorten treiben im August, September, wenn die Tagestemperaturen nicht mehr so hoch sind und die Nächte deutlich kühler werden, noch einmal richtig durch. Stecklinge können dann in ausreichender Anzahl an den oft noch voll blühenden Pflanzen abgenommen werden. Ist eine Sorte, die man unbedingt vermehren möchte, schon

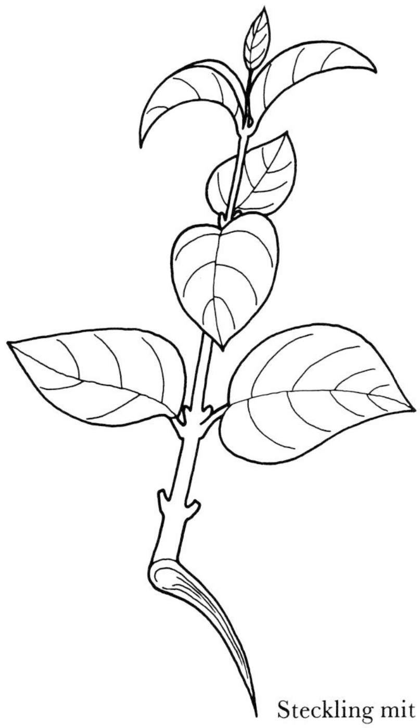

Steckling mit Rindenzunge.

stark verholzt, schneidet man einen einzelnen Trieb um 1 bis 3 Augen zurück; nicht weiter, sonst dauert es zu lange, bis ein Durchtrieb aus den schlafenden Augen erfolgt. Die nach kurzer Zeit in den Blattachseln entstehenden jungen Triebspitzen ergeben gute Stecklinge.
Die meisten Triebspitzen sind im Herbst schon fast reif, das Gewebe ist fester und nicht mehr so saftig wie im Frühjahr. Um diese Triebe trotzdem schnell zur Bildung von Wurzeln anzuregen, werden sie vor dem Stecken in ein Bewurzelungshormon (Wurzelfix, Seradix usw.) getaucht. Kenner entnehmen als Stecklinge halbreife Seitentriebe mit einem etwa 1 cm langen Stückchen der Rinde; d. h., sie reißen die Stecklinge vorsichtig von der Mutterpflanze ab. Die Bildung von Kallus (Wundgewebe), das sich an der Wundstelle des Stecklings zuerst bilden muß und aus dem dann die neuen Wurzeln treiben, erfolgt bei halbreifen Stecklingen mit einer kleinen Rindenzunge besonders schnell und kräftig. Bei Stecklingen dieser Art bestätigt sich die altbekannte Gärtnerweisheit, daß Stecklinge am Rand von Tontöpfen schneller bewurzeln, weil die porösen Tonwände mehr Luft an die Schnittflächen durchlassen. Luft und Feuchtigkeit beschleunigen schließlich die Wurzelbildung.
Zu diesem Zweck nimmt man einen etwas größeren Tontopf und stellt in die Mitte einen um 2 bis 3 cm kleineren Tontopf, bei dem das Abzugsloch mit einem Korken verschlossen wurde. In den verbleibenden Raum zwischen beiden Töpfen füllt man Vermehrungssubstrat und steckt die Stecklinge rundherum so, daß sie sich gegenseitig nicht berühren. Sie werden gut angedrückt, von unten bewässert und an einem schattigen Platz im Freien aufgestellt. Die Lufttemperatur ist in dieser Jahreszeit noch warm und völlig ausreichend. Nun erfolgt die Luftzufuhr von innen und von außen und wirkt sich sehr positiv auf die schnelle Bewurzelung der Stecklinge aus. Wird Gießen erforderlich, so füllt man einfach den Innentopf mit Wasser. Die Poren des kleineren Topfes lassen das Wasser nur langsam durchsickern. Eine gleichmäßige Feuchtigkeit ist immer gewährleistet.

Zwischenknoten- und Grundstecklinge

Bekommt man durch einen glücklichen Zufall vielleicht einen Steckling gerade jener Fuchsiensorte geschenkt, die man schon lange vergeblich gesucht hat, ist die Freude groß. Man möchte auf keinen Fall das Risiko eingehen, ihn zu verlieren. Angenommen, der Steckling ist ein ausgewachsener Seitentrieb mit 4 Blattpaaren und der Triebspitze, lassen sich mit ein

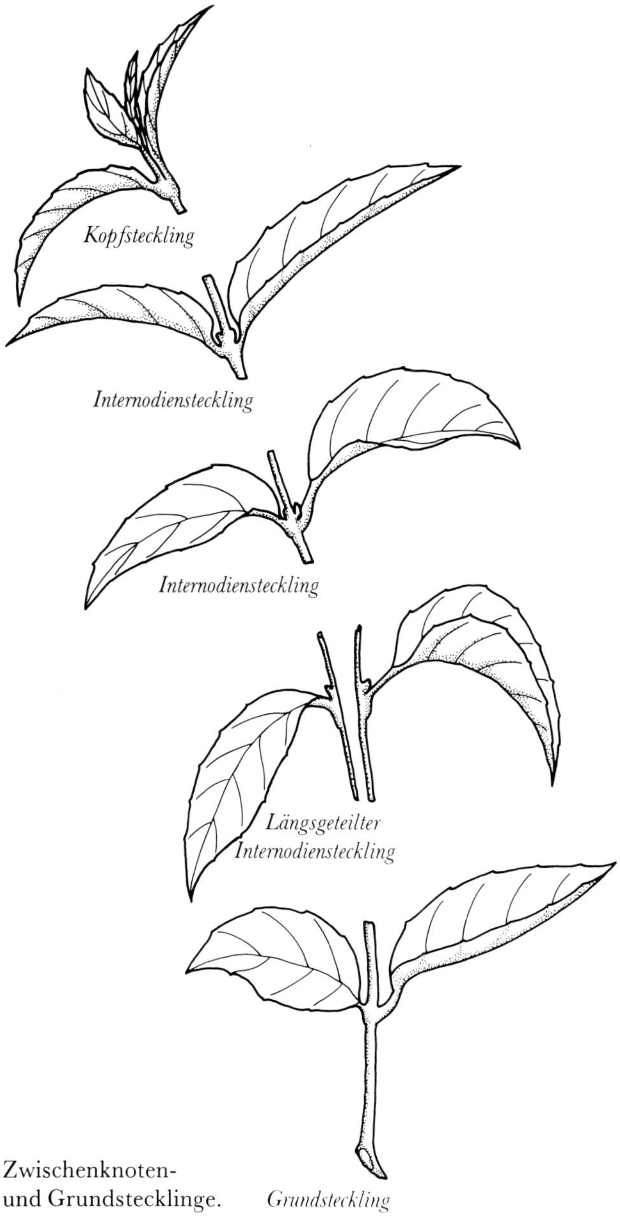

Zwischenknoten- und Grundstecklinge.

wenig Glück daraus 6 Stecklinge schneiden und folglich auch 6 Pflanzen ziehen. Das Risiko des Verlustes ist schon erheblich geringer geworden.
Wie man aus der Zeichnung ersieht, wird zuerst die Triebspitze abgetrennt; sie ergibt den ersten Steckling. Dann kommen 2 Zwischenknotenstecklinge, die ebenso verwendet werden. Der nächste Steckling wird mit einer Rasierklinge der Länge nach in zwei Hälften geschnitten, so daß jede Seite noch ein Blatt mit einer schlafenden Knospe besitzt. Der letzte, der Basalsteckling, kann ebenso geteilt oder ungeteilt verwendet wer-

den. Bei den längsgeteilten Stecklingen ist unbedingt ein Bewurzelungspräparat zu verwenden. Die weitere Behandlung erfolgt wie bei den Frühjahrsstecklingen beschrieben.

Frühjahrsstecklinge aus reifem Holz

Diese Vermehrungstechnik findet bei den winterharten Fuchsien der Magellanica-Gruppe dann Verwendung, wenn ein größerer Bedarf an Jungpflanzen gedeckt werden soll, z. B. um eine Fuchsienhecke pflanzen zu können. Die Technik ist einfach, macht kaum Mühe und bringt doch Erfolg.
Im Herbst, wenn der erste Frost das Laub bereits zerstört hat, schneidet man kräftige Zweige von 25 bis 30 cm Länge aus völlig verholzten Teilen der winterharten Fuchsien. Eventuelle weiche Triebspitzen müssen entfernt werden. Die Zweigstücke werden gebündelt und mit Bast zusammengebunden. An einer geschützten Stelle des Gartens wird ein kleiner Graben ausgehoben, etwa 20 cm tief, die Bündel waagerecht hineingelegt und mit dem Aushub wieder zugedeckt. Ist die Erde sehr schwer, sollte man sie vorher mit Sand, Torf oder Styromull auflockern.
Vorbeugend gegen Pilzbefall zu spritzen, kann nicht schaden. Dann wird mit Laub oder Tannenreisig abgedeckt. Bei normalen Wintertemperaturen bildet sich bis zum Frühling an den unteren Schnittstellen ein Wundgewebe (Kallus), das die Voraussetzung für die Wurzelbildung ist. Wenn im Frühling der Boden wieder zu bearbeiten ist, werden die Stecklinge hervorgeholt und einzeln so tief in die Erde gesteckt, daß nur noch ein Auge herausschaut. Sobald es warm geworden ist, treiben die Stecklinge aus. Im nächsten Jahr kann man sie dann als Hecke mit 30 bis 50 cm Abstand in der Reihe pflanzen. Man hat aber auch im ersten Sommer an den schon reich blühenden Pflanzen seine Freude. Diese Art, winterharte Fuchsien zu vermehren, ist gärtnerisch die beste. Die Pflanzen werden widerstandsfähiger als solche, die im Haus oder Frühbeet vermehrt wurden.
Für Erwerbsgärtner, die im Herbst langsam wachsende Fuchsiensorten vermehren müssen, ist es vielleicht interessant zu wissen, daß Fuchsien unter Kurztagsbedingungen vermehrt vegetative Triebe bilden. Um reichlich Steckmaterial zu erhalten, sollte man eine Kurztagsbehandlung der Mutterpflanzen durch tägliche Verdunkelung zwischen 17 und 7 Uhr vornehmen. Die Dunkelphase muß mindestens 13 Stunden täglich betragen. Man beginnt etwa 8 bis 9 Wochen vor dem vorgesehenen Vermehrungstermin und führt sie durch bis der natürliche Kurztag eintritt.

Weiterkultur bewurzelter Stecklinge

Wenn die Fuchsienstecklinge bewurzelt sind, müssen sie unverzüglich einzeln in möglichst kleine Töpfe gepflanzt werden. Mit einer Gabel hebt man den Steckling vorsichtig, ohne die jungen Wurzeln zu beschädigen, aus dem Steckgefäß. Die ersten Töpfe sollten nicht größer als 5 bis 7 cm sein. Man füllt die Töpfe etwa zu ⅔ mit der bereits beschriebenen Topferde. Der junge Steckling wird mit der linken Hand in der Mitte des Topfes festgehalten und mit der rechten wird weitere Erde aufgefüllt, so hoch, daß im Topf noch ein Gießrand frei bleibt. Die Erde wird nicht fest angedrückt, man stößt nur den Topf einmal auf die flache Hand. Das Etikett nicht vergessen! Die erste Bewässerung erfolgt nicht von oben mit der Gießkanne, sondern man setzt die Töpfe in eine flache Schale mit etwas Wasser. So kann sich das Substrat von unten langsam vollsaugen. In dieser Schale verbleiben die Töpfchen etwa 24 Stunden. Das langsam verdunstende Wasser tut den jungen Pflanzen sichtbar gut. Sie stehen am nächsten Morgen frisch und straff im Topf.
Eine Pflanze ist immer nur so gut wie ihr Wurzelsystem. Darum muß in den nächsten Monaten alles getan werden, um die Wurzelbildung zu fördern. Man stellt die kleinen Töpfe nicht einfach auf die blanke Fensterbank oder den nackten Gewächshaustisch, sondern auf eine 2 bis 3 cm dicke Schicht aus feuchtem Torf. Für den Tisch im Gewächshaus gibt es seit einiger Zeit auch Bewässerungsmatten aus Kunststoff. Sie speichern sehr viel Wasser und geben es bei Bedarf an die Pflanzen weiter. Die immer feucht gehaltene Torfschicht wirkt ebenso. Es spart viel Arbeit, wenn nicht jeder einzelne Topf gegossen werden muß. Gleichzeitig werden die jungen Pflanzen vor einem Wasserüberschuß bewahrt. Darüber hinaus entsteht durch das aus der Matte oder dem Torf verdunstende Wasser eine hohe Luftfeuchtigkeit, die für Fuchsien lebensnotwendig ist.
Nach 4 bis 6 Wochen, je nach Jahreszeit, sollte der erste Topf völlig durchwurzelt sein. Man nimmt eine Pflanze aus dem Topf und sieht nach. Nun wird in den nächsten, dieses Mal 9 cm großen Topf verpflanzt. So geht es weiter bis die Pflanze die gewünschte Größe erreicht hat. Die Mühe des öfteren Verpflanzens lohnen die Pflanzen durch zügiges ungestörtes Wachstum. Der Wurzelballen muß beim Umtopfen unbedingt ganz bleiben. Wenn er auseinander fällt, braucht die Pflanze viel länger, um wieder einzuwachsen. Das bedeutet eine unerwünschte und unnötige Entwick-

lungsstörung. Vorausgesetzt daß man beim Umtopfen immer sauber gewaschene Töpfe benutzt und am Vorabend die Pflanzen gut gegossen hat, gleiten die Pflanzen ohne Mühe glatt aus dem Topf.
Der nächstgrößere Topf wird mit etwas Erde gefüllt bereitgestellt, man läßt die Pflanze vorsichtig hineingleiten und füllt nur noch den freibleibenden Raum mit frischem Substrat auf. Auch hier nur durch wiederholtes Aufstoßen des Topfes die Erde locker verteilen und nicht zu fest andrücken. Lufttaschen dürfen allerdings nicht entstehen. Frisch getopfte Pflanzen werden einmal gut angegossen und dann einige Tage eher trocken, d. h. nur schwach feucht gehalten.
Zusammenfassend ist zu sagen: Nicht zu schnell in den nächst größeren Topf setzen, doch auch nicht zu lange mit dem Umtopfen zögern. Die Wurzeln sollten nicht schon mehrfach um den Topf herumgewachsen sein, denn das führt zu vorzeitigem Verholzen und ernsthaften Wachstumsverzögerungen. Beim Umtopfen ist auch darauf zu achten, daß die Pflanzen zum Schluß etwa so hoch im neuen Topf stehen wie sie vorher gestanden haben. Allenfalls streut man eine dünne Schicht neuer Erde obenauf.
Spätsommer- und Herbststecklinge bleiben während der lichtarmen Monate in möglichst kleinen Töpfen (7 cm), höchstenfalls 9 cm, bei stark wachsenden Sorten, gesünder. Wichtig ist, daß sie bei etwa 10 bis 12 °C durchkultiviert werden. Eine Ruheperiode würden so junge Pflanzen nicht überleben. Wenn alles gut geht, sollten die Fuchsien im späten Frühling im 15-cm-Topf stehen. Darin werden sie ihren ersten Sommer und damit die erste Blühperiode verbringen.
Zum Ein- und Umtopfen wird immer das schon beschriebene Substrat verwendet, das genügend Vorratsdünger enthält. Mit einer flüssigen Nachdüngung wird erst begonnen, wenn die Pflanze im Endtopf steht und diesen durchwurzelt hat. In allen Entwicklungsstadien, vom Steckling bis zur fertigen Pflanze, kann aber durch Blattdüngung, die als 0,2 %ige Lösung mit einem Einhand-Zerstäuber aufgebracht wird, die Entwicklung gefördert werden. Das Laub wird sichtbar fester und die Pflanze im ganzen gekräftigt. Geeignete Mittel sind Wuxal, Kamasol, Flory usw.
Nun mag man sich fragen, warum denn die viele Mühe mit dem ständigen Umtopfen, die Erwerbsgärtner machen das doch auch nicht? Das erklärt sich aus der Tatsache, daß ein Amateur ganz selten so ideale Kulturbedingungen für seine Pflanzen hat wie ein Gartenbaubetrieb. Dort stehen die Töpfe auf warmen, gleichmäßig von unten beheizten Bankbeeten. In den Hochglashäusern sind die Lichtverhältnisse auch besser. Meistens werden nur robuste Fuchsiensorten vermehrt, die von Natur aus ein starkes Wurzelungsvermögen besitzen. Der Reiz einer privaten Fuchsiensammlung besteht aber gerade darin, auch anspruchsvolle Sorten zu gutem Gedeihen zu bringen. Als Beispiel soll nur 'Texas Longhorn' für viele anderen „Primadonnen“ stehen, die man nur mit der „Schritt-für-Schritt-Methode“ dazu bewegen kann, ein gutes, die Pflanze in allen Phasen ihrer Entwicklung ausreichend tragendes und ernährendes Wurzelsystem zu produzieren.
Eine gewisse Beschränkung des Wurzelraumes führt bei Fuchsien zu reicherer Blüte, obwohl in diesem Punkt von Sorte zu Sorte Unterschiede bestehen.

Wurzelausläufer

Alle winterharten Fuchsien und auch viele der robusteren Fuchsien-Hybriden bilden Wurzelausläufer, d. h. in der Nähe der Mutterpflanze treten aus der Wurzel neue Triebe aus dem Boden. Wenn diese mit der anhängenden Wurzel vorsichtig abgetrennt und zur weiteren Kultur in Töpfe gesetzt werden, erhält man problemlos neue Jungpflanzen.

Verwendung

Fuchsien als Zimmerpflanzen

Die Zeiten, wo Fuchsien – besonders auf dem Lande – Wohnzimmer und Bauerstuben schmückten, sind wohl endgültig vorüber. Mit dem Einzug der Zentralheizung und der dadurch entstandenen trockenen Luft finden die Fuchsien im Haus während der Heizperiode nicht die ihnen genehmen Lebensbedingungen. So anpassungsfähig Fuchsien auch sind, trockene Luft können sie über längere Zeit nicht vertragen. Sind die übrigen Bedingungen günstig, d. h. der Heizkörper nicht direkt unter der Fensterbank, das Licht ausreichend und hell, keine pralle Sonneneinstrahlung, die das Laub durch die Brennglaswirkung der Fensterscheiben schädigen würde, so kann man es versuchen. Die Fuchsientöpfe werden in größere Übertöpfe mit feuchtem Torf eingefüttert. So entsteht durch die Verdunstung um die Pflanze herum ein Kleinklima mit ausreichender Luftfeuchtigkeit. Öfteres Einnebeln mit der Sprühflasche unterstützt diesen Vorgang.
Besser sieht es im Sommer und im frühen Herbst aus, wenn Fenster und Türen des Hauses offen stehen und viel frische Luft hereinkommt. Ein Fuchsien-Hochstämmchen in der hellen Diele, voll blühende Pflanzen auf der Fensterbank (nicht am Südfenster!), sind ein bezaubernder Anblick.
Einige Sorten, die sich für die Kultur im Haus besonders gut eignen, sind

'Achievement',
'Chang',
'Display',
'Fascination',
'General Monk',
'Gruß aus dem Bodethal',
'Mrs. Marshall',
'Swanley Gem'.

Alle haben einen kompakten, aufrechten Wuchs, werden nicht zu groß und blühen reich und lange mit leuchtenden Farben. Die Sortenwahl ist bei Fuchsien als Zimmerpflanzen entscheidend für den Erfolg. Die oben aufgezählten Sorten werfen Knospen und Blüten auch dann nicht ab, wenn die Umgebung vorübergehend warm und trocken wird. Ab und zu sollte man die Töpfe bei einem warmen Sommerregen für einige Stunden vor das Fenster oder die Tür stellen. Dort können sie sich von der Zimmerluft erholen.

Fuchsien für Balkon und Fensterkasten

Für viele Menschen, die in der Stadt leben, sind Blumen, in Fensterkästen liebevoll gepflegt, die einzige ständige Verbindung zur Natur. Ein Balkon, und ist er auch nur einige Quadratmeter groß, kann schon ein Paradies sein und eine Quelle ständiger Freude und Entspannung.
Die moderne Architektur mit ihren eintönigen Betonfassaden verlangt geradezu nach Auflockerung der strengen Linien durch Grün- und Blumenschmuck. Vor den hellen Wänden kommen die Fuchsien mit den kräftigen rot-blauen oder rot-weißen Blüten sogar besonders gut zur Geltung. Die lange Blütezeit, die bei guter Pflege von Mitte Mai bis Ende Oktober dauert, belohnt den geringen Arbeitsaufwand bei der ersten Bepflanzung und der laufenden Pflege überreich.
Pflanzkästen in allen Größen, von 40 cm bis 1 m Länge, vom billigen, aber brauchbaren Plastik- bis zum dauerhaften Eternitkasten, bekommt man in jedem Kaufhaus oder Gartencenter. Plastikkästen sind leicht zu transportieren, man sollte aber beim Kauf darauf achten, daß der Rand massiv gegossen, also nicht hohl ist. Neuerdings gibt es raffinierte Ausführungen, die durchaus geschmackvoll und kaum von hölzernen Kästen zu unterscheiden sind. Ganz wichtig ist die Befestigung der Kästen am Fensterbrett oder der Balkonbrüstung. Sie muß solide und dauerhaft sein, um auf der Straße vorübergehende Menschen nicht zu gefährden und um die Pflanzen beim ersten heftigen Windstoß nicht zu verlieren.

Über Pflanzerden – auch die fertig in Beuteln angebotenen – ist im Kapitel über die Kultur der Fuchsien alles gesagt worden. Für eine genügende Anzahl Abzugslöcher im Boden der Kästen ist unbedingt zu sorgen, damit keine schädliche Staunässe entstehen kann. Ganz wichtig für einen dauerhaften Erfolg und eine ungetrübte Freude ist auch die Auswahl geeigneter Fuchsiensorten und die Beachtung der Himmelsrichtung. Stehen die Kästen auf dem Fensterbrett, sollten die Sorten nicht zu hoch werden, damit sie die Zimmer dahinter nicht zu sehr verdunkeln. Ist die Lage besonders windig, sind kompakt wachsende Sorten mit kleineren Blüten auszuwählen. Weit überhängende Fuchsien mit großen Blüten würden vom Wind zu leicht beschädigt.
Bedenken sollte man auch die Wirkung, die man mit den Kästen erreichen möchte. Es soll ja auf kleinstem Raum ein größtmöglicher Effekt erzielt werden. Es sieht gut aus, wenn sich in den Kästen aufrechte und hängende Sorten abwechseln. Da ein Fensterkasten, zu dem Wind und Sonne von allen Seiten Zutritt haben, relativ schnell austrocknet, muß häufiger gegossen werden. In exponierten Lagen sollten die einzelnen Triebe der Pflanzen von Anfang an sorgsam an Stäben festgebunden werden und eventueller Zuwachs, der bei guter Pflege nicht ausbleibt auch bedacht werden. An heißen lufttrockenen Tagen gibt es keine größere Wohltat für Fuchsien, als das feine Einnebeln mit den praktischen Einhandsprühern. Bedenkt man auch die Blattunterseiten reichlich, so ist das die beste Vorbeugung gegen Schädlinge. Das Sprühen sollte aber nicht in praller Sonne geschehen, da sonst unschöne Blattflecken auftreten könnten.
Es gibt nur wenige Pflanzen, die selbst an der Nordseite eines Hauses noch so reich blühen wie Fuchsien. Besonders geeignet sind die folgenden Sorten:

'Berliner Kind' (Eggebrecht 1882) ist auch eine der guten alten deutschen Sorten, die unverwüstlich sind. Sie wächst buschig aufrecht und ist gefüllt, Sepalen lachsrot, Korolle reinweiß.

'Deutsche Perle' (Twrdy 1874), eine gute alte Sorte, einfach, mit cremefarbenem Kelch und leuchtend orangeroter Korolle, hat sich hier bestens bewährt. Der Wuchs ist aufrecht und buschig. Sie blüht besonders reich und lange (s. Seite 71).

'Display' (Smith 1881) hat einfache Blüten von besonders hübscher Form und ist vielseitig verwendbar. Die Sepalen sind rosa, die Korolle ist ausgestellt und tellerförmig, etwas kräftiger rosa.

'Dollarprinzessin' (Lemoine 1912), mit kleinen, aber dicht gefüllten rot-blauen Blüten, die in großer Zahl an buschig wachsenden, überhängenden, sehr widerstandsfähigen Pflanzen sitzen.

'Flash' (Hazard), von aufrechtem, gut verzweigtem Wuchs mit kleinem hellgrünen Laub, vor dessen Hintergrund die mittelgroßen, zahlreichen, einfarbig roten Blüten besonders gut wirken.

'Gruß aus dem Bodethal' (Sattler und Bethge 1894) (Bild Seite 63) ist auch eine deutsche Züchtung aus dem vorigen Jahrhundert. Der aufrechte Wuchs und die gute, spontan einsetzende Verzweigung lassen die klassischen Blüten mit glänzend-roten Sepalen und, bei der jungen Blüte, fast schwarz-blauen Korolle sehr gut zur Geltung kommen. Die einfachen Blüten sitzen gut sichtbar an den Zweigspitzen und sollten unbedingt in Augenhöhe stehen, damit man dieses kontrastreiche Farbenspiel bewundern kann.

'Mrs. Victor Reiter' (Reiter 1940), einfach, der lange schneeweiße, wächserne Tubus mit den schneeweißen Sepalen und die Korolle von apartem rot bilden eine auffallend elegante Blüte. Der Wuchs ist überhängend und das dunkelgrüne Laub sehr gesund und kräftig.

'Other Fellow' (Hazard 1946), mit einfacher Blüte, buschigem, vielverzweigtem Wuchs, fast weißem Kelch und zart lachsfarbener Korolle, ist eine ausgezeichnete, zierlich elegante Sorte.

Dies sollten nur einige Vorschläge aus dem großen Angebot an Fuchsien zur Bepflanzung von Balkon- und Fensterkästen an Nordseiten sein. Aus dem großen Sortiment kann sich jeder die Sorten nach seinem Geschmack aussuchen. Es sind gewiß noch viele andere Fuchsien zäh genug, um auch in Nordlagen befriedigend zu blühen.
Für West- und Ostseiten, die ideal für Fuchsien sind, ist das Angebot überreich, alle Möglichkeiten stehen offen. In windigen Lagen sollte man bei der Auswahl ein wenig auf die Wuchsform der einzelnen Sorten achten, also nicht gerade die aussuchen, die durch sparrigen Wuchs und spröde Zweige besonders bruchanfällig sind. Sonst kann man praktisch alles pflanzen und ausprobieren, was einem gut gefällt. Besonders gut wirken Kästen, die jeweils nur mit einer einzigen Farbkombination bepflanzt sind, z. B. aufrechte und hängende Sorten, einheitlich rot-weiß blühend. Vor Ziegelwänden wirken mit weißen Sorten be-

'Moonraker'

pflanzte Kästen sehr gut. Sind Fenster oder Balkone eines Hauses nach Süden gerichtet, eignen sich für die Bepflanzung mit Fuchsien eigentlich nur die sonnenverträglichen Triphylla-Hybriden mit ihrem dunklen Laub und den leuchtenden Blütentrauben. Sie werden noch in einem eigenen Abschnitt beschrieben.
Bei der Ausschmückung der Balkone mit Fuchsien muß man sich durchaus nicht mit den Kästen an der Balustrade zufrieden geben. An Seiten- und Rückwand aufgehängte Fuchsien in Halbtöpfen und Ampeln oder frei aufgestellte Fuchsienbäumchen verwandeln die kleine Fläche in ein Blütenparadies. Auch Ampeln sind hübsch und können eine größere Anzahl Fuchsiensorten aufnehmen.

Fuchsien auf der Terrasse

Eine Terrasse bietet noch mehr Möglichkeiten, diese mit Fuchsien attraktiv zu gestalten. Die Auswahl an dekorativen Pflanzgefäßen, die heute angeboten wird, ist kaum noch zu überbieten. Auf Stützmauern und Treppenwangen aufgestellt werden diese Gefäße rundherum mit hängenden Fuchsiensorten bepflanzt. Um Höhe zu erzielen, kommt in die Mitte eine stark wachsende aufrechte Sorte. Derartig bepflanzte Kübel, Fässer oder Tröge, werden im Laufe eines Sommers zu wahren Paradestücken. Oft sind Terrassen mit einer Pergola überbaut, an der sich Ampeln in jeder gewünschten Größe aufhängen lassen. Vielleicht läßt sich noch eine Blumentreppe an einer geschützten Wand aufstellen, die den Töpfen mit den empfindlicheren, weißen und pastellfarbenen Fuchsien zu besonderer Wirkung verhilft. Hochstämme sind hier gut vor Wind geschützt und, weil in Augenhöhe, besonders nahe.
Da alles mobil ist, läßt sich das Bild jederzeit verändern und der Phantasie sind kaum Grenzen gesetzt.
Durch den lockeren Aufbau der Fuchsienpflanzen und die bei aller Pracht doch subtilen Farben wird die Architektur eines Hauses nicht verdeckt, sondern eher gesteigert. Dort, wo keine Pergola vorhanden ist, kann man Gefäße mit Fuchsien in unterschiedlicher Höhe an Teleskopstangen befestigen.

Winterharte Fuchsien im Garten

Es ist leider viel zu wenig bekannt, daß es eine Reihe von Fuchsien gibt, die auch in mitteleuropäischen

'Swanley Gem'

Fuchsien im Balkonkasten erzielen auf kleinem Raum eine große Wirkung.

Klima völlig winterhart sind. Man kann sie ganzjährig im Freien ziehen. Einmal eingewachsen, halten sie viele Jahre am gleichen Standort aus. Sie bilden im Laufe einer Wachstums-Periode grazile, lockere Sträucher von etwa 1 bis 1½ m Höhe und sind mit ihrem schönen Laub und der reichen Blütenfülle wirkliche Schmuckstücke für den Garten. Die Blüte beginnt in der Regel im Juli und dauert ununterbrochen bis zu den ersten Nachtfrösten. Winterharte Fuchsien beleben den Garten also noch zu einer Zeit, wo viele andere Sträucher längst verblüht sind.

Von ihren Lichtansprüchen her sind die Pflanzen des Regenwaldes bescheiden. Schattige Gartenpartien, z. B. in schönen älteren Gärten, sind oft schwierige Pflanzplätze. Wenn der Schatten nicht allzu dicht ist und die Sonne für einige Stunden des Tages die Sträucher erreicht, finden Fuchsien auch dort noch gute Lebensbedingungen und bringen in diese Gartenteile neuen belebenden Glanz. Der Standort darf allerdings nicht zu dicht an Bäumen oder anderen Gehölzen liegen, denn Wurzeldruck können Fuchsien nicht vertragen. Gegebenenfalls lassen sie sich aber in größere Container pflanzen und in die Erde eingraben.

Die winterharten Fuchsien gehören vorwiegend zur Art *Fuchsia magellanica,* die von Lamarck 1768 nach Europa eingeführt wurde. Wie der Artname besagt,

sind sie im südlichen Chile und Argentinien, in den Bergen und Regenwäldern nahe der Magellan-Straße beheimatet. Dort findet man sie in Höhen bis zu 3000 m. Klima und Temperatur in dieser Höhe lassen sich weitgehend mit europäischen Wintern vergleichen. Daraus erklärt sich die erstaunliche Winterhärte. Diese Gruppe von Fuchsien ist vielseitig verwendbar und sehr anpassungsfähig. Sie fügen sich gut in Staudenbeete oder Gehölzrabatten ein und vertragen durchaus volle Sonne, wenn man durch eine Mulchschicht aus Kompost oder Torf für den notwendigen kühlen „Fuß" sorgt.
Winterharte Fuchsien, in verschiedenen Sorten und Farben, zwischen die großen Sträucher einmal blühender alter Rosen gepflanzt, sorgen, nachdem die Pracht der Rosen Ende Juli vorüber ist, bis zum Frost für Farbe.
Wer auf Reisen in England, in Cornwall und Wales, aber auch in Schottland und Irland, die langen Hekken und großen Sträucher der über und über mit zierlichen, eleganten Blüten behangenen Fuchsien einmal gesehen hat, wird dieses zauberhafte Bild nicht vergessen. In diesem bevorzugten, durch den Einfluß des Golfstromes bestimmten, milden Klima, friert das alte Holz der Fuchsien nur selten zurück. In Deutschland und in anderen Teilen Mitteleuropas verhalten sich Fuchsien wie Stauden. Der oberirdische Teil der Sträucher friert zurück und stirbt ab. Im Frühling aber, etwa Anfang April, kommen aus dem Wurzelstock die neuen Triebe. Bei guter Pflege erreichen sie schnell wieder ihre gewohnte Höhe. Genau wie bei den Stauden wird auch der Durchmesser des Wurzelstokkes immer umfangreicher und läßt sich nach einigen Jahren auch aufteilen, wenn man neue Pflanzen gewinnen will.

Pflanzung und Pflege

Alles über Kultur und Pflege der Fuchsien bereits Beschriebene, muß auch bei der Gruppe winterharter Freilandfuchsien beachtet werden.
Die Pflanzgrube wird tief ausgehoben und die Erde mit Torf, Kompost oder Lauberde auf einen hohen Humusanteil gebracht. Da die Sträucher viele Jahre am selben Platz aushalten sollen, mischt man organischen Dünger wie Hornspäne, Knochenmehl, getrockneten Rinderdung, Blutmehl oder eine Mischung dieser Stoffe („Oscorna Animalin") darunter. Standorte, wo Staunässe entstehen könnte, sollte man besser meiden. Ist das nicht möglich, muß durch Drainage für einen guten Wasserabzug gesorgt werden.
Gepflanzt wird Ende Mai, wenn die Gefahr von Nachtfrösten vorüber ist. Die jungen Pflanzen sollten mindestens 10- bis 12-cm-Töpfe völlig durchwurzelt haben und schon mehrere kräftige Triebe besitzen. So früh gepflanzt, haben sie den ganzen Sommer Zeit, um ein starkes, tiefgehendes Wurzelsystem auszubilden. Gepflanzt wird in eine flache 8 bis 10 cm tiefe Mulde, die erst im Laufe des Sommers nach und nach vollständig mit Erde aufgefüllt wird. Einmal erleichtert diese Mulde das Gießen, sie bildet einen Gießrand. Der eigentliche Sinn ist aber, zu erreichen, daß die Pflanzen einige Reserveaugen (Triebknospen) geschützt unter der Erdoberfläche haben. Sind die Pflanzen gut eingewachsen, beginnt man mit der zusätzlichen Düngung. Entweder wird der Dünger gleich in das Gießwasser gegeben oder man verwendet die praktischen Langzeitdünger. Im ersten Sommer ist bei Trockenheit jeden Abend reichlich zu gießen. Am besten überbraust man Pflanze und Umgebung, um die Luftfeuchtigkeit zu erhöhen.
Im späten Herbst, wenn nach den ersten Nachtfrösten das Laub abgefallen ist, wird eine 10 bis 15 cm hohe Schicht trockener Torf über die Fuchsie gegeben. Auch Laub von Bäumen, das nicht schnell fault, gibt eine gute Schutzdecke ab. Falls man in der Nähe eines Waldes wohnt, sollte man sich Farnkraut besorgen, das sich als Deckschicht besonders gut eignet, zumal es auch Wirkstoffe und Mineralien enthält, die einen besonders reichen Blütenansatz fördern.
Zurückschneiden, auf 5 bis 10 cm über den Boden, sollte man besser erst im Frühjahr. Das alte Holzgerüst gibt zusätzlichen Winterschutz, die aufgebrachte Schutzdecke bleibt besser liegen und wird nicht vom Wind verweht. Im Herbst zurückgeschnittene Pflanzen sind in nassen Wintern von Stengelfäule bedroht. Alles aufgebrachte Schutzmaterial wird im Frühjahr als Mulchdecke gleichmäßig um die Pflanze herum verteilt.

Arten, Varietäten

Fuchsia magellanica var. *conica*
Bleibt ein niedriger Strauch von etwa 50 cm. Das Blatt ist hellgrün und die Knospen mehr rundlich, die Blüten sind rot-purpurn.

Fuchsia magellanica 'Longipenduculata'
Diese Form erkennt man an dem besonders langen, oft 8 bis 10 mm langen Blütenstielen. Auch die Blüte mit rotem Kelch und mehr mauve-lila Korolle ist länger als bei der Art.

Fuchsia magellanica var. *magellanica* Lam. (1768)
Diese Fuchsie gehört zur Sektion *Quelusia.* Der Strauch wächst locker und relativ aufrecht. Er erreicht bei uns eine Höhe von 1 bis 1,5 m. An den dünnen, unbehaarten Stielen stehen die zierlichen, eiförmigen Blätter gegenständig oder zu Dritt in Quirlen. Sie sind 2 bis 2,5 cm lang und leicht gezähnt. Die Blüten hängen an Stielen, die höchstens 35 mm lang sind. Tubus und Sepalen sind rot, die Korolle violett-purpurn. Die Staubgefäße ragen weit aus der Blüte hervor.

Fuchsia magellanica var. *macrostemma* (syn. var. *gracilis*) Ruiz und Pavon (1802)
Sie bildet einen zierlichen Strauch mit elegant überhängenden Zweigen von 0,80 bis 1 m Höhe. Sie ist der vorstehend beschriebenen Art sehr ähnlich, hat aber Blätter, die länger als 25 mm oft bis zu 5 cm lang sind. Auch die Blütenstiele sind länger als 4 cm. Die Blüten erscheinen ab Juli in großer Zahl oft 4 gleichzeitig in einer Blattachsel.

Fuchsia magellanica var. *molinae* (syn. var. *alba*) Espinosa (1929)
Für das mitteleuropäische Klima ist sie die härteste aller winterharten Fuchsien. Wenn der Winter nicht allzu streng war, treibt sie im unteren Teil aus dem vorjährigen Holz wieder aus. Oft findet man um die Pflanze verstreut Sämlinge, die schon im nächsten Sommer verpflanzt werden können. Der Strauch hat einen straffen aufrechten Wuchs und kann auch bei uns 1,50 bis 2 m hoch werden. Blätter und Zweige sind einheitlich hellgrün ohne jede rote Aderung. Tubus und Sepalen der langen, schlanken Blüten sind fast weiß, die Korolle blaßrosa. Wenn diese wunderschöne Fuchsienart einen reichen Flor bringen soll, muß sie einen vollsonnigen Platz bekommen und darf nur wenig gedüngt werden. Je ärmer der Boden, desto reicher die Blüte.

Fuchsia magellanica 'Pumila'
Der Zwerg in dieser Gruppe wird höchstens 30 cm hoch und ist mit den zierlichen rot-blauen Blüten gut als Steingartenpflanze geeignet. Winterhart ist sie allerdings nur unter idealen Bedingungen. Sie liebt es, ihre Wurzeln unter einen Stein zu schieben oder in einem dichten Polster anderer Steingartenpflanzen geschützt zu stehen. Wer dieses Kleinod nicht verlieren möchte, sollte immer einige Stecklinge im Haus überwintern.

Fuchsia magellanica 'Tricolor'
Wie der Name schon sagt, hat diese Varietät ein dreifarbiges Laub. Die Blätter sind graugrün, gelblich und rosa panaschiert und die Farben werden bei vollsonnigem Stand besonders ausgeprägt. Die Höhe der Pflanze ist 40 bis 60 cm, die Blüten sind rot und blau und erscheinen sehr spät. Die beiden Varietäten *variegata* und *tricolor* sind als Randbepflanzung für Fuchsienbeete besonders hübsch und werden auch in bunten Teppichbeeten häufig verwendet.

Fuchsia magellanica 'Variegata'
Diese Fuchsie bildet einen zierlichen Strauch von 50 bis 60 cm Höhe. Die grünen Blätter sind weiß umrandet, gefleckt und färben sich bei schattigem Stand besonders schön aus. In der Sonne, die die Pflanze bemerkenswert gut vertragen kann, kommt noch eine rosige Schattierung in das Blatt. Die Blüten sind rot und blau und erscheinen relativ spät. Diese Varietät wird hauptsächlich des schmückenden Laubes wegen gepflanzt.

Fuchsia procumbens Cunnington (1839)
Diese Fuchsie kommt aus Neuseeland (Sektion *Skinnera*) und ist besonders für Steingartenfreunde interessant. An kriechenden Stielen sitzen kleine runde Blättchen. Die gelben Blüten stehen aufrecht und haben Staubgefäße mit blauen Pollen. Die Früchte, die die Pflanze zusätzlich schmücken, sehen aus wie Miniatur-Pflaumen.

Hybriden

Neben den bisher beschriebenen winterharten Arten und Varietäten kann man einige der frühen Fuchsia-Hybriden auch im mitteleuropäischen Klima als bedingt winterhart ansehen. Viele davon sind schon im vorigen Jahrhundert entstanden und die Züchter haben wenigstens als einen Elternteil oft *Fuchsia magellanica* oder deren Varietäten zur Kreuzung benutzt.
Die englischen Züchter Wood und Travis, in jüngster Zeit auch Cliff Gadsby, haben mit diesem älteren Material weitergearbeitet und vor allem die Farbskala sehr bereichert. Die Blüten sind nicht mehr ausschließlich rot-purpurn, es gibt jetzt auch rot-weiße, rot-hellblaue, rein rosa und rein weiße Blüten. Diese bedingt harten Sorten haben einfache, halbgefüllte und sogar gefüllte Korollen. Die Züchtungserfolge sind erstaunlich und bemerkenswert. Dabei haben die Hybriden nichts von ihrer relativen Winterhärte eingebüßt, aber an Farb- und Blütenschönheit sehr viel gewonnen. Im Vergleich zu den Fuchsien der Magellanica-Gruppe überstehen die Hybriden den Winter

aber nur unter sehr günstigen Bedingungen. Man kann die einzelnen Sorten nur ausprobieren und versuchen, im jeweiligen Garten einen geeigneten Standort und die entsprechenden Fuchsien zu finden. Da jeder Garten sein spezielles Kleinklima aufweist, kann und darf nicht verallgemeinert werden. Was im einen Garten gut gedeiht und Jahre hindurch aushält, kann beim Nachbarn einige Häuser weiter schon völlig versagen. Besonders gut stehen diese Fuchsien-Hybriden in Beeten am Haus oder vor Mauern und Zäunen, die etwas Schutz bieten. Die Bodenvorbereitung und Pflege ist gleich wie bei der zuvor beschriebenen Gruppe.
Die nachstehend beschriebenen Sorten wurden bezüglich ihrer Winterhärte über Jahre hinweg beobachtet und haben auch den strengen Winter 1978/79 gut überstanden. Allerdings waren sie damals durch eine dicke Schneedecke vor der größten Kälte geschützt.
Einige Ausfälle waren jedoch im Frühjahr 1980 zu beklagen. Nach warmen, feuchten Wochen hatten alle Sorten prächtig wieder ausgetrieben. Im Mai kamen dann sonnige Wochen mit austrocknenden Ostwinden und kalten Nächten. In dieser Zeit sind die jungen, zarten Austriebe teils vertrocknet, teils erfroren. Wie zäh diese Fuchsien aber trotz der widrigen Umstände doch sind, war später zu beobachten. Die meisten Sorten trieben im Laufe des Sommers aus dem Wurzelstock doch noch neue Triebe, die allerdings nicht mehr zur Blüte kamen. Durch Abnahme von Stecklingen ließen sich die Sorten aber schließlich doch erhalten.
Einen nicht zu unterschätzenden Vorteil haben diese bedingt winterharten Hybriden für alle Fuchsienfreunde ohne Überwinterungsmöglichkeiten. Ohne große Probleme läßt sich ein umfangreiches Fuchsiensortiment im Garten kultivieren.
Alle beschriebenen Sorten sind von aufrechtem Wuchs, verzweigen sich ohne Stutzen und tragen die schönen Blüten gut sichtbar an den Triebspitzen. In Dreiergruppen gepflanzt sind sie besonders dekorativ und wirkungsvoll.

'Alice Hoffmann' (Kiese 1901, D*)
Ein hübscher Strauch von 40 bis 60 cm Höhe und schönem, bronze-grünen Laub. Die zierlichen Blüten sind halb gefüllt und sehr zahlreich. Tubus und Sepalen hellrot, Korolle weiß mit roten Adern.

---

* Abkürzung für das Land, wo die Züchtung entstanden ist.

◁ Der Pflanztrog auf der Terrasse wird im Laufe des Sommers zum Paradestück.

'Berliner Kind' (Eggebrecht 1882, D)
Diese zierliche Pflanze wird allenfalls 25 bis 30 cm hoch. Tubus und Sepalen sind leuchtend scharlachrot, die dicht gefüllte Korolle ist schneeweiß. Die Sorte ist gut zur Vorpflanzung vor höheren Sorten geeignet.

'Beacon' (Bull 1871, GB)
Diese unverwüstliche, robuste Sorte hat sich mehr als 100 Jahre im Fuchsien-Angebot deutscher Gärtner behaupten können. Im Freiland wird sie 60 bis 70 cm hoch. Das etwas grobe, kräftige Laub ist stark gezähnt. Tubus und Sepalen sind rot, die einfache Korolle magentarot. Die Blüten sind glockenförmig.

'Genii' (Reiter 1951, USA)
Ist ein Gartenjuwel und verträgt einen vollsonnigen Standort. Erst in der Sonne leuchtet das goldgelbe Laub an den roten Stielen richtig auf. Der vielverzweigte, leicht überhängende Strauch wird 60 bis 80 cm hoch. Die kleinen, wohlgeformten, einfachen Blüten haben einen roten Tubus und rote Sepalen. Die Korolle ist beim Öffnen von reinstem Blau, das nur langsam nach Violett verfärbt. Sie ist winterhart und treibt als erste Fuchsie schon Anfang April aus.

'Gruß aus dem Bodethal' (Sattler u. Bethge 1894, D)
Eine zauberhafte Fuchsiensorte mit einfachen, wohlgeformten Blüten von außerordentlicher Substanz und langer Halbarkeit. Tubus und Sepalen sind lackrot, die Korolle ganz dunkelblau, beim Öffnen beinahe schwarz. Diese ungewöhnlich schöne Farbkombination hält tagelang vor, später wird die Korolle weinrot. Die Pflanze wird etwa 40 cm hoch und baut sich sehr schön auf. Sie will aber sehr geschützt stehen.

'Gruß aus dem Bodethal'

'Hawkshead' (Travis 1962, GB)
Hier kommt die Winterhärte von der *F. magellanica* var. *molinae* zum Vorschein, die James Travis mit der berühmten Sorte 'Venus Victrix' gekreuzt hat. Man erkennt die Mutter am steifen, aufrechten Wuchs der Pflanze wieder. Das Laub ist allerdings dunkelgrün. Höhe 1 bis 1,20 m. Die reinweißen Blüten sind ähnlich denen der var. *molinae*, haben aber eine typische Krümmung. Darum ist der Name „Habichtskopf" treffend gewählt. Dieses war die erste reinweiße englische Züchtung und erregte einiges Aufsehen. Sie wurde in Amerika unter der Nr. 1142 registriert.

'Ire' (unbekannt, NL)
Eine in Irland in einer Fuchsienhecke entstandene Magellanica-Hybride von großer Winterhärte. Diese Sorte treibt schon früh im Jahr, ab Anfang April etwa, neu aus und der junge Austrieb muß darum in kalten Nächten mit Minustemperaturen noch etwas abgedeckt werden. Ab Mitte Juni hat der Strauch dann eine Höhe von 80 cm bis 1 m und ist mit Knospen und Blüten förmlich übersät. Die Blüten sind vom *F. magellanica*-Typ, aber kürzer und die Korolle hat ein schöneres Blau.
Das wirklich Bemerkenswerte aber, was 'Ire' von anderen Magellanica-Arten oder Hybriden unterscheidet, ist die außergewöhnliche Verzweigung. Während 'Riccartonii' z. B. sich nur im oberen Drittel der Triebe verzweigt und darum die meisten Blüten auch nur dort erscheinen, beginnt bei 'Ire' die Verzweigung schon am Boden. Jeder Langtrieb bringt aus allen Blattachseln kurze Seitentriebe, die alle mit Knospen und Blüten enden. Die Zahl der Blüten an einem mehrjährigen Strauch ist unvorstellbar. Ein weiterer Pluspunkt ist die schöne, rundliche, sehr dicht belaubte Wuchsform, die sich aus der guten Verzweigung ganz natürlich ergibt.

'Lena' (Bunney 1862, GB)
Zu allen anderen Qualitäten dieser alten englischen Fuchsiensorte kommt auch noch eine gute Winterhärte. Der Wuchs ist locker und buschig, die Höhe etwa 30 cm. Die halbgefüllten Blüten haben eine besondere Form. Tubus und Sepalen sind fleischrosa, die Korolle purpurn, im Verblühen magenta.

'Madame Cornelissen' (Cornelissen 1860, B)
Eine sehr bewährte alte Sorte, die bei ihrem Erscheinen vor 120 Jahren zu den frühen, sensationellen Züchtungen mit weißer Korolle gehörte. Der Strauch wächst steif aufrecht und stark; 80 cm bis 1 m hoch, mit dunklem rötlich-grünen Blatt an den roten Zweigen. Die halb gefüllten, mittelgroßen, rot-weißen Blüten kommen vor diesem Hintergrund besonders gut zur Geltung. Die Sorte blüht allerdings etwas spät.

'Margaret' (Wood 1937, GB, eingeführt 1943)
Kräftiger, aufrechter Strauch von 80 cm bis 1,20 m. Die gute Winterhärte kommt wieder von *F. magellancia* var. *molinae* × 'Heritage'. Die Blüten sind groß für eine winterharte Fuchsie und halb gefüllt. Der Kelch ist leuchtend rot und die Korolle von einem fast reinen Blau mit ganz wenig roter Aderung.

'Mephisto' (Reiter 1941, USA)
Sie wächst aufrecht und etwas sparrig, der Wuchs stammt von der Mutter (*F. lycioides* × 'Mrs. W. Rundle'). Als Freilandpflanze ist sie ausgezeichnet, etwa 60 cm hoch. Die nicht sehr großen, einfachen Blüten erscheinen ununterbrochen in großer Fülle, in Trauben an den Enden der Triebe. Die Blüte ist einfarbig scharlachrot und von klassischer Form.

'Mrs. Popple' (Elliot 1899, GB)
Eine sehr schöne, großblumige, einfache Sorte mit rotem Kelch und blauer Korolle. Sie wird etwa 70 cm hoch und blüht reich und lange.

'Mrs. W. P. Wood' (Wood 1949, GB)
Ein F_2-Sämling von 'Margaret'. Es kommt in Wuchs, Laub und Blütenform ganz deutlich wieder *F. magellanica* var. *molinae* zum Vorschein. Der steife, aufrechte Wuchs, bis zu 1 m hoch, das helle Laub und die weiße, schlanke Blüte sind dazu geeignet, eine geschützte, halbschattige Ecke im Garten zum Leuchten zu bringen. Blühfreudigkeit und Verzweigung dieser Sorte sind wesentlich besser als bei der Art.

'Prosperity' (Gadsby 1970, GB)
Eine gefüllte Sorte mit großen, in Quirlen zu dritt stehenden Blättern. Die Blüten haben einen wächsernen, roten Kelch von fester Substanz und die Korolle ist hellrosa mit dunkleren Adern. Diese Sorte muß besonders geschützt stehen. ('Bishop's Bells' × 'Strawberry Deligt', AFS Nr. 1224)

'Riccartonii' (Young 1830, GB)
Diese am weitesten verbreitete Heckenfuchsie wird oft *F. magellanica* als Varietät zugeordnet, ist aber eine 1830 in Riccarton bei Edinburgh in Schottland aus Samen von 'Globosa' × *F. macrostemma* entstandene Hybride. Sie ist ganz besonders wüchsig und winterhart und kann 1,50 bis 2 m Höhe erreichen. Das kleine Laub ist bronze überzogen. Die zahllosen Blüten sind

denen von *F. macrostemma* ähnlich, aber länger und die Knospen etwas runder.

'Schneekoppe' (Twrdy 1866, D)
Sie wächst im Garten ohne jedes Entspitzen zu einer hübschen, etwa 60 cm hohen Pyramide, die von weitem auffällt. Die halbgefüllten, mittelgroßen Blüten sind sehr hübsch mit rotem Tubus und roten Sepalen, die Korolle ist weiß mit wenig roter Aderung. Auch eine der noch immer guten alten Fuchsien-Sorten.

'Susan Travis' (Travis 1958, GB)
Mit dieser schönen, 70 bis 80 cm hohen, rein rosa Sorte ist dem Züchter ein Durchbruch zu einer neuen Farbe bei den winterharten Fuchsien gelungen. Die kräftig wachsende, gut verzweigte Sorte mit vielen einfachen Blüten von schöner, klarer Form ist einheitlich tiefrosa.

'The Tarns' (Travis 1962, GB)
Diese Sorte hat eine berühmte Mutter, nämlich 'Venus Victrix', die erste Fuchsie mit weißen Sepalen, die 1842 herausgekommen ist. Die buschige Pflanze mit dunklem Laub wird etwa 50 cm hoch. Die Blüten fallen durch sehr lange, schmale, fast weiße Sepalen auf. Die Korolle ist violett und die ganze Blüte mittelgroß (AFS Nr. 1148)

'Thompsonii' (Thompson 1840, GB)
Auch eine Cultivar, das *F. magellanica* als einen Elternteil hat, ist jedoch keine Varietät. Der Strauch wird 60 bis 80 cm hoch und die Blüten sind besonders leuchtend rot-violett. Man sieht in Dänemark in vielen Bauerngärten große, alte Exemplare, die oft über Generationen in der Familie weitergegeben worden sind.

'Tom Thumb' (Baudinat 1850, F)
Ein reizender, gut für den Steingarten geeigneter Zwerg von nur 30 cm Höhe, darum ist der Name „Däumling" gut gewählt. Die zierlichen Blüten haben einen rosaroten Kelch und eine mauve-farbene Korolle. Warum man diese Fuchsie so oft mit *F. pumila* verwechselt hat, ist nur schwer zu verstehen. Vom Aussehen her sind beide sehr verschieden. Auch zum 'General' wird der ohne Zweifel sehr stramme 'Tom Thumb' in der Fuchsienliteratur manchmal befördert. 'General Tom Thumb', eine noch ältere englische Sorte (Bass 1848), wird kurz nach der Einführung in einer englischen Gartenzeitung so beschrieben: einfache Blüte, Tubus und Sepalen weiß mit rosa Rand, Korolle violett. Diese Sorte scheint aber nicht mehr in Kultur zu sein.

'Vielliebchen' (Wolf 1911, D)
Dieser Sorte sieht man die *F. magellanica*-Abstammung noch deutlich an ('Charming' × *F. magellanica* var. *macrostemma*). Sie wird jedoch nicht so hoch wie der Pollenelter und auch die Blütenform- und Farbe sind verbessert. Tubus und Sepalen sind leuchtend rot, Korolle blau, Höhe 60 bis 70 cm. In kleineren Gärten kann man diese Fuchsie gut anstelle der größeren Art pflanzen. Das hübsche Sträuchlein findet überall noch einen Platz.
Zusammenfassend sei noch einmal betont, wie sehr es bei den bedingt winterharten Fuchsien auf den Standort, gute Bodenvorbereitung, Pflanzung und Pflege in den ersten Jahren ankommt. Sind die Fuchsien einmal richtig eingewachsen, lohnen sie die Sorgfalt mit jahrelanger Blüte.
Jedem passionierten Fuchsienfreund ist auch zu empfehlen, eigene Versuche mit anderen, älteren Sorten zu machen. Sehr viele Fuchsien werden noch hart genug sein, um europäische Winter zu überleben.
Ein wichtiges Kriterium bei der Auswahl der bedingt winterharten Fuchsien für Dauerpflanzungen ist ein früher Austrieb. Sind die neuen, kräftigen Triebe nicht Ende April–Anfang Mai mindestens 10 bis 15 cm hoch, ist es besser, den Versuch abzubrechen und die Pflanzen wieder einzutopfen. Unter Freiland-Bedingungen kommen solche Sorten erst sehr spät zum Blühen. Einmal hat man nicht mehr viel von ihnen, was aber schlimmer ist, bei solchen Sorten kann das Holz nicht mehr genügend ausreifen und sie fallen den ersten strengen Frösten zum Opfer.
Ineressant für Freunde der winterharten Fuchsien sind die Züchtungsarbeiten der Gebrüder Tabraham in St. Mary, einer der Scilly-Inseln. Sie züchten mit großem Erfolg neue, winterharte Fuchsienhybriden, die sich seit Jahren selbst im rauhen Nordosten Englands bestens bewährt haben.

Fuchsien als Beetpflanzen

Es wird heute viel von den Fuchsien im Zusammenhang mit der Nostalgiewelle geschrieben. Attribute wie „altmodischer Charme", „Viktorianischer Zauber", „Großmutters Lieblingspflanzen" werden ihnen zugeschrieben. Das trifft alles in gewisser Weise zu. Der nostalgische Charakter der Fuchsie tritt deutlich z. B. in jenen traditionsreichen deutschen Kurgärten hervor, wo weitläufige Beetpflanzungen schon lange üblich sind und einen besonderen Reiz vermitteln. Besonders stilvoll sind in diesem Zusammenhang

In diesem Garten spielen Fuchsien die Hauptrolle.

runde oder ovale Beete, umgeben von Rasen. Diese Wirkung läßt sich durchaus auch im kleineren Hausgarten erzielen. Als Höhepunkt und Leitpflanze stellt man in die Mitte des Beetes einen Hochstamm von mindestens 1,50 m Höhe. Rundherum werden mehrere Stämmchen von etwa 80 cm Höhe gepflanzt und, weil der Kronenumfang entsprechende Abstände erforderlich macht, die Zwischenräume mit in Buschform gezogenen Fuchsien von etwa 60 cm Höhe ausgefüllt. Den nächsten Kreis bilden etwas niedriger bleibende Sorten von 40 bis 50 cm Höhe und als Randbepflanzung folgen Zwergformen mit leicht überhängendem Wuchs. Sehr schön ist auch eine Einfassung mit buntlaubigen Fuchsien.
Alles muß natürlich in Form und Farbe aufeinander abgestimmt sein und sich harmonisch in den Garten einfügen. Beim ersten Versuch empfiehlt es sich, nur solche Sorten zu verwenden, deren Wuchs- und Blüheigenschaften schon gut bekannt sind. Wenn das Beet an einem windgeschützten Platz liegen könnte, käme das besonders den Hochstämmen zugute. Andernfalls können nur Sorten mit sehr biegsamen Zweigen verwendet werden, damit die Krone nicht zu viel Schaden durch den Wind nimmt. Bei relativ dichter Pflanzung geben sich die Stämmchen auch gegenseitig Schutz. Ein solches Beet würde in jedem Garten einen absoluten Höhepunkt bilden und vom Juli bis zum Frost viel Bewunderung hervorrufen.
Geplant müßte dieses Vorhaben schon ein Jahr im voraus werden. Man benötigt schließlich eine ganze Anzahl Pflanzen, die spätestens Ende Mai, zum Pflanztermin, fertig herangezogen zur Verfügung stehen müßten. Jeder wird sich die Farbzusammenstellung natürlich nach seinem eigenen Geschmack und den Gegebenheiten seines Gartens ausdenken. Folgende Aufstellung wäre ein Vorschlag für die Gestaltung eines „rot-weißen Beetes“:

1 'Swingtime' als höchsten Stamm	(1,50 m),
5 'Checkerboard' als Halbstamm	(0,80 m),
5 'Schneekoppe' als Busch	(0,60 m),
25 'Alice Hoffmann'	(0,50 m),
35 'Berliner Kind'	(0,30 m).

Alle diese leuchtend rot-weißen Sorten ergeben ein ausgewogenes Beet mit sehr guter Fernwirkung.
Einen geschwungenen Gartenweg rechts und links mit Hochstämmen in entsprechendem Abstand zu bepflanzen, die wiederum mit farblich abgestimmten Fuchsien in Buschform untermalt werden, könnte man

Als Höhepunkt und Leitpflanze in der Mitte des Beetes ein Fuchsien-Hochstamm.

sich sehr hübsch vorstellen. Vollständige Beete nur mit den verschiedenen Triphylla-Hybriden zu gestalten, wäre ebenfalls eine reizvolle Aufgabe. Je sonniger und geschützter das Beet angelegt ist, um so größer ist jedenfalls der Erfolg.

Zugegeben, es macht im Herbst nicht wenig Mühe, alle Pflanzen wieder einzutopfen. Man kann sich die Arbeit aber erleichtern, indem man die größeren Pflanzen mitsamt ihren Containern in die Erde einsenkt. Sie erreichen dann aber nie jene volle Blütenpracht, die frei ausgepflanzte Exemplare bringen. Es stimmt offensichtlich auch nicht, wenn behauptet wird, das Fuchsien keinen Ballen bilden und sich darum schwer verpflanzen lassen. Ein Hochstamm, der während der Anzucht vorschriftsmäßig immer nur in den nächstgrößeren Topf gepflanzt wurde, hat ein so dichtes Wurzelsystem, daß das Wiedereinsetzen in Töpfe ohne Schaden für die Pflanze vor sich geht. Bleiben bei dieser Prozedur einige der dicken, alten Wurzeln auf der Strecke, schadet das nicht. Sie würden beim Umtopfen im Frühjahr ohnehin geschnitten werden müssen.

Als praktikable, arbeitssparende Zwischenlösung erscheint jene Methode, die in vielen Stadt- und Kurgärtnereien angewandt wird. Dort stehen die Hochstämme und die größeren alten Pflanzen in Draht-

oder Plastikkörben, die den Fuchsien ein Durchwurzeln in das umgebende Erdreich ermöglichen und sich im Herbst, ohne Störung des Wurzelballens, einfach wieder aufnehmen lassen. Wer also Bedenken hat, seine Pflanzen könnten bei der direkten Pflanzung in die Erde leiden oder wer sich die Arbeit vereinfachen möchte, pflanzt von vornherein in Körbe. Bei sehr leichten, sandigen Böden ist es in jedem Fall angebracht.

In Holland ist die Liebe zu Fuchsien sehr weit verbreitet. Das maritime Klima ist für die Kultur dieser luftfeuchtigkeitsliebenden Pflanzen sehr vorteilhaft. Begeisterte, kenntnisreiche Fuchsienfreunde machen die Fuchsien zu gartenbestimmenden Hauptdarstellern. Viel gepflegter Rasen und einige schöne, seltene Gehölze bilden die Kulisse oder die Bühne, auf der die Fuchsien den Sommer hindurch in jeder nur denkbaren Form die Hauptrolle spielen. Solche Gärten sind meist nicht sehr groß und gut gegen den Wind von der See abgeschirmt. Sie haben einen ganz eigenen Zauber, der sich mit Worten nur schwer wiedergeben läßt. Man muß sie gesehen haben.

Erziehung dekorativer Formen

Schon die Wildarten der Fuchsien in der freien Natur haben sehr unterschiedliche Wuchsformen. Buschformen in jeder Höhe, vom Zwerg mit wenigen Zentimetern bis zum Riesen von mehreren Metern Höhe finden sich neben ausgesprochenen Kletterpflanzen oder dem Boden aufliegenden Polstern. Als Eltern der *Fuchsia*-Hybriden haben sie die Vielfältigkeit der Wuchsformen an die heutigen Kultur-Fuchsien weitergegeben. Sehr vereinfacht könnte man diese in aufrecht wachsende Fuchsien und Hängefuchsien einteilen. Zwischen diesen Extremen finden sich alle nur denkbaren Wuchsformen, von graziös gebogenen oder lang überhängenden Zweigen bis zu völlig horizontal wachsenden.

Schon vor mehr als 100 Jahren haben Fuchsiengärtner und Liebhaber erkannt, daß sich die vielfältigen Wuchseigenschaften nutzen lassen, um die Pflanzen zu besonderen, dekorativen Formen zu erziehen. Manche Leute entwickelten in jener Zeit so große künstlerische Fähigkeiten, daß ihr Ruf bis in die heutige Zeit überliefert worden ist, z. B. James Lye und sein Schwiegersohn George Bright. Fotos in alten Fuchsienbüchern zeigen die beiden zwischen ihren 3 m hohen Fuchsienpyramiden. Drei bis vier Jahre sollen sie an diesen Kunstwerken gearbeitet haben. Damit soll aber nicht gesagt werden, daß heutzutage kein künstlerischer Ehrgeiz mehr entwickelt werden soll. Auch heute birgt noch jeder gut bewurzelte Steckling alle Möglichkeiten für eine gestalterische Betätigung in sich. Man muß sich lediglich mit kleineren Dimensionen begnügen. Der kreative Aspekt aber macht die Fuchsienkultur erst richtig interessant.

Einige dekorative Formen, wie Busch, Strauch oder Hochstämmchen, oft auch Kronenbäumchen genannt, sind ohne besondere Mühe zu erziehen. Andere stellen größere Ansprüche an die Geschicklichkeit. Weil die Fuchsien bei guter Kultur schnell wachsen, können alle Formen in einem längstens aber in zwei Jahren fertig herangezogen werden. Das ist ein relativ geringer Aufwand für viele Jahre der Freude, die man an ihnen haben kann.

Am Anfang der Erziehung stehen immer junge, kräftige, gut bewurzelte Pflanzen ausgesuchter und für den speziellen Zweck geeigneter Fuchsiensorten. Die bekanntesten und besonders attraktiven Formen, die sich heranziehen lassen, sind Busch und Strauch, Hochstamm, Pyramide, Säule, Hängefuchsien in Ampeln und Wandampeln, Spaliere, Fuchsien als Kletterpflanzen und Fuchsien als Bonsai.

Wirkungsvolle Pflanzen auf einfache Art

Es wäre zu bedauern, wenn durch die folgenden notwendigerweise ausführlichen Beschreibungen der Erziehung verschiedener Fuchsienformen bei Anfängern der Eindruck entstehen könnte, alles sei sehr kompliziert und nicht zu schaffen. Genau das Gegenteil ist der Fall. In der Praxis, wenn Schritt für Schritt immer zur rechten Zeit die richtigen Dinge getan werden, wird alles viel einfacher erscheinen und manchmal wird ganz plötzlich klar, worauf es ankommt. Je mehr man experimentiert, desto schneller wachsen die Kenntnisse. Wagen und Gewinnen gehören auch in der Fuchsienkultur eng zusammen.

Weil alle einmal angefangen haben und die große Unsicherheit der ersten Schritte nicht vergessen ist, soll zunächst kurz beschrieben werden, wie man auf einfache Art zu wirkungsvollen, dekorativen, höheren Fuchsienpflanzen kommt. Wenn man von einigen wenigen Sorten mit schwacher Konstitution absieht und von den Fuchsien, die von Natur aus nur einen niedrigen Busch bilden, ist die Auswahl an Fuchsien immer noch sehr groß.

Im Oktober bewurzelt man Stecklinge der ausgewählten Sorten.

'Amy Lye',
'Barbara',
'Belle de Spa',

'Daisy Bell',
'Elfriede Ott',
'Flirtation Waltz',
'Little Beauty'

sind oft erprobte Favoriten für diese einfache Wuchsform. Schon im zweiten Topf bekommt der Steckling einen Stab als Stütze und wird von nun an etwa alle 5 cm locker angebunden. Die Triebspitze darf auf keinen Fall beschädigt werden. Die Pflanze soll so natürlich hochwachsen, wie es ihrer Art entspricht. Das heißt, alle Seitentriebe bleiben an der Pflanze. Diese sollte möglichst frei stehen, damit sie sich nach allen Seiten gleichmäßig entwickeln kann. Alle paar Tage wird der Topf mit einer anderen Seite zum Licht gedreht.

Umtopfen in einen größeren Topf, wann immer erforderlich, und häufige Blattdüngung lassen die Pflanze zügig gedeihen. Wenn es auf den Frühling zugeht, sind manche auf diese Art gezogene Fuchsien schon 80 cm hoch. Wenn die Höhe erreicht ist, die man sich vorgestellt hat, wird der Spitzentrieb entfernt und – das ist sehr wichtig – gleichzeitig alle Seitentriebe auf 2 bis 3 Blattpaare gestutzt. Von diesem Moment an braucht man nur noch 6 bis 8 Wochen auf die Blüten zu warten. Es ist erstaunlich, wie schön und groß die Pflanzen in dieser relativ kurzen Zeit geworden sind.

Von diesen hohen, aber schmal gezogenen Fuchsien lassen sich viele auf einem Gewächshaustisch unterbringen. Selbst Fuchsien, die, als Busch gezogen, durch ihren breitausladenden Wuchs viel Platz beanspruchen wie

'Fiona',
'La Campanella',
'Swingtime'

'Mieke Meursing'

werden in dieser Form bescheiden. Den größten Vorteil bringt diese Methode der Erziehung bei Hängesorten mit langen Internodien, die durch ihren unordentlichen Wuchs oft Probleme verursachen. Zieht man die Triebe spiralförmig um den beigesteckten Stab oder bindet sie in kleinen Bögen an, so bilden sie viel mehr Seitentriebe aus und selbst Sorten mit großen schweren Blüten wie

'Aunt Juliana',
'Pink Marshmallow',
'Taffeta Bow'

werden so viele Blüten bringen, wie man sich nur wünschen kann.

Busch und Strauch

Die meisten Fuchsien werden wohl als Busch oder Strauch herangezogen. Von wenigen Ausnahmen abgesehen ist diese Form ohne Mühe zu erzielen. Der Anfänger sollte bei der Anzucht dieser Formen seine ersten Erfahrungen sammeln. Schöne Busch- oder Strauchformen verwendet man zur Bepflanzung von Balkonkästen, für Gartenbeete oder auch als Topfpflanze im Treibhaus. In der Regel benutzt man dafür eine aufrecht wachsende Sorte. Hat der junge Steckling 3 Blattpaare gebildet, wird die Triebspitze mit nur 2 bis 3 der kleinsten Spitzenblättchen abgenommen.

Dieses Entspitzen regt die schlafenden Augen in den Blattachseln der 2 verbliebenen Blattpaare zu schnellem Austrieb an. Schon nach kurzer Zeit hat die Pflanze statt einem 4 neue Seitentriebe gebildet. Diese 4 Triebe werden, wenn sich 3 neue Blattpaare gebildet haben, wieder entspitzt. Nach einigen Wochen existieren 16 Seitentriebe. Fuchsien blühen gewöhnlich an den Spitzen der Triebe. Die Knospen und Blüten kommen aus den oberen Blattachseln. Je öfter man also entspitzt, um so mehr Seitentriebe bildet die Pflanze und um so mehr Blüten sind zu erwarten. Eine 2mal entspitzte Pflanze mit 16 Seitentrieben ist schon schön buschig und man kann es in den meisten Fällen dabei bewenden lassen.

Immerhin dauert es vom letzten Entspitzen bis zum Erscheinen der Blüten bei einfachen Sorten 6 bis 8 Wochen und bei gefüllten Sorten gar 8 bis 10 Wochen. Wie oft entspitzt wird, hängt auch davon ab, wie früh im Jahr mit der Prozedur begonnen wurde. Einzelne

'Deutsche Perle' ▷

Knospen, die sich oft schon früh im Jahr bilden, werden beim Entspitzen immer zugunsten einer späteren Vollblüte mit entfernt. Bei frühem Start und zügiger Kultur kann man viele stark wachsende Sorten bis zu viermal entspitzen. Generell sollte man aber Ende Mai damit aufhören, um ab Mitte Juli eine Vollblüte zu haben. Rein rechnerisch könnte eine viermal entspitzte Fuchsienpflanze, die dann 256 Triebe besitzt, bei vorsichtiger Schätzung von 4 Blüten pro Seitentrieb mit 1024 Blüten aufwarten.

Es soll aber nicht verschwiegen werden, daß nicht alle Fuchsiensorten gleich reagieren. Manchmal treibt nur ein Auge aus statt der erwarteten zwei und schon stimmt die Rechnung nicht mehr. Es ist alles eine Sortenfrage. Man findet auf den Fuchsienausstellungen darum vorwiegend Fuchsien, die positiv auf Entspitzung reagieren. Als positive Beispiele sind die Sorten

'Mieke Meursing',
'Lena Dalton',
'Countess of Aberdeen'

zu nennen. Außerdem gibt es eine ganze Anzahl Sorten, die sich natürlich verzweigen, ohne daß nur ein einziges Mal entspitzt werden muß, z. B.

'Dollarprinzessin',
'Display',
'Ringwood Market'.

Bei manchen Sorten, die starke, kräftige Triebe entwickeln, möchte man meinen, das Aufbinden erübrige sich. Wenn man aber an das Gewicht der Blüten denkt, das die noch biegsamen Triebe im ersten Jahr tragen müssen, ist es doch angebracht, die Zweige zu stützen. Dazu lassen sich die praktischen, in jedem Garten-Center angebotenen, mit Kunststoff ummantelten Drahtbinder verwenden. Sie lassen sich in Form einer losen Spirale um Stab und Zweig legen und dehnen sich beim Stärkerwerden der Triebe. Schäden durch Einwachsen in das Holz sind nicht zu befürchten. Nelkenringe erfüllen den gleichen Zweck.

Die Eigenschaft der Fuchsien, sich natürlich zu verzweigen, weist immer auf eine besondere Vitalität der Sorte hin. Manche Fuchsien haben darüber hinaus noch den Vorzug, aus dem Wurzelballen neu durchzutreiben und dadurch Strauchformen mit mehreren Trieben in einem Topf zu bilden. Diese natürlichen Sträucher eignen sich besonders gut für die Beetbepflanzung im Garten. Fast alle winterharten Fuchsien gehören in diese Kategorie. In der Regel genügt bei diesen starkwüchsigen Sorten ein einmaliges Entspitzen, um reichblütige Sträucher zu bekommen. Buschformen aus Sorten mit überhängendem Wuchs und biegsameren Trieben heranzuziehen, was durchaus möglich ist, erfordert, die anfänglich weichen Triebe durch einen beigesteckten Stab zu stützen. Man sollte versuchen, dazu dünne, möglichst unauffällige Stäbe zu verwenden. Die einmal erreichte Grundform des Busches ist am Ende der ersten Saison völlig verholzt, so daß sie als Gerüst, das sich selbst trägt, im zweiten und weiteren Jahren erhalten bleiben sollte.

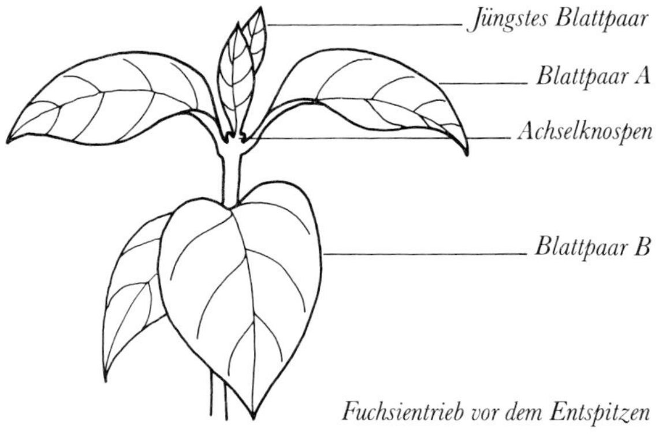

Fuchsientrieb vor dem Entspitzen

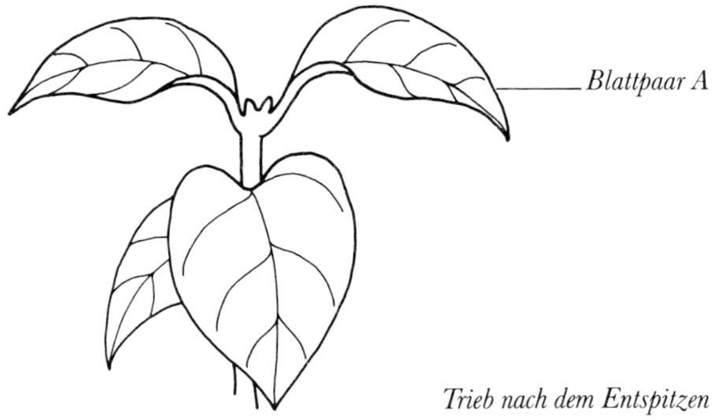

Trieb nach dem Entspitzen

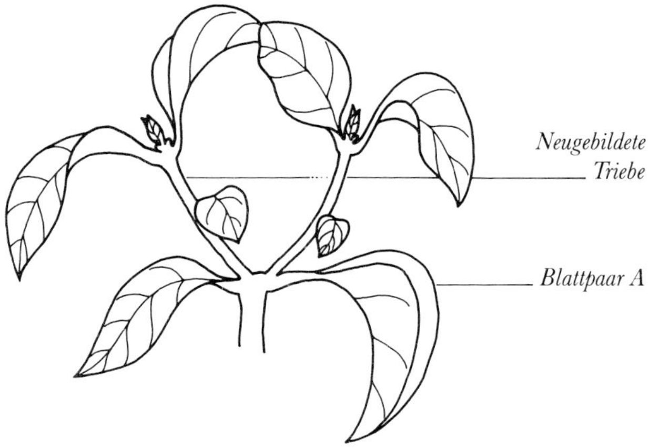

Das Entspitzen ist wichtig für die Formierung einer schönen buschigen Pflanze.

Hochstamm

Der Hochstamm, oft auch Kronenbäumchen genannt, ist wohl die beliebteste und zur Zeit auch die begehrteste Form, eine Fuchsie zu präsentieren. Ein Bäumchen läßt sich schon in einem Jahr zu einer ansehnlichen Höhe erziehen. Es trägt seine Blüten besonders vorteilhaft in Augenhöhe.
Zur Anzucht eignen sich besonders die stark wachsenden Sorten, die ein kräftiges Wurzelsystem ausbilden. Verwendet man eine aufrecht wachsende Sorte, wird die Krone groß und breit und kann im Laufe der Jahre einen beträchtlichen Umfang annehmen. Will man ein Hängebäumchen heranziehen, ist zu einer der hängenden oder leicht überhängenden Sorten zu greifen. Das fertige Bäumchen erscheint dann leichter und lockerer und die Krone bleibt schmaler, weil alle Triebe nach unten wachsen.
Obwohl man mit der Aufzucht zu jeder Zeit beginnen kann, vereinfacht es die Kultur sehr, wenn in der vegetativen Phase begonnen wird; zu der Zeit also, wenn die Fuchsien alle Energie auf das Wachstum verwenden können. Wie in einem folgenden Abschnitt noch zu lesen ist, gehören die Fuchsien vorwiegend zu den Langtagspflanzen. Das bedeutet, daß sie im Kurztag, d. h. im Herbst, Winter und Frühjahr, ihre vegetative Phase haben, in der ausschließlich Triebe und Blätter entwickelt werden. Mit Beginn des Langtages, wenn die Fuchsien 12 bis 14 Stunden Tageslicht bekommen, werden die Knospen und Blüten gebildet. Damit geht die Fuchsie in die generative Phase über, in der es auch zum Fruchtansatz kommt. Diese Phase dient also der Vermehrung und das vegetative Wachstum wird deutlich eingeschränkt wie bei allen anderen Pflanzen auch.
Wenn man im Herbst, etwa ab August, bewurzelte Stecklinge der vorgesehenen Sorten zur Anzucht von Hochstämmen verwendet, so nutzt man den natürlichen Kurztag für das anzustrebende Ziel, einen möglichst hohen Stamm in kürzester Zeit zu bekommen. Wenn aber Stecklinge aus der Frühjahrsvermehrung verwendet werden, ist sehr viel Zeit damit zu verbringen, das künftige Hochstämmchen am Blühen zu hindern.
Die angestrebte Höhe des Bäumchens hängt vom späteren Verwendungszweck und nicht zuletzt auch von der Vitalität und Wuchskraft der ausgesuchten Sorte ab.
Fußstämmchen, in England treffend „table standards" genannt, werden vorwiegend zur Dekoration im Haus herangezogen und sollten deshalb eine Stammhöhe von etwa 30 cm nicht überschreiten. Gut wäre es, wenn für diesen Zweck gleich 2 oder 3 Bäumchen herangezogen würden. Man könnte sie dann im Laufe des Sommers auswechseln. Während eines am vorgesehenen Platz im Haus seine dekorative Aufgabe erfüllt, können die anderen sich im Freien oder im Gewächshaus von der trockenen Luft im Haus erholen.
Die nächste Größe, das Halbstämmchen, sollte etwa 45 bis 75 cm hoch sein. Das ist die ideale Größe für die verschiedenen Verwendungsmöglichkeiten im Garten. Halbstämmchen sind als Mittelpunkt in Fuchsienbeeten oder als Wegbegleiter zu verwenden und bieten dem Wind nicht so viel Angriffsfläche wie ihre größeren Brüder, die eigentlichen Hochstämme mit einer Länge von mindestens 75 cm. Man kann aber durchaus noch höher gehen. Grenzen setzen nur die Vitalität der vorgesehenen Sorte, die Geschicklichkeit und Ausdauer des Gärtners und der gewählte Platz auf der geschützten Terrasse; nicht zuletzt auch der Platz im Überwinterungsraum, denn ein Bäumchen kann viele Jahre alt werden. Dabei darf nicht vergessen werden, daß ein Hochstamm im Verlauf seines Lebens in jedem Jahr noch ein wenig höher wächst. Die Kronenhöhe oder deren Umfang läßt sich zwar durch Rückschnitt regulieren, die Stammhöhe aber nicht mehr.

Formierung des Hochstammes

Der Ausgangspunkt ist wieder ein kräftiger Steckling, der im August spätestens September, bewurzelt sein sollte. Eine ganze Reihe der besonders wuchsfreudigen Fuchsiensorten trägt das Laub in Quirlen zu dritt um den Stamm, im Gegensatz zu den übrigen, an denen die Blätter paarweise einander gegenüber stehen. Man kann den Unterschied besonders gut erkennen, wenn man von oben auf die Jungpflanzen herab sieht. Diese Sorten verzweigen sich dementsprechend dreifach, bilden schnell eine dichte Krone und bringen später auch die dreifache Anzahl Blüten. Einige typische Vertreter dieser Sortengruppe sind

'Beauty of Exeter',
'Checkerboard',
'Margaret',
'Masquerade',
'Mission Bells',
'Mrs. Lovell Swisher',
'Orange van Os',
'Summer Snow',
'The Doctor'.

Wenn bei der Erziehung zur Buschform der Jungpflanze schon bei 3 Blattpaaren die Spitze entfernt wurde, ist bei der Erziehung zum Hochstamm alle Sorgfalt darauf zu verwenden, daß die Spitze nie beschädigt wird. Damit das Bäumchen gerade und aufrecht wachsen kann, bekommt es von Anfang an einen Stab als Stütze und wird immer im Abstand von 5 cm an diesem befestigt. Am besten benutzt man wieder die grünen Drahtbinder mit Kunststoffmantel. Wenn der Stamm im Laufe der Zeit dicker wird, müssen die Bindestellen von Zeit zu Zeit kontrolliert werden, damit sie auf keinen Fall von der Rinde überwachsen werden. Wenn das Anbinden unterlassen wird, wächst die junge Pflanze wie alle Pflanzen zum Licht. Dadurch bekommt der anfänglich weiche Stamm Biegungen, die später im verholzten Zustand unschön aussehen.

Ständige Aufmerksamkeit ist nun dem zügigen, ununterbrochenen Wachstum der Fuchsie zu widmen. Seitentriebe, die sich am Stamm bilden, werden schon kurz nach Erscheinen vorsichtig entfernt, damit sich alle Wuchskraft auf den Haupttrieb konzentrieren kann. Die eigentlichen, zum Stamm gehörigen Blätter müssen aber immer belassen werden, bis sie eines Tages nach Bildung der Krone von selbst abfallen. Es sind die einzigen Blätter, die der Pflanze in dieser Periode zur Assimilation zur Verfügung stehen.

'Checkerboard'

Für zügiges Wachstum braucht das Stämmchen immer einen größeren Topf mit guter, nahrhafter Erde wie im Abschnitt über Substrate beschrieben. Wann immer die weißen Wurzeln den Topfrand erreicht haben, muß in den nächst größeren Topf gepflanzt werden. Dabei muß der Ballen intakt bleiben, um das Wachstum nicht zu verzögern. Wenn man die Pflanze am Tag vor dem etwas kritischen Umtopfen gut gießt, sollte das auch gelingen.

Das laufende Umtopfen hält nicht nur die Stämmchen im flotten Wachstum, es verhindert auch die vorzeitige Blütenbildung, die bei Fuchsien durch eine Beschränkung auf relativ kleine Töpfe gefördert wird. Zu diesem Zeitpunkt würde die Blütenbildung aber das Längenwachstum zunächst stoppen und muß darum verhindert werden.

Während der gesamten Kulturzeit erhält das Stämmchen wöchentlich eine Blattdüngung, die mit der Sprühflasche aufgebracht wird. Alle käuflichen Flüssigdünger sind in den angegebenen Konzentrationen zu verwenden. Sobald gegen Ende Mai kein Frost mehr zu befürchten ist, wird das Stämmchen an einem geschützten Platz im Freien aufgestellt. Die frische Luft und die Witterungseinflüsse tragen zur allgemeinen Kräftigung bei. Es überrascht immer von neuem, welche ungebändigte Wachstumsenergie in manchen Fuchsien steckt, die auf diese Weise eintriebig gezogen werden.

Hat das Stämmchen eines schönen Tages die gewünschte Höhe erreicht, steht es wahrscheinlich schon im endgültigen (für diese Saison) Topf, der bei einem Fußstämmchen etwa 16 cm, bei einem Halbstamm 20 bis 22 cm und bei einem Hochstamm 24 bis 30 cm Durchmesser haben sollte. Beim letzten Umtopfen steckt man einen besonders kräftigen Stab bei, der so hoch ist, daß er in die zu formende Krone hineinragt und diese später vor Windbruch schützen kann. Für die Standfestigkeit der höheren Stämme sind die stabileren und durch ihr Eigengewicht sicherer stehenden Tontöpfe zu bevorzugen. Auch viereckige Plastikcontainer sind in dieser Hinsicht besser als die üblichen, sich nach unten verjüngenden Plastiktöpfe.

Will man die Hochstämme zur Gartendekoration verwenden und die Töpfe zu diesem Zweck in ein Beet einsenken, so kann man den Stab durch das Abzugsloch noch 10 bis 20 cm in den Boden stecken. So steht der Baum absolut fest. Man nimmt diese Sicherung der Stämmchen gegen den Bruch spätestens dann ernst, wenn man nach einem Gewitter das stolze

Der Hochstamm ist die beliebteste Form, um Fuchsien zu präsentieren. ▷

Ergebnis der Arbeit eines ganzen Jahres zerbrochen am Boden liegen gesehen hat. Im ersten Jahr ist die Krone noch verhältnismäßig klein und biegsam. Eine mehrjährige Krone von oft 1 m Durchmesser hat durch die vielen, oft schweren Blüten ein ansehnliches Gewicht, besonders in Regenzeiten.

Die im Herbst in Kultur genommenen Stämmchen müssen auf jeden Fall den ganzen Winter hindurch wachsen, sie dürfen nicht wie andere, ältere Fuchsien eine Ruhezeit durchmachen. Im Gewächshaus ist das einfach. Steht das nicht zur Verfügung, muß man einen hellen Platz im Haus oder in der Wohnung suchen, der nicht zu warm (15 bis 16 °C) ist.

Eines schönen Tages, wann das sein wird, hängt von der beabsichtigten Höhe des Bäumchens ab, kommt der Moment, wo die Spitze entfernt wird. Generell läßt man, wenn die geplante Stammhöhe erreicht ist, noch 3 bis 4 Blattpaare darüber hinauswachsen und entfernt bei diesen die eventuell schon entstandenen Seitentriebe nicht mehr. Aus diesen oberen Trieben soll die Krone des Bäumchens geformt werden. Entspitzen heißt in diesem Fall auch, daß nur die obersten 2 bis 3 Blättchen weich herausgeknipst werden. Danach sollten in den nächsten Tagen und Wochen alle schlafenden Augen der erwähnten 3 bis 4 oberen Blattpaare durchtreiben.

Haben diese neuen Triebe das 3. Blattpaar gebildet, wird aus jedem wieder die Spitze herausgenommen und der weitere Vorgang der Kronenformung geht von nun an so vor sich wie im Abschnitt über Busch und Strauch beschrieben. Im Grunde genommen ist ein Kronenbäumchen nur ein Busch auf einem Stamm.

Man sollte immer versuchen, den Umfang der Krone in ein ausgewogenes Verhältnis zur Stammhöhe zu bringen. Eine winzige Krone auf einem meterhohen Stamm ist ebenso wenig harmonisch wie eine Krone von 60 cm Durchmesser auf einem 30 cm hohen Stamm. Bei der Anzucht von Kronenbäumchen aus steif aufrecht wachsenden Sorten ist es oft vorteilhaft, die unteren Seitentriebe der Krone vorsichtig in eine mehr horizontale Stellung zu bringen bevor sie verholzen. Zu diesem Zweck leitet man die Triebe mit Hilfe von dünnen Bastfäden, die am Hauptstamm befestigt werden, vorsichtig etwas nach unten. Oder man hängt leichte Gewichte an die noch biegsamen Zweige. Eine Wäscheklammer etwa ist praktisch und leicht anzubringen.

Bei allem bisher Beschriebenen wurde immer von robusten, stark wachsenden Fuchsiensorten ausgegangen. Dabei hat mancher gerade eine besondere Vorliebe für die etwas weniger kräftigen Sorten und den Wunsch, die vielleicht besonders schönen Blüten auf einer größeren Pflanze in Augenhöhe zu sehen. Früher hat man in solchen Fällen Stämme von robusten Sorten als Unterlage gezogen und im 2. Jahr, meistens durch Pfropfung in den Spalt, seltener durch Anplatten, die gewünschte Fuchsiensorte auf den Stamm veredelt. Diese Techniken verlangen jedoch sehr viel Übung und gelingen auch nur dann, wenn alle Umstände wie Licht, Wärme und der Zeitpunkt ideal sind. Ohne Gewächshaus wird man selten Erfolg haben. Die Veredlungsstelle bleibt immer ein neuralgischer Punkt und ist oft nicht in der Lage, größere Kronen zu tragen.

Aus diesen Sorten oder aus Hängefuchsien mit nur dünnen Zweigen lassen sich einfacher Hochstämmchen ziehen, die auf eigenen Füßen stehen, wenn man ihnen im ersten Jahr nicht nur die Blätter, sondern zunächst auch die Seitentriebe beläßt, die dann jeweils auf 2 Blattpaare zurückgeschnitten werden. Bei dieser Methode muß man allerdings einen längeren Zeitraum für die Stammbildung einplanen, da in diesem Fall ein Teil der Wuchskraft in die Seitentriebe geht. Das so gebremste Wachstum kommt dem Stamm sichtbar zugute. Die Internodien bleiben kürzer und das kann nur vorteilhaft sein.

Der einzige Nachteil, „wenigstens für Ästheten", liegt darin, daß man später die Seitentriebe mit der Schere vom Stamm entfernen muß. Die Schnittstellen am Stamm bleiben immer als unschöne Punkte sichtbar.

Wieviele Jahre das Hochstämmchen Freude bringt, hängt in erster Linie von der gewählten Sorte ab. Stämmchen von 'Checkerboard', 'Royal Purple' oder 'Deutsche Perle' können 20 Jahre und älter werden. Voraussetzung ist ein guter, frostfreier Überwinterungsort mit Temperaturen von 4 bis 6 °C. Die Stämme müssen in den Monaten November bis Februar wirklich zur Ruhe kommen. Andere Sorten verlieren nach einigen Jahren ihre Vitalität, treiben im Frühjahr immer spärlicher aus und müssen dann durch jungen Nachwuchs ersetzt werden. Einige Sorten, die sich besonders gut zur Erziehung als Hochstamm eignen, sind

'Ambassador',
'Beauty of Bath',
'Beauty of Swanley',
'Bon Accord',
'Brutus',
'Caroline',
'Celia Smedley',
'Claire de Lune',
'Cyril Holmes',
'Earl of Beaconsfield',
'Falling Stars',

'Flying Cloud',
'Forget-me-not',
'Gay Fandango',
'Hidcote Beauty',
'Hindu Belle',
'Igloo Maid',
'Joy Patmore',
'Lena',
'Leonora',
'Lyes Unique',
'Mazda',
'Mrs. W. Rundle',
'Nina Wills',
'Other Fellow',
'Pink Temptation',
'Rufus',
'Sleigh Bells',
'Snowcap',
'Spring Bells',
'Temptation',
'Uncle Charlie'.

Stehen ältere Hochstämme in großen Kübeln, so muß nicht jährlich in völlig neue Erde umgepflanzt werden. Es genügt durchaus, die obere, verbrauchte Erdschicht zu entfernen und durch neue gehaltvolle Erde zu ersetzen. Die Düngung erfordert dann aber besondere Sorgfalt.

Pyramide

Die Pyramide ist die Form, die jeder passionierte Fuchsienfreund als Herausforderung seines Könnens betrachtet und darum früher oder später in Angriff nehmen wird. Nur wer die Fuchsienkultur von A bis Z gründlich beherrscht, die infragekommenden Sorten gut beobachtet hat, ist fähig, diese besonders effektvolle Form zu größter Schönheit und Vollendung zu bringen. Ein Gewächshaus ist in diesem Fall unbedingt erforderlich, denn die Erziehung bis zur fertigen Pyramide dauert 2 bis 3 Jahre. Dazu muß man schon Geduld und Ausdauer mitbringen.
Eine wirklich gut aufgebaute Pyramide sollte von unten bis oben dicht und einheitlich belaubt sein. Kahle Stellen dürfen nirgendwo die Harmonie der Form beeinträchtigen. Zur Anzucht kommen nur reich blühende Sorten mit starkem, aufrechtem Wuchs in Frage. Der Steckling, mit dem man beginnt, muß gerade gewachsen und gut bewurzelt sein. Er bekommt gleich zu Anfang einen starken Stab als Stütze, damit keine Krümmungen im Hauptstamm entstehen. Der wichtigste Punkt, der nie aus den Augen verloren werden darf, ist, die Pflanze kontinuierlich am Treiben zu halten. Jede noch so geringfügige Wachstumsstockung kann zu Mißerfolgen und Enttäuschungen führen. Das bedeutet:
Die Pflanze muß immer zur rechten Zeit in einen größeren Topf umgepflanzt werden, sorgfältig, ohne den Ballen dabei zu zerstören. Wassergaben vorsichtig dosieren, daß die Erde zu jeder Zeit gleichmäßig feucht ist, aber niemals stauende Nässe entsteht.
Die erste Bedingung für das starke Wachstum ist ein gesundes, gut verzweigtes Wurzelsystem. Um das zu unterstützen, wird beim zweiten oder dritten Umtopfen die lange Pfahlwurzel, die gewöhnlich ganz unten im Topf rund um den Ballen wächst, vorsichtig abgeschnitten. Die Wurzeln verzweigen danach besser und durchwachsen gleichmäßiger den gesamten Topf. Die Pflanze sollte einen bevorzugten Platz im Gewächshaus bekommen, wo der Lichteinfall besonders gut ist, aber Schutz vor praller Sonne besteht. Regelmäßiges Drehen des Topfes ist wichtig, damit die Pyramide nicht einseitig zum Licht wächst.

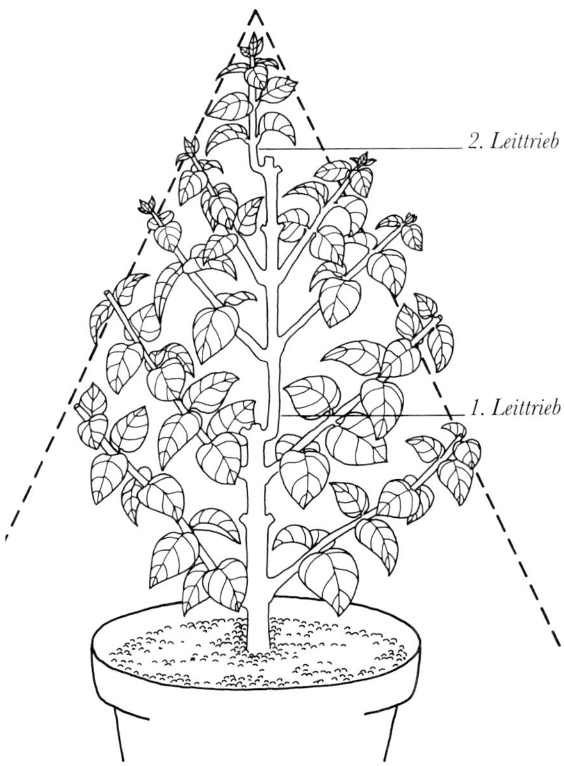

Die Pyramide, eine Herausforderung an das Können des Fuchsienfreundes.

'Mrs. W. Rundle'

Hat der Steckling eine Höhe von 18 bis 22 cm erreicht, die Höhe wird durch die bei jeder Sorte verschieden langen Internodien (Stengelabständen zwischen 2 Blattpaaren) bestimmt, so wird zum ersten Mal entspitzt. Aus den schlafenden Augen werden sich 6 bis 8 Seitentriebe entwicklen. Von den zwei an der Spitze entstandenen Austrieben wird nach einiger Zeit, wenn der kräftigere erkennbar ist, der schwächere entfernt. Der verbleibende Trieb ist nun als neuer Leittrieb anzusehen und muß wieder sorgfältig an den Stab gebunden werden.

Die unterhalb des Leittriebes entstehenden Seitentriebe läßt man wachsen, bis sie 3 kräftige Blattpaare entwickelt haben, dann werden alle gleichzeitig entspitzt. Der aufrecht wachsende Leittrieb und die Seitentriebe werden nie gleichzeitig entspitzt, sondern abwechselnd. Durch das Stoppen der Seitentriebe wird der Leittrieb zu beschleunigtem Wachstum angeregt, das Entspitzen des Leittriebes hingegen regt die Seitentriebe zu einem Wachstumsschub an.

Zu diesem Zeitpunkt wird man versuchen müssen, die unteren Seitentriebe mit Hilfe von Stäben und Bastfäden vorsichtig in eine horizontale Stellung zu bringen. Sie sollen später die Basis der Pyramide darstellen. Wenn sich an diesen unteren Seitentrieben nach dem Entspitzen neue Triebe ausbilden, sollte man jedem Trieb nicht mehr als zwei belassen. Alles andere muß entfernt werden, weil eine Überfülle an Trieben zuviel von der Wuchskraft der Pflanze beanspruchen würde und dadurch das Höhenwachstum bremsen könnte.

Hat der neue Leittrieb 4 Blattpaare entwickelt, wird erneut entspitzt und von den an der Spitze entstehenden neuen Trieben wieder der kräftigste zum Leittrieb ausgewählt. Der Vorgang ist auf der Zeichnung klar erkennbar. Er wird so lange wiederholt, bis die Pyramide die gewünschte Höhe erreicht hat. Wenn die Pyramide vom Topfboden bis zur sich langsam verjüngenden Spitze gleichmäßig belaubt sein soll – das ist anzustreben – müssen die unteren Seitenzweige, die den unteren Durchmesser der Pflanze bestimmen und darum sehr lang werden müssen, besonders beachtet werden.

Die Fuchsiensorten, die überhaupt nur für die Wuchsform einer Pyramide geeignet sind, wachsen immer straff nach oben (negativ geotropisch) entgegen den Gesetzen der Schwerkraft. Zum Unterschied von den Hängefuchsien, die horizontal (diageotropisch) wachsen. Nur die Kascade-Sorten wachsen positiv geotropisch und folgen damit den Gesetzen der Anziehungs-

'Celia Smedley'

Viele halten die Ampel schlechthin für die beste Art, Fuchsien zu präsentieren.

kraft der Erde. Aus diesem Grund müssen die anfänglich weichen, unteren Seitentriebe der aufrecht wachsenden Sorten immer vorsichtig in eine horizontale Lage gebracht werden. Dadurch wird der Saftstrom und die Wuchskraft mehr in die aufrecht wachsenden Triebe der Pflanze geleitet, wo er zunächst auch vordringlich gebraucht wird. Alle Hilfsmittel, die zu diesem Zweck benötigt werden, wie Stäbe und Bast, können später entfernt werden. Durch das Eigengewicht und das Gewicht der Blüten fallen diese Triebe später von selbst in die waagerechte Position.
Bei guter Kultur in gehaltvoller Erde mit wöchentlicher Blattdüngung wachsen die Fuchsien sehr schnell. Gärtner oder Liebhaber mit einem Gewächshaus haben den großen Vorteil, daß sie mit der Kultur einer Pyramide sehr früh im Jahr beginnen können. Eineinhalb Jahre vom Januar bis zum übernächsten Sommer stehen dann zur Erziehung der Pyramide zur Verfügung. Denn auch den Winter hindurch müssen die Pflanzen ohne Ruhezeit immer im Wachstum gehalten werden. Wenn die vielen Triebe, die sich in dieser langen Zeit gebildet haben, im zweiten Sommer zur Blüte kommen – alle Blüten erscheinen gleichzeitig, weil ja alle Triebe immer zur selben Zeit entspitzt wurden – so wird die Pracht der Pyramide beeindruckend sein.

Solide und standfeste Container für Pyramiden zu finden, ist nicht einfach. In einem alten englischen Buch findet sich der praktische Tip, Bleiringe zu gießen und in den Endtopf zu legen, um die Standfestigkeit zu erhöhen. Die Arbeitsanleitung wurde gleich mit dazu gegeben: Man stellt in den größeren Topf umgekehrt einen kleineren und in den verbleibenden Zwischenraum wird das flüssige Blei gegossen. Die Idee ist nachahmenswert und könnte auch heute noch das Problem lösen. Wer es ausprobieren möchte, sollte den Bleiring vorsichtshalber mit Folie umwickeln. Wenigstens solange, bis klar ist, daß das Blei den Wurzeln nicht schadet.
Hat die Pyramide einmal den großen Endtopf durchwurzelt, muß man die Blatt- und Blütenmassen auch ausreichend ernähren. Eine wöchentliche Düngung, abwechselnd mit organischen und anorganischen Düngern, hat sich gut bewährt.
Vor der ersten Winterruhe und in allen späteren Jahren sollte man Pyramiden sorgfältig schneiden und dabei immer darauf achten, die mühsam erzogene Grundform zu erhalten. Während der eigentlichen Ruhezeit müssen die Pyramiden liegend einen Platz im Gewächshaus finden und regelmäßig vorsichtig von einer Seite auf die andere gedreht werden. Diese waagerechte Lagerung gibt den unteren Knospen für den Austrieb im Frühjahr eine bessere Chance. Der Strom der Nährstoffe, der immer direkt in die oberen Triebe der Fuchsien steigt und diese zuerst zum Austrieb bringt, wird dadurch umgeleitet.
Wenn die neue Fuchsien-Saison beginnt, wird die Pflanze wieder aufrecht gestellt. Zu dieser Zeit haben die unteren Triebe in aller Regel schon durchgetrieben und man wird hier kaum nachschneiden müssen. Hingegen müssen die oberen Triebe drastischer zurückgeschnitten werden, um die typische Pyramidenform zu erhalten. Eine Pyramide kann man vielleicht 3 bis 4 Jahre in Form halten, dann wird sie von unten her verkahlen und den Hauptaustrieb nur noch im oberen Teil bringen. Durch geschickten Schnitt kann die Pflanze aber als Kronenbäumchen noch viele Jahre Freude bringen.
Empfehlenswerte Sorten sind

'Abbé Farges',	'Lord Roberts',
'Achievement',	'Marinka',
'Amelie Aubin',	'Molesworth',
'Brutus',	'Mrs. Marshall',
'Cardinal Farges',	'Pink Pearl',
'Cascade',	'Pink Quartet',
'Coachman',	'Royal Purple',
'Constance',	'Santa Cruz',
'Gesäuseperle',	'Sunset'.

Säule

In den Tagen der ersten Fuchsienhochblüte im vergangenen Jahrhundert war die Säulenform, auch „Pillar“ oder „Cordon“ genannt, sehr beliebt und häufig zu sehen. Im Gegensatz zur Pyramide, die von einer breiten Basis zur Spitze immer schmaler wird, muß ein Cordon von unten bis oben, vom Topf bis zur Spitze, gleichmäßig breit, rundherum gleichermaßen belaubt und im fertigen Zustand wie eine über und über mit Blüten besetzte Säule aussehen. Um dies zu erreichen, gibt es zwei Methoden. Für beide benötigt man wieder stark wachsende, aufrechte Fuchsiensorten.
Bei der ersten, der älteren Methode beginnt man mit einem gut bewurzelten Steckling, der nach dem dritten Blattpaar entspitzt wird. Von Anfang an muß der Steckling wieder gestützt und in regelmäßigen Abständen an einen Stab gebunden werden. Die zwei sich nach dem Entfernen des Spitzenvegetationspunktes bildenden Triebe werden von diesem Zeitpunkt an unterschiedlich behandelt. Der rechte Trieb wird wie zu einem Kronenbäumchen hochgezogen. Nur die Blätter bleiben am Stamm. Alle Seitentriebe werden sofort nach dem Erscheinen ausgeknipst. Der linke Trieb wird in Buschform gezogen und alle weiteren Triebe immer nach dem zweiten Blattpaar entspitzt. Die Idee ist, daß die fertige Säule in der oberen Hälfte Blätter und Blüten an einem Hochstamm trägt, in der unteren Hälfte aber an einen Busch bildet, der den kahlen Stamm des Kronenbäumchens überwächst. Wenn alles zusammengewachsen ist, entsteht der Eindruck einer einheitlichen Säule.
Derjenige, der diese Idee zuerst entwickelt hat, muß ein hervorragender Fuchsienkenner und guter Beobachter gewesen sein. Er hat die Pflanze mit den ihr eigenen, ganz speziellen Wuchseigenschaften überlistet. Die manchmal fatale Neigung, die Fuchsien mit vielen anderen Gehölzen gemeinsam haben, neue Triebe von Natur aus nur an den oberen Zweigenden zu bilden, hat er richtig erkannt. Nur durch regelmäßigen Rückschnitt erzielt man gleichmäßig belaubte Pflanzen. Spätestens jetzt wird klar, was mit dieser Methode erreicht werden soll. Sowohl Hochstämme wie Buschformen werden durch jährlichen, drastischen Rückschnitt vital erhalten und immer von neuem verjüngt. Man kann die in Säulenform gezogenen Fuchsien also viel länger in guter Form und blühfreudig erhalten als z. B. die Pyramide.
Zurück zur Kultur der Säule. Durch Anheften am Stützstab werden beide Hauptstämme dicht beieinander gehalten. Hat die linke Seite die gewünschte Höhe

erreicht, ist die rechte Hälfte schon ein gutes Stück darüber hinausgewachsen, weil sie nicht durch Entspitzen am schnellen Längenwachstum gehindert wurde. In der Regel kann man beide Pflanzenhälften zu gleicher Zeit entspitzen. Dann beginnt die Formung der Krone, wie im Abschnitt Hochstämme geschildert, und an beiden Hälften wird durch laufendes Entspitzen der neuen Triebe, je nach Sorte nach dem zweiten oder dritten Blattpaar, die gleichmäßige Säulenform erzogen. Die Pflanzen müssen regelmäßig gedreht werden, damit keine Seite durch Lichtmangel benachteiligt wird. Keinem Trieb wird erlaubt, aus der Säulenform herauszuwachsen, alle müssen von gleicher Länge sein. Wenn man dann, zum Schluß der Formung und Vollendung einer Säule, alle vorhandenen Triebe von oben bis unten, ohne auch nur einen zu übersehen, entspitzt, dieses Mal ohne Rücksicht auf die zu dieser Zeit vorhandenen Blattpaare, werden sich die Blüten an allen Trieben auch zu gleicher Zeit entwickeln und entsprechend zahlreich erscheinen.
Die zweite Methode, eine Säule zu erziehen, ist einfacher und führt auch schneller zum endgültigen Resultat. Man pflanzt von Anfang an 2 Stecklinge einer Sorte dicht beieinander in einen Topf und behandelt diese dann in der bei der ersten Methode beschriebenen Weise. Die Pflanzen, obwohl als eine Einheit behandelt und kultiviert, haben zwei verschiedene Wurzelsysteme. Vitalität und Wuchskraft sind dadurch deutlich größer. Besonders nach der ersten Winterruhe sind die aus 2 Pflanzen gezogenen Säulen zuverlässiger im neuen Austrieb gegenüber den aus einer Pflanze gezogenen.
Der Grund, warum die Methode, Fuchsiensäulen aus einer Pflanze zu ziehen, so ausführlich beschrieben wurde, ist in den Ausstellungsbedingungen der Fuchsiengesellschaften zu suchen. In England z. B. werden als Anwärter auf einen Preis nur die eintriebig gezogenen Säulen zu den Wettbewerben zugelassen. Wenn in Deutschland die Bräuche heute noch nicht so streng sind, kann man doch nicht voraussehen, wie sich diese interessante Seite der Fuchsienkultur hierzulande entwickeln wird. Gute Ansätze, Wettbewerbe zu veranstalten, sind erfreulicherweise schon überall zu sehen.
James Lye, der berühmte englische Züchter der viktorianischen Zeit, war ein großer Meister im Erziehen von Säulen und Pyramiden. Viele seiner Züchtungen sind deshalb gut für diese Arbeit mit Fuchsien geeignet. Säulenpflanzen sind – sollte es beim ersten Versuch mit der Anzucht nicht recht klappen – immer noch als Busch oder Hochstamm zu gebrauchen und keine kostbare Freizeitstunde ist vergeblich investiert.

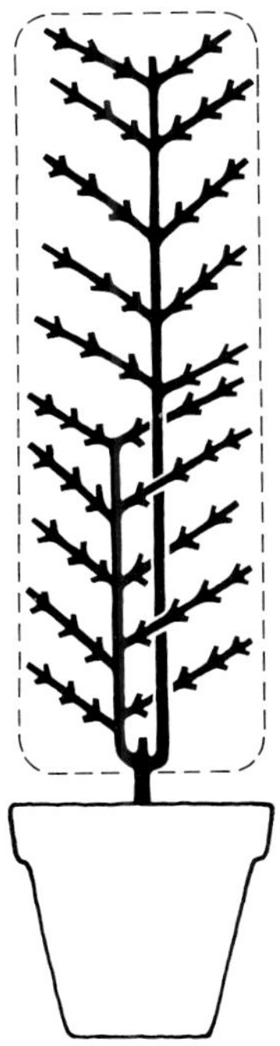

Grundform der Fuchsiensäule, gezogen aus einem Steckling.

Hängefuchsien in Körben und Ampeln

Fuchsien in Körben, Ampeln oder ähnlichen Behältern, die man auf den Balkon, an der Pergola oder im Gewächshaus so aufhängt, daß man die Blüten von unten oder in Augenhöhe von allen Seiten betrachten kann, sind sehr beliebt. Viele Fuchsienenthusiasten halten sie schlechthin für die beste Art, Fuchsien zu präsentieren. Wer einmal in Wisley, dem Garten der Englischen Gartenbaugesellschaft, die herrlichen, wagenradgroßen, vollblühenden Hängekörbe sehen konnte oder im botanischen Garten Bremen gewesen ist, wird ihnen voll zustimmen.
England ist ein Land, das sehr an seinen Traditionen festhält. Darum werden dort für diese Kultur immer noch vorwiegend die mit Spaghnum-Moos ausgefütterten Drahtkörbe benutzt. Sie haben den großen Vorteil, ein geringes Eigengewicht zu besitzen. Heute bietet der Gartenbedarfshandel viele gut geeignete und

geschmackvolle Gefäße an, die auch an Ketten aufzuhängen sind.
Will man sich die ganze Saison an einer Ampelpflanze erfreuen, muß mit der Kultur der ausgewählten Fuchsien schon früh im Jahr begonnen werden. Natürlich eignen sich zu diesem Zweck in erster Linie die hängenden oder leicht überhängenden Sorten. Besonders wirkungsvoll sind Ampeln einheitlich nur mit einer Sorte bepflanzt. Ein Gefäß von 30 cm Durchmesser sollte mit mindestens vier Pflanzen der stark wachsenden Sorten wie

'Fiona',
'Marinka',
'White Spider'
usw.

bestückt werden. Von den schwächer wachsenden, nicht so voluminösen Sorten wie

'Balkonkönigin',
'Pink Galore',
'Postiljon'

nimmt man fünf Pflanzen pro Korb.
Die benötigte Anzahl Stecklinge wird ab Januar in Töpfen vorkultiviert. Sie sollten beim Verpflanzen in die Ampeln oder Körbe die Töpfe gut durchwurzelt haben, die Pflanzen sollten schon mehrmals entspitzt sein und möglichst viele Triebe haben.
Häufig liest man die Empfehlung, hängende Fuchsiensorten nur einmal zu entspitzen und dann frei wachsen zu lassen. Wer sich viel mit Fuchsien beschäftigt hat und die unterschiedlichen Eigenschaften der einzelnen Sorten aus eigener Praxis kennt, wird einen so simplen Rat in dieser generellen Form nicht gelten lassen. Nur wenige Sorten der Hängearten verzweigen sich ausreichend auf natürliche Weise.

'Marinka',
'President Margret Slater',
'Swingtime',
'Temptation'

kann man nach dem ersten Entspitzen getrost sich selbst überlassen. Die meisten Sorten aber, oft die mit den schönsten Blüten, haben lange Internodien und tragen nur wenige Blüten an den Triebenden.
Die Ampel würde dürftig aussehen, wenn wir diese Fuchsien nicht so oft wie möglich entspitzen würden. Nur so erreichen wir viele Blütentriebe und eine rundherum voll belaubte Ampel. Stecklinge von Fuchsiensorten wie

'Boerhave',
'Bouffant',
'Enchanted',
'Lillibet',
'Mantilla',
'Pink Marshmallow',
'Red Jacket',
'Taffeta Bow'

steckt man besser schon im Herbst, um im Mai vieltriebige, vollblühende Pflanzen zur Verfügung zu haben.
Ganz gleich wie viele Pflanzen man in einen Korb setzt, eine davon sollte immer in die Mitte gepflanzt werden, um dem Korb eine gewisse Höhe zu geben. Eine tellerflache Bepflanzung, bei der alle Triebe nur nach unten hängen, sieht nicht gut aus. Da der Wind die freihängenden Ampeln von allen Seiten erreichen kann, ist die Austrocknungsgefahr groß. Darum füttert man Drahtkörbe mit Spaghnum aus und läßt 2 bis 3 cm des Mooses oben sozusagen als Gießrand überstehen. Auch ein Auskleiden mancher Gefäße mit Plastikfolie verhindert ein zu schnelles Austrocknen.
Eine gute Hilfe beim Gießen sind 3 oder 4 kleine Tontöpfchen, die man zwischen die einzelnen Pflanzen in die Erde einläßt und immer mit Wasser gefüllt hält. Durch die feinen Poren des Tontopfes werden die Pflanzen gleichmäßig feucht gehalten. Manche der käuflichen Container haben ein sehr großes Abzugsloch. Dieses verschließt man vor dem Gießen am besten mit einem Korken, solange bis das Wasser das Substrat gut durchtränkt hat. Dann entfernt man den Korken und das überschüssige Wasser kann abfließen. Ist eine Ampel oder ein Korb in trocken-heißen Perioden einmal völlig ausgetrocknet, bleibt nur noch eine Lösung. Man setzt das ganze in einen Eimer Wasser, bis sich alles gründlich vollgesogen hat. Vorsichtige Leute gönnen ihren Hängepflanzen diese etwas aufwendige Erholungskur einmal in der Woche. Fügt man dem Wasser gleich etwas Flüssigdünger zu, so kann man einen Arbeitsgang ersparen.
Wandampeln sind Gefäße, die an einer Seite abgeflacht und schon vom Hersteller mit Aufhängern versehen sind. Sie werden mit Hängefuchsien einer stark wüchsigen Sorte nur einseitig bepflanzt. An Hauswänden, Zäunen oder der Rückwand des Balkons aufgehängt kommen sie gut zur Geltung.

Spaliere

Fuchsien an verschieden geformten Spalieren bekommt man leider nur selten zu sehen. Dabei gibt es viele Sorten mit sehr biegsamen Zweigen, die man eigentlich nur in dieser Form vorteilhaft präsentieren kann. Zu denken ist an Sorten mit viel Laub und großen Blättern, unter dem sich die schönen Blüten oft

völlig verstecken und darum gar nicht zur Geltung kommen.
Spaliere aus Holz oder Plastik kann man in allen nur denkbaren Formen fertig kaufen. Ein etwas geschickter Fuchsienfreund kann auch leicht ein paar dünne Latten zu einem Gitter zusammennageln. Bambusstäbe, mit farblosem Bast fest überkreuz zusammengebunden, sind einfach herzustellende Gerüste. Probleme bestehen eher beim Verankern der Gestelle. Sie werden, wenn sie einmal voll überwachsen sind und die Pflanzen reich blühen, recht schwer und leicht kopflastig. Entweder muß man sie deshalb in größeren Pflanzgefäßen tief in die Erde versenken oder aber, wenn das ganze den Sommer hindurch z. B. einen Balkon oder eine Terrasse verschönern soll, an einer Wand zusätzlich befestigen.
Das Prinzip, das Spalier mit Fuchsien zu bedecken, ist einfach. Eine, besser noch zwei Pflanzen einer Hängesorte von möglichst großer Vitalität, die lange Seitentriebe ausbildet, werden im Haus oder Gewächshaus schon früh im Jahr in Kultur genommen. Sorten wie

'Chang',
'La Neige',
'Miss California',
'South Gate',
'Swingtime'

sind für diesen Zweck besonders gut geeignet. Zwei eintriebig gezogene junge Fuchsien, die nicht entspitzt werden dürfen, setzt man beim Umtopfen aus dem 9-cm-Topf, möglichst dicht zusammen, in einen

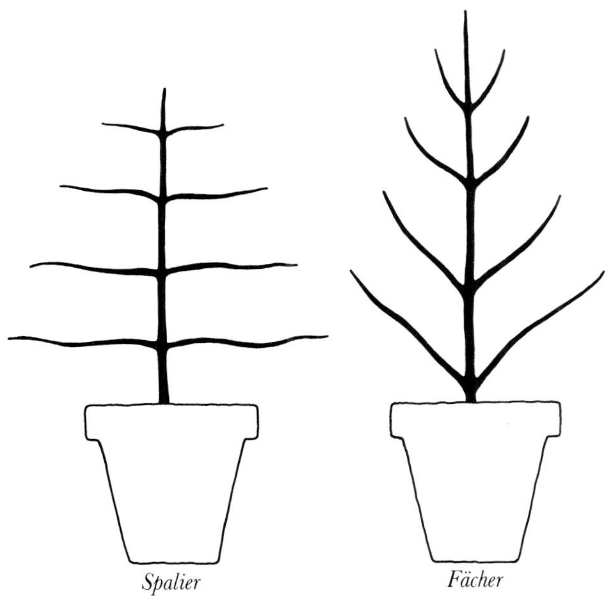

Spalier (links) oder Fächer (rechts) als Erziehungsform sind nur selten zu sehen.

14-cm-Topf. Wenn der 14-cm-Topf gut durchwurzelt ist, die „Zwillingspflanze" ist dann etwa 50 bis 60 cm hoch, pflanzt man sie in den endgültigen Container mit dem vorbereiteten Spalier. Sie wird dicht vor eine senkrechte Strebe gesetzt und an dieser mehrfach lokker befestigt.
Jetzt wird schon deutlich, welche der vorhandenen Seitentriebe an den Querstreben befestigt werden müssen. Die Seitentriebe, die in die Zwischenräume wachsen würden, sind überflüssig und werden dicht am Hauptstamm entfernt. Hat der Hauptstamm die volle Höhe des Gerüstes erreicht, wird er entspitzt. Nun kann die Wuchskraft der Pflanze vollständig in die Seitentriebe strömen. Haben diese die waagerechten Latten des Spaliers in ganzer Länge überwachsen, werden auch sie entspitzt.
An diesen waagerecht gezogenen Trieben entwickeln sich nach dem Entspitzen Jungtriebe. Sie kommen mit großer Vehemenz aus fast jedem Auge. An diesen zahlreichen, kurzen Seitentrieben bilden sich sehr bald Knospen und Blüten, die wie Lampions an einer Schnur aufgereiht aussehen. Ob es möglich ist, diese „Blütenwand" in weiteren Jahren wieder zu der Schönheit wie im ersten Sommer zu bringen, hängt weitgehend von der Vitalität der gewählten Sorte und der Geschicklichkeit des Kultivateurs ab.
Nach der Winterruhe müssen Fuchsienspaliere an allen Seitentrieben bis auf zwei Augen zurückgeschnitten werden. Die Neutriebe werden dann wieder dekorativ auf dem Spalier verteilt.
Bei der Auswahl der Spaliere, an denen sich Fuchsien hochziehen lassen, sind der Phantasie keinerlei Grenzen gesetzt. Die vielseitigen Wuchsformen der Fuchsien machen vieles möglich, wenn man nur die geeigneten Sorten aussucht.

'Berkeley',
'Falling Star',
'Marinka',
'Mephisto'

lassen sich allerhand gefallen. Kräftiger Draht läßt sich zu Kreisen, Bögen, Herzen und selbst in Form einer acht biegen. Das Prinzip der Erziehung ist immer das gleiche wie bei den herkömmlichen Spalieren beschrieben.
Bei runden Formen schafft man ein schnelles Überwachsen, wenn man mit 2 Pflanzen arbeitet und die eine links herum und die andere rechts herum nach oben zieht. Je dichter und voller man die Form zuwachsen lassen will (der Draht sollte nirgendwo zu sehen sein), um so häufiger müssen die Seitentriebe entspitzt und alles neu Entstandene immer möglichst unauffällig an der Grundform oder benachbarten

Zweigen befestigt werden. Man muß immer daran denken, allen Zuwachs möglichst bald zu leiten und anzubinden. Sind Seitentriebe zu lang geworden und beginnen zu verholzen, ist es nicht mehr möglich, sie in die gewünschte Form zu biegen. In jedem Fall sind derartig geformte Pflanzen dazu angetan, die Phantasie zu beflügeln. Wer die nötige Geduld aufgebracht hat, ein solches Kunstwerk zu schaffen, wird immer Bewunderer und Nachahmer finden.

Kletterpflanzen im Gewächshaus

Das Erbgut einiger Wildformen der Fuchsien, das sie befähigt, mit respektabler Kraft und mit Unterstützung anderer Bäume und Sträuchern aus dem diffusen Licht des Waldes nach oben zum Licht zu wachsen, ist in vielen der heute weit verbreiteten Fuchsienhybriden noch latent vorhanden. Diese Fähigkeit läßt sich nutzen, um zu einer dauerhaften Freude an den Fuchsien zu kommen. Voraussetzung ist allerdings ein Gewächshaus und sei es noch so klein.

Als Kletterpflanzen kann man stark wachsende Sorten aus dem gesamten großen Angebot aussuchen. Sowohl aufrecht wachsende, hängende wie auch die mehr horizontal wachsende Fuchsien sind geeignet. Als Beispiel:

'Rose of Castille Improved' oder 'Royal Purple' wachsen aufrecht,

'Daisy Bell' oder 'Muriel' sind Hängesorten,

'Chang' und 'Hidcote Beauty' stehen für die horizontal Wachsenden.

Der dauerhafte Erfolg hängt in diesem Fall in erster Linie von der Sorte ab. Alles weitere ist einfach und inzwischen geläufig. Eine gut bewurzelte, eintriebig gezogene und nicht entspitzte Jungpflanze wird in ein Gewächshausbeet in die Nähe einer senkrechten Verstrebung und nicht all zu weit vom Glas entfernt gepflanzt. Da diese Pflanze viele Jahre auf dem gleichen Platz stehen soll, muß selbstverständlich die Erde im Grundbeet besonders sorgfältig vorbereitet und mit organischen Düngern oder Langzeitdüngern angereichert sein. Je früher im Jahr diese kräftige Pflanze – es kommt sehr auf einen guten Wurzelballen an – zur Verfügung steht, um so länger ist die Freude schon in der ersten Saison.

Mit allen Mitteln wird der erste Trieb an der Seitenstrebe und weiter in die Dachschräge hochgezogen und in entsprechenden Abständen je nach Gewächshaustyp entweder mit Bindern unter den Befestigungsschrauben, an einer eigens für diesen Zweck angebrachten plastikumsponnenen Wäscheleine oder an Draht befestigt. Bei Draht sollte man die ummantelten Sorten verwenden, die in der hohen Luftfeuchtigkeit nicht rosten.

Häufige Blattdüngung und Entfernen der Seitentriebe wie bei der Erziehung zum Hochstamm lassen die Pflanze erstaunlich schnell in die Höhe wachsen. Der allgemeinen Pflege ist die ganze Aufmerksamkeit zu schenken. Eine Wachstumsstockung stellt den Erfolg in Frage. Scheint die Wuchskraft nachzulassen, ist es durchaus erlaubt, den Leittrieb zu stutzen und von den 2 entstehenden neuen Trieben den kräftigsten weiter hochzuziehen. Es kommt nicht so sehr auf einen makellosen Stamm an.

Von dem Augenblick an, wo die Pflanze in die Dachschräge gewachsen ist, werden die Seitentriebe nicht mehr entfernt. Sie sollen ja schon im ersten Sommer blühen. Seitentriebe können aber immer nach 2 bis 3 Blattpaaren entspitzt werden. So erhöht sich die Anzahl der Blüten beträchtlich. Viele Fuchsienliebhaber werden zustimmen, daß die besondere Schönheit der Einzelblüte in Form und Farbe von unten oder in Augenhöhe betrachtet ein besonderes Erlebnis ist. Die Kletterfuchsie blüht freudig fast das Jahr hindurch. Unabhängig von allen Witterungseinflüssen, vor Kälte und Wind geschützt, blüht sie viel länger als ihre im Freien wachsenden Artgenossen. Oft entfernt man die letzten Vorjahrsblüten noch mit dem Rückschnitt im Frühjahr. Dann werden alle Seitentriebe wieder auf 2 bis 3 Augen zurückgeschnitten.

Wichtig ist im Frühling, rechtzeitig zu schattieren. Die jungen Austriebe mit den zarten, empfindlichen Blättchen, so dicht unter dem Glas gezogen, werden schnell von den oft schon intensiven Sonnenstrahlen geschädigt oder gar verbrannt.

Viele Fuchsienarten mit schönen, eleganten Blüten wachsen, wenn sie ständig im Topf gehalten werden, nur im Anfangsstadium relativ ordentlich und verholzen dann schnell. Manche blühen auch nur am zweijährigen Holz. Freunde dieser Wildformen können ihre Favoriten als Kletterpflanzen frei wachsend zu größter Vollendung bringen. *F. fulgens, F. fulgens* 'Rubra Grandiflora', *F. boliviana* und ihre Varietäten *luxurians* und *luxurians* 'Alba' zeigen im Grundbeet, wo ihre kräftigen Wurzeln frei und völlig unbeschränkt wachsen können, erst richtig, welche Vitalität in ihnen steckt.

In den relativ kleinen Gewächshäusern wird man bei den heutigen Heizungskosten auch bestrebt sein, jedes Fleckchen optimal zu nutzen. Die Kletterfuchsien bringen Farbe an die Stellen, die selten oder nie ausgenutzt werden würden.

Fuchsien im Kleingewächshaus

Den stillen Wunsch, sich eines Tages ein Gewächshaus anzuschaffen, trägt mancher lange Zeit mit sich herum. Wie in den vorhergehenden Abschnitten schon beschrieben, kann man Fuchsien mit großem Erfolg durchaus ohne Gewächshaus kultivieren. Doch es bleibt immer das Problem der Überwinterung in den oft zu warmen Wohnungen oder Kellerräumen. Dieses Problem zumindest stellt sich nicht mehr, wenn sich der Wunsch endlich realisiert hat.

Bevor man sich zum Kauf oder Eigenbau eines nicht gerade billigen Gewächshauses entschließt, sollte man sich über die künftige Nutzung im klaren sein. Soll es nur zur Überwinterung schon vorhandener Fuchsien dienen oder gehen die Ambitionen weiter? Sollen auch Jungpflanzen über den Winter herangezogen werden oder träumt man schon von Kronenbäumchen und anderen dekorativen Fuchsienformen?

Für die Überwinterung genügt ein Haus, das sich gerade eben frostfrei (etwa 3 bis 5 °C) halten läßt. Ein temperiertes Haus mit einer Durchschnittstemperatur von 10 bis 15 °C hingegen bietet sehr viel mehr Möglichkeiten. Die vergleichsweise niedrigen Temperaturen, die eine Fuchsienkultur erfordert, haben nicht zuletzt zu einer deutlichen Fuchsien-Renaissance beigetragen. Wer kann es bei der zunehmenden Energieverknappung noch verantworten, ein Warmhaus mit einem hohen Bedarf an Energie zu betreiben? Vom strapazierten Geldbeutel ganz zu schweigen. Die Fuchsien sind auch in dieser Hinsicht ideale Pflanzen. Stattet man das Gewächshaus mit Doppelverglasung oder Stegdoppelplatten aus, sogar eine Dreifach-Verglasung wird heute angeboten, so bringt das noch eine weitere nicht zu unterschätzende Einsparung. In wenigen Jahren haben sich die höheren Anschaffungskosten durch die Energieeinsparung amortisiert.

Für welchen Gewächshaustyp oder für welche Größe man sich beim Kauf entscheidet, hängt natürlich von unseren Erfordernissen und Ansprüchen ab. Angeboten wird heute alles vom kleinen „Do it yourself"-Modell bis zum vollautomatisch gesteuerten Luxushaus. Der Markt ist in seiner Typenvielfalt kaum noch überschaubar. Man tut also gut daran, sich auf den großen Ausstellungen oder in den Katalogen der Hersteller vor dem Kauf gründlich zu informieren.

Wenn die Entscheidung für ein bestimmtes Kleingewächshaus gefallen ist, erhebt sich die Frage nach dem besten Standort? Ideal in mehrfacher Hinsicht ist ein Platz direkt beim Wohnhaus. Weite Wege bei Wind und Wetter bleiben erspart und der Anschluß an die Versorgungsleitungen von Heizung, Strom und Wasser ist einfacher und billiger zu erstellen. Von allen möglichen Heizungstypen ist der Anschluß an die im Wohnhaus vorhandene Zentralheizung besonders kostengünstig. Eine thermostatische Steuerung der Heizung bringt eine weitere Einsparung.

Nach Möglichkeit sollte ein Gewächshaus für Fuchsien in Nord-Süd-Richtung erbaut werden, so daß die Längsseiten nach Osten und Westen gerichtet sind. Die Morgensonne und die milden Strahlen der Nachmittagssonne können voll genutzt werden; die Hitze der Mittagszeit aber wird vom Schatten des Wohnhauses gemildert. Auch ein entfernter stehender Baum könnte in der heißesten Zeit des Sommertages leichten Streuschatten spenden, wenn man diesen in seine Überlegungen einbeziehen würde.

Besondere Bedeutung kommt bei der Fuchsienkultur im Gewächshaus den Schattiervorrichtungen zu. Trockene Hitze, die an heißen Tagen unter Glas schnell entsteht, muß mit allen Mitteln verhindert werden. Hier liegt überhaupt das größte Problem. Ein Gewächshaus zu heizen, also im Winter warm zu halten, ist eine reine Frage der Technik und der Kosten. Im Sommer aber bei hohen Außentemperaturen die kühl-feuchte Atmosphäre zu schaffen, die Fuchsien für ein gutes Gedeihen unbedingt benötigen, ist weitaus schwieriger. Außen angebrachte Schattierungen, ob mit Rohrmatten oder Schattierfarbe, sind wirksamer als solche im Innern des Hauses. Letztere führen eher zu einem Hitzestau, jedenfalls in den kleineren Häusern. Praktisch sind Gewächshäuser auf einem erhöhten Fundament. Die dadurch gewonnene Höhe erlaubt es, einige Körbe mit Hängefuchsien im Giebel aufzu-

hängen, ohne die Bewegungsfreiheit im Haus zu sehr einzuschränken.
Ein Gewächshaus, das auf offenem Boden steht, ermöglicht eine Kultur der Pflanzen auch unter den Tischen. Gleichzeitig trägt die Verdunstung aus den Grundbeeten zu größerer Luftfeuchtigkeit bei.
Die Inneneinrichtung wie Tische, Hängeborde usw. wird nach den jeweiligen Wünschen und Erfordernissen zusammengestellt. Das Angebot an Fertigteilen oder Zubehör ist vielfältig.
Ein unerläßliches Muß sind mehrere ausreichend große Fenster und Lüftungsklappen. Ideal sind zwei einander gegenüber liegende Türen. Nichts befördert heiße, stehende Luft schneller und wirksamer aus dem Haus als ein Durchzug. Sind zwei Türen nicht vorgesehen, sollte man die Kosten für einen Ventilator, der in die der Tür gegenüberliegenden Giebelwand eingebaut werden muß, nicht scheuen. Es ist erstaunlich, wie schnell ein paar Sonnenstrahlen, selbst im Winter, die Temperatur im Glashaus in die Höhe treiben. Man spricht in diesem Zusammenhang vom „Glashauseffekt". Die eingedrungene Wärme bleibt für eine Weile im Innern des Hauses eingeschlossen und wird nur ganz allmählich an die kühlere Außenluft abgegeben.
Darum gehört ein Thermometer, am besten in Minimum-Maximum-Ausführung, zur Erstausstattung eines Gewächshauses. Ein Hygrometer, der die relative Luftfeuchtigkeit, die bei der Fuchsienkultur eine so große Rolle spielt, anzeigt, ist in einfacher Ausführung für wenig Geld zu haben. Was darüber hinaus an arbeitersparenden Geräten, vom elektrischen Luftbefeuchter bis zur vollautomatischen Bewässerungsanlage, angeschafft werden soll, entscheiden allein die finanziellen Möglichkeiten. Die Technik ist sicher sehr nützlich und beruhigend für Menschen, die tagsüber ihrem Beruf nachgehen müssen und keinen „Ersatzgärtner" in der Familie haben. Im allgemeinen wird man es aber vorziehen, selbst den „Wettermacher" im Gewächshaus zu spielen und die Fuchsien mit eigener Hand zu versorgen.
Endlich ist der Tag gekommen, das Gewächshaus ist fertig eingerichtet und die Pflanzen können einziehen. Alle Probleme scheinen gelöst, die Pflege der Fuchsien wird ein Kinderspiel. Die Pflanzen leben sichtbar auf, sie haben es warm und feucht und erhalten genügend Licht von allen Seiten. Bald wird man aber feststellen, daß es auch unter Glas Probleme gibt. Das gute Gedeihen der Pflanzen hängt nach wie vor allein von unserer Umsicht, Sorgfalt und der Bereitschaft ab, zur rechten Zeit das Richtige zu tun. Die Bedingungen, unter denen Fuchsien optimal gedeihen, sind inzwischen bekannt. Auf den Gewächshaustischen stehen die Pflanzen in Töpfen, Jungpflanzen oft in sehr kleinen Töpfen, die schnell austrocknen. Im Sommer bedeutet das häufiges Gießen. Die Arbeit wird leichter, wenn man auf dem Tisch eine 2 bis 3 cm dicke Sandschicht aufbringt. Der Sand wird ständig feucht gehalten und die dadurch entstehende Verdunstungskühle tut den Pflanzen gut. Im Handel gibt es Kapillar-Matten aus Kunststoff-Fasern zu kaufen, die ein Vielfaches ihres eigenen Gewichts an Wasser speichern können. Stehen die Töpfe auf der Sandschicht, müssen sie häufig gerückt werden, damit die Wurzeln nicht im Sand festwachsen. Bei den Kunststoff-Matten besteht diese Gefahr nicht im gleichen Maße. Sowohl Sandschicht wie Matten werden auf Folien aufgebracht, damit das Wasser nach oben verdunsten, nicht nach unten weglaufen kann.
Alle Sämlinge oder Stecklinge stehen ohnehin nicht frei auf dem Tisch, sondern eingefüttert in feuchten Torf in eigenen Behältern. Styroporkisten eignen sich besonders gut für diesen Zweck.
Weil Fuchsien trockene Hitze übelnehmen, bereiten die heißen Sommertage dem Gewächshausbesitzer manchmal Probleme. Klettert das Thermometer im Haus über die 25 °C-Marke, heißt es, wachsam zu sein. Schattieren allein genügt nicht mehr. Mit der Druckspritze werden nicht nur die Pflanzen, sondern auch das Glas, Tische, Töpfe und Stellagen eingenebelt. Wasser auf dem Boden im Gang verschüttet erzeugt, wenn es verdunstet, die erwünschte Kühle. Fenster und Türen stehen weit offen und beschleunigen die Abkühlung. Bleibt es tagelang heiß, bleibt nur der Umzug der Fuchsien unter einen Baum im Garten.
Zum Glück sorgen hohe Temperaturen dafür, daß am Abend die Pflanzen wieder abgetrocknet sind. Eine wichtige Gärtnerregel besagt nämlich, daß Pflanzen niemals mit nassem Laub in die Nacht gehen sollen. Sprühen und Gießen erfolgt bei normalen Temperaturen immer morgens oder wenigstens in der ersten Tageshälfte, wenn nicht ein Befall durch *Botrytis* oder andere Schadpilze herausgefordert werden soll.
Haben die Fuchsien erst Knospen und Blüten angesetzt – unter Glas sind die Blüten viel größer und die Farben leuchtender und reiner als im Freien – so ist zu versuchen, bei den Maßnahmen zur Erhöhung der Luftfeuchtigkeit die Blüten nicht direkt zu treffen. Wasserflecken und braune Stellen würden die Schönheit der Blüten doch sehr beeinträchtigen. Stellt man blühende Pflanzen zusammen und deckt sie vorsichtig mit einer dünnen Folie ab, so profitieren sie von der Kühle ohne direkt angesprüht zu werden.

Das zweite Problem erwächst aus der Tatsache, daß nicht nur die Pflanzen die besseren Lebensbedingungen unter Glas zu schätzen wissen, sondern leider auch verschiedene pilzliche oder tierische Schädlinge. Meist erscheinen sie als Folge von Kulturfehlern (s. Abschnitt „Krankheiten, Schädlinge und ihre Bekämpfung"). Unter den günstigen Umständen im Gewächshaus ist ihre Vermehrungsrate derartig hoch, daß nur Wachsamkeit und sofortige Bekämpfung vor Schaden bewahren können. Vorbeugen ist insofern besser als heilen.

Manche Schwierigkeiten bereitet sich der Fuchsienfreund durch seine Begeisterung selbst. Es gibt viele Fuchsiensorten, eine noch schöner als die andere, und viele sind inzwischen käuflich. Durch die jahrelange Arbeit der Mitglieder der Fuchsiengesellschaften ist das Angebot bei deutschen Gärtnern reicher geworden. Gelegentlich bekommt man Stecklinge geschenkt, tauscht mit Freunden Sorten aus oder bringt die allerneuesten Fuchsien von Auslandsreisen mit nach Hause. Kurz und gut, die Sammlung wächst sehr schnell und die Anzahl der kultivierten Pflanzen übersteigt bald unsere Möglichkeiten.

Im Gewächshaus stehen die Pflanzen nun Topf an Topf viel zu dicht beieinander. Aus Mangel an Licht werden sie „langbeinig" und weil die Luft zwischen den Pflanzen nicht frei zirkulieren kann, breiten sich *Botrytis* und Rost aus. Weniger wäre in manchen Fällen mehr. Gibt man den Pflanzen den notwendigen Lebensraum, so wachsen sie breit und kompakt auf starken, weniger pilzanfälligen Trieben.

Eine andere Versuchung liegt in der leichten Vermehrbarkeit der Fuchsien. Wer bringt es übers Herz, schöne kräftige Stecklinge, die immer wieder anfallen, auf den Kompost zu werfen. Anfänger, aber nicht nur diese, verfallen einer nur noch als Vermehrungssucht zu nennenden Aktivität. Es ist auch immer von neuem ein Erfolgserlebnis, aus einer kleinen Triebspitze in kurzer Zeit eine neue Pflanze zu ziehen. Wenn man Fuchsienfreunden mit diesen Jungpflanzen eine Freude bereiten will, ist das ein anerkennenswertes Motiv. Zu Überfüllung und drangvoller Enge im Gewächshaus sollte das aber niemals führen.

Fuchsienkultur im Kalthaus

Ein Kalthaus mit minimalen Heizungskosten kann bei guter Planung für die Fuchsienkultur vielseitig genutzt werden. Es wird bei 3 bis 5 °C eben noch frostfrei gehalten und erfordert in Durchschnittswintern an manchen Tagen gar keine Heizung. Nachts wird es mit Hilfe eingebauter Thermostate auf diesen niedrigen Werten gehalten. Die Heizung ist meist schon beim Einbau entsprechend ausgelegt worden. Der Besitzer eines Kalthauses sieht dieses in erster Linie als Überwinterungsraum für seine Fuchsien und andere nicht winterharte Kübelpflanzen an. Ab Februar, wenn die Tage länger werden und die Sonne uns wieder zu höheren Temperaturen im Gewächshaus verhilft, können schon Aussaaten gemacht werden.

Die Fuchsien haben ihre Ruhezeit beendet und zeigen dies durch neuen Austrieb an. Stecklinge, die so früh im Jahr von den ersten jungen Austrieben abgenommen werden, wachsen bis zum frühen Sommer zu vieltriebigen, blühfähigen Pflanzen heran, denn die Wuchsenergie aller Pflanzen ist im Frühling bekanntlich besonders stark.

Die niedrigen Kalthaustemperaturen würden allerdings eine rasche Bewurzelung der Fuchsienstecklinge unmöglich machen. Hier kommt wieder die Technik zur Hilfe. Es gibt praktische und zweckmäßige Vermehrungsbeete zu kaufen. Sie sind einfach konstruiert und bestehen aus einer Plastikwanne mit einem glasklaren Deckel. Den „warmen Fuß", den Stecklinge und Aussaaten im relativ kühlen Gewächshaus nicht finden, erhalten sie durch ein in Sand verlegtes elektrisches Heizkabel. Ein Thermostat hält die Temperatur konstant auf der eingestellten Höhe. Ein derartiges Vermehrungsbeet findet auf jedem Gewächshaustisch Platz. Versierte Bastler kaufen nur das Heizkabel mit Thermostat und bauen sich selbst ein Vermehrungsbeet nach den jeweiligen Tischmaßen. Eine Folienabdeckung sorgt dafür, daß Stecklinge und Sämlinge vor unerwünschter Verdunstung geschützt sind. So hat man ein kleines Warmhaus im Kalthaus. Die zusätzlichen Stromkosten sind minimal und fallen kaum ins Gewicht.

Das temperierte Gewächshaus

Eine im Kleingewächshaus gehaltene Tagestemperatur von 12 bis 16 °C bietet dem Fuchsienliebhaber alle Möglichkeiten. Die Nachttemperatur kann ohne Schaden für die Pflanzen auf 6 bis 10 °C abgesenkt werden. Im Herbst abgenommene Stecklinge wachsen ohne Stockungen zu kräftigen Jungpflanzen heran. Man kann den Winter hindurch oft entspitzen und erreicht dadurch eine viel größere Zahl von Blütentrieben. Hochstämme, Pyramiden und andere große Pflanzen, auch die als Kletterpflanzen im Grundbeet gezogenen

Fuchsien, können schon im Herbst in Form geschnitten werden. Die auch hier wünschenswerte Ruhezeit besteht darin, zeitweilig sparsamer zu gießen. Ein Teil des Laubes bleibt der Pflanze somit erhalten und der Wachstumskreislauf wird nicht total unterbrochen. Ein neuer Durchtrieb erfolgt schon früh im Jahr mit dem Resultat, im Mai vollblühende Pflanzen zur Dekoration von Haus und Garten zur Verfügung zu haben, während die im Wohnhaus oder im Kalthaus überwinterten Pflanzen erst viele Wochen später wieder blühfähig sind.
Ob Kalthaus oder temperiertes Haus, eines sollte man sich klarmachen, wenn Heizenergie gespart werden soll: Beim Kalthaus kann der Thermostat konstant auf 5 °C stehen, beim temperierten Haus auf 12 bis 15 °C. Alles was darüber hinaus geht, ist nicht erforderlich; es nützt den Pflanzen nicht und ist darum verschwendet. Bei 5 °C kommen die Pflanzen wirklich zur Ruhe und treiben erst zur rechten Zeit wieder voll aus. Temperaturen über 15 °C im temperierten Haus führen bei den Jungpflanzen während der lichtarmen Jahreszeit zu überlangen, weichlichen Trieben, die immer besonders anfällig für Krankheiten sind.

Langtag, Kurztag

Je nach ihrer Herkunft und den eingekreuzten Elternsorten benötigen Fuchsien zur Bildung der Blütenknospen unterschiedliche Tageslängen, d. h. die photoperiodische Reaktion ist von Sorte zu Sorte verschieden.
Bei Fuchsien ist zwischen Langtagpflanzen, fakultativen Langtagpflanzen und indifferenten, tagneutralen Pflanzen zu unterscheiden.
Für Langtagpflanzen beträgt die kritische Tageslänge 12 bis 14 Stunden. Nach wenigstens 5 Langtagen wird die Knospenbildung ausgelöst. In unseren Breiten stellt sich diese Tageslänge etwa um den 20. März ein. Sind die Knospen induziert, dauert die Entwicklung bis zur offenen Blüte bei einfachen, ungefüllten Sorten 6 bis 8 Wochen und bei stark gefüllten Sorten 10 bis 12 Wochen.
Zur Gruppe der Langtag-Fuchsien gehören Sorten wie beispielsweise

'Cottoncandy',
'Hollydale',
'Lord Byron',
'Marinka',
'Swingtime',
'Tom Thumb'.

Andere Fuchsien gehören in die Kategorie der fakultativen (qualitativen) Langtagpflanzen. Sie blühen das ganze Jahr über, also auch im lichtarmen Kurztag des Winters, erfahren jedoch im Langtag eine deutliche Förderung der Blüte. Beim Einräumen vor dem Frost sind die Blüten spärlicher, die Einzelblüte auch kleiner und die Farben nicht mehr so intensiv.
Indifferente, tagneutrale Fuchsiensorten blühen unabhängig von der Tageslänge und dem jeweils vorhandenen Licht im Sommer und im Winter, wenn ihnen die erforderlichen Temperaturen von 12 bis 15 °C angeboten werden. Tagneutral sind vorwiegend die *Fuchsia*-Triphylla-Hybriden und die an ihrer Entstehung beteiligten Arten *F. triphylla, F. fulgens, F. boliviana* var. *luxurians* und var. *luxurians* 'Alba'. Sorten wie 'Gartenmeister Bonstedt', 'Traudchen Bonstedt', 'Mantilla', 'Elfriede Ott', 'Trumpeter' oder 'Stella Ann' blühen unaufhörlich den ganzen Winter hindurch bis zum Frühling. Wenn man in dieser Zeit Stecklinge zur Vermehrung benötigt, hilft nur ein radikaler Rückschnitt und selbst dann kommen die ersten kleinen Blattpaare der neuen Austriebe oft schon wieder mit fertigen Blütenanlagen zum Vorschein. Auch andere Botanische Arten wie *F. boliviana* var. *boliviana, F. splendens, F. cordifolia* sind tagneutral und darum gute Winterblüher im Gewächshaus. Ebenso die Sorten, die von *F. denticulata* abstammen wie 'Dominyana' oder 'Fanfare'. In jeder Fuchsiensammlung sollten daher einige dieser Arten und Sorten vertreten sein. Sie verlängern das „Fuchsienjahr" um einige Monate.
Im Kurztag, bei weniger als zwölf Stunden Licht, haben Fuchsien ihre vegetative Wachstumsphase. Alle Wuchsenergie wird zur verstärkten Trieb- und Blattbildung, zum eigentlichen Pflanzenaufbau, aufgewendet. Interessant sind Versuche, die Adolf Otto in Wolbeck 1966 durchgeführt hat. Es wurden 13 Fuchsiensorten in einem Frühbeetkasten im Juni ausgepflanzt und später, vom 1. bis 31. August täglich in der Zeit von 17 bis 8 Uhr verdunkelt. Bis auf eine Sorte ('Deutsche Perle') hörten die Fuchsien Mitte September auf zu blühen und trieben kräftig durch. Der künstlich verordnete Kurztag hatte die Pflanzen wieder in die vegetative Phase zurückversetzt. Heute machen Gartenbaubetriebe, die Fuchsien in großen Mengen vermehren, sich diese Erkenntnisse zunutze. Sie verdunkeln im August die Mutterpflanzen und haben dadurch später eine reichere Ausbeute an Stecklingsmaterial.
Andere Untersuchungen haben ergeben, daß Stecklinge, die von Fuchsien in der vegetativen Phase geschnitten wurden, eindeutig schneller bewurzelten.

Alle diese Faktoren spielen im Erwerbsgartenbau natürlich eine große Rolle. Der Liebhaber wird in der Regel die wenigen Stecklinge, die er im Herbst machen will, auch ohne solche Maßnahmen finden können.

Blüteverfrühung durch Belichtung

Seit Wissenschaftler die Möglichkeit entdeckt haben, Pflanzenkulturen durch Belichtung oder Verdunkelung zu steuern, wird davon in der gärtnerischen Praxis viel Gebrauch gemacht. Besonders weit verbreitet ist die Steuerung der Chrysanthemen, die man das ganze Jahr hindurch blühend kaufen kann. Durch zusätzliche Belichtung wird der Kurztag zum Langtag oder umgekehrt durch Verdunkelung der Langtag zum Kurztag. Die Beleuchtungsindustrie hat dafür spezielle Leuchtstoffröhren und Lampen entwickelt, die nur jene Spektralfarben zur Wirkung kommen lassen, die für das Wachstum und die Blütenbildung der Pflanzen erforderlich sind. Auf dem Gebiet der Fuchsienkultur gibt es erst einige Untersuchungen über dieses interessante Gebiet.
1960 veröffentlichten R. H. Sachs und C. F. Bretz von der University of California die Ergebnisse ihrer umfangreichen Untersuchungen mit Fuchsien unter Kunstlicht im RHS-Journal (Jahrgang 85, Heft 11) und fanden großes Echo in der Fuchsien- und Gartenpresse. Sie experimentierten mit 20 Fuchsiensorten in verschiedenen Entwicklungsstadien, um herauszufinden, ob und wie Fuchsien auf Kunstlicht reagieren und welche Belichtungsdauer zur Blüteverfrühung führt. Gearbeitet wurde bei allen Sorten mit im Kurztag herangezogenen zweimal entspitzten Fuchsien in 10 bis 12-cm-Töpfen. Zuerst wurden Lichtmessungen zum Vergleich im Freien im natürlichen Langtag vorgenommen. An einem klaren, unbewölkten Sommertag wurden mittags 80000 bis 100000 Lux gemessen, im Schatten waren es immer noch 10000 Lux. An einem hellen Wintertag ergaben die Messungen bei wolkenlosem Himmel 5000 Lux. Von diesen erstaunlichen Lichtwerten ausgehend wurde mit Lampen von großer Lichtintensität gearbeitet.
Man fand heraus, daß bei einer Belichtung unter 5000 Lux die Knospenentwicklung ausblieb. Zur Knospeninduktion sind mindestens 5, besser aber mehr Langtage erforderlich. Zu den 8 Stunden Tageslicht wurden in der Nacht 4 Stunden Kunstlicht gegeben. Von den 20 untersuchten Kultivaren blühten 16 bei diesem 12 Stunden Langtag, unter anderem 'Whitemost', 'Swingtime', 'Sleighbells', 'Flirtation', 'Amapola', 'Dark Eyes', 'Alice Kling', 'Bernadette', 'Dollarprinzessin', 'Jack Shahan', 'Pink Jade' und 'Lord Byron'. Die Knospenbildung fand bei Temperaturen zwischen 10 bis 26 °C statt. Bis zur vollen Blüte wurde bei 21 bis 26 °C weiterkultiviert.
Für den Amateur mit einem etwas wärmer betriebenen Gewächshaus dürfte es interessant sein, mit seinen Fuchsien weitere Experimente anzustellen. Nicht alle Sorten reagieren gleich gut auf die Steuerung und es wäre wünschenswert, wenn noch viel mehr – auch repräsentative Versuche – besonders mit den von Natur aus spätblühenden Sorten gemacht würden. Der Erwerbsgärtner könnte unter Kunstlicht nicht nur die Blüte ausgesprochen spät blühender Sorten verfrühen und damit auch diese „Sorgenkinder" zur gewohnten Fuchsien-Verkaufszeit blühend auf den Markt bringen, er könnte auch ganze Vermehrungssätze durch Belichtung verfrühen.

Praxis der Belichtung*
(nach Hans Ganslmeier)

Man beginnt etwa 9 Wochen vor dem beabsichtigten Blühtermin. Die Pflanzen sollten schon im Endtopf stehen und über der letzten Stutzstelle 3 bis 5 cm lange Triebe besitzen. Da die Intensität des natürlichen Tageslichtes die Ausbildung der Knospenanlagen beeinflußt, sollte frühestens Anfang Februar mit dem Belichten begonnen werden. Die Belichtungsstärke liegt bei 100 bis 120 Lux bei Glühlampen von 20 bis 25 Watt je m^2. Belichtungsdauer je Nacht beträgt im Februar 4 Stunden, im März 3 Stunden jeweils ab 22 Uhr. Nach Vince-Prue (D, 1977) wird durch Glühlampen das Streckungswachstum bei Fuchsien stark gefördert. Es sind besser Leuchtstoffröhren für die Belichtung zu verwenden. Diese enthalten einen geringeren Anteil an dunkelrotem Licht und wirken daher nicht fördernd auf die Internodienstreckung. Obwohl bereits wenige Langtage eine Induktion hervorrufen, ist über eine Dauer von 4 Wochen Licht zu geben, um auch an den nachfolgenden Trieben einen Blütenansatz zu bekommen. Es hat sich dabei bewährt, nach 2 Wochen Belichtung 5 bis 10 Kurztage einzuschieben oder an den Wochenenden nicht zu belichten, weil unter Kurztagsbedingungen die Bildung

---

* Zu diesem Thema erschienen auch Beiträge von Prof. Dr. Karl Zimmer, Hannover: „Zum Blühen von Fuchsien" (Deutscher Gartenbau 7, 1978), „Nachtunterbrechung fördert Blühen bei Fuchsien" (Gartenwelt 12, 1973), „Über die photoperiodische Reaktion von Fuchsien" (Gartenwelt 12, 1964).

vegetativer Seitentriebe in den Blattachseln angeregt und dadurch die Pflanze buschiger wird. Ein anschließendes nochmaliges Belichten für die Dauer von 2 Wochen erzeugt auch noch Knospen an den kleinen, seitlichen Austrieben. Die Temperatur sollte während der Belichtungszeit nachts nicht unter 15 °C liegen.
Eine Tagestemperatur von 18 bis 20 °C beschleunigt die Weiterentwicklung der Knospenanlagen. Nach dem 25. März herrscht natürlicher Langtag und die Belichtung kann eingestellt werden.

Der Pflanzenkeller

Was seit einigen Jahren in Amerika mit viel Erfolg praktiziert wird, nämlich einen Raum im Haus zum Gewächshaus umzufunktionieren, sieht man in Deutschland nur in wenigen Ausnahmefällen. Speziell für die Belichtung von Pflanzen entwickelte Leuchtstoffröhren oder Lampen machen das heute möglich. Seit Kohlenkeller und andere Vorratsräume leerstehen, sind Partykeller und Bastelräume in Mode gekommen. Warum soll man also nicht auch den Fuchsien im Keller oder auf dem Dachboden eine Bleibe schaffen? In Pflanzenvitrinen und Blumenfenstern, die wenig Tageslicht bekommen, werden schon lange mit gutem Erfolg Leuchtstoffröhren installiert, um die Beleuchtung zu verbessern.
Der folgenden Beschreibung, wie man einen leerstehenden, kleinen Keller mit Hilfe von Kunstlicht für die Fuchsienkultur einrichten kann, liegt eine Idee zugrunde, die vor Jahren während eines Umzugs mehr aus der Not geboren worden ist. Was anfangs nur als Provisorium gedacht war, hat sich in der Praxis als so gute Lösung herausgestellt, daß es nur zur Nachahmung empfohlen werden kann.
Vier für die Belichtung von Pflanzen geeignete Leuchtstoffröhren (z. B. Osram Fluora L, 1,50 m lang, 65 W), mit Reflektoren zur besseren Lichtausbeute, werden an einem rechteckigen Gestell (1 × 1,60 m) im Abstand von 20 cm befestigt und in der vorgeschriebenen Weise angeschlossen. Das Gestell wird mit Hilfe stärkerer Ketten an die Decke gehängt. Ketten sind notwendig, um den Abstand zwischen Beleuchtungskörpern und Pflanzen variieren zu können. Wann immer die Pflanzen ein Stück in die Höhe gewachsen sind, wird auch das Gestell einige Kettenglieder höher gehängt. Die Pflanzen stehen zusammen auf einem Tisch unter dem Beleuchtungskörper, wobei der Abstand zwischen Pflanzen und Leuchtstoffröhren immer 25 bis 30 cm betragen sollte.

Im oben genannten „Provisorium“ sind auch alle weiteren Voraussetzungen für eine erfolgreiche Fuchsienkultur gegeben. Ein kleines Fenster steht Tag und Nacht offen und wird nur in Frostnächten geschlossen. Die Tür liegt dem Fenster genau gegenüber und hat unten einen 1 cm breiten Spalt, der einen ständigen Luftaustausch gewährleistet. Durch die Wärmestrahlung der Leuchtstoffröhren beträgt die Temperatur am Tag fast immer 13 bis 15 °C. Sie sinkt in der Nacht zwar um einige Grade ab, aber nie soweit, daß man heizen müßte. Niedrige Temperaturen sind bei der Kultur von Fuchsien unter Kunstlicht besonders wichtig. Wenn es zu warm ist, wachsen die Pflanzen zu schnell und entwickeln schwache Triebe mit langen Internodien. Bei steigenden Temperaturen werden auch Knospen und Blüten vorzeitig abgeworfen. Hohe Stickstoffgaben sollten aus dem gleichen Grund vermieden werden. Vorbeugende Behandlung gegen tierische Schädlinge,vor allem aber gegen *Botrytis* bewahrt vor unliebsamen Überraschungen.
Den ersten Winter nach dem Umzug mußten auch die winterharten Fuchsien in Töpfen und unter Kunstlicht verbringen. Sie sollten bis Ende Mai so stark werden, um einen Platz in dem neuen Garten beziehen zu können. Unter dem intensiven Licht der Röhren färbten sich die Blätter von *F. magellanica* ‘Variegata’ und *F. magellanica* ‘Tricolor’ zu ungeahnter Schönheit aus. Sorten wie ‘Autumnale’ und ‘President’ hatten rubinrote leuchtende Blätter. ‘Golden Marinka’, ‘Tropic Sunset’ oder ‘Genii’ waren selten schön. Alle Arten und Sorten behielten diese besondere Ausfärbung im heißen Sommer 1976 auch später im Garten bei, während sie in den darauffolgenden nassen und kühlen Sommern mit wenig Sonne nur einen blassen Abglanz dieser Schönheit zeigten.
Blühende Fuchsien waren in diesem ersten Winter im Keller noch selten, weil die Kultur mit ganz jungen Pflanzen begonnen wurde. Es blühten ab Ende Februar die Sorten ‘Golden Dawn’, ‘Mrs. Marshall’, ‘Citation’, ‘Violet Gem’ und ‘General Monk’. Ende März begannen ‘Fascination’, ‘Mrs. W. Rundle’, ‘Brutus’, ‘Wood Violet’, ‘Flying Cloud’ und ‘South Gate’ zu blühen. Als Anfang März die vielen überwinterten Hochstämme mit dem Austrieb begannen, wurden noch zwei weitere Leuchtstoffröhren fest an der Decke montiert. Die Stämme waren bis zu 1,50 m hoch und der Abstand von 30 cm zum Licht sollte eingehalten werden. Die Kronenbäumchen trieben durch das immer gleichmäßige Licht und die wärmenden Strahlen aus jedem Auge, selbst aus mehrjährigem Holz, kräftig aus. Viel reicher belaubte und dichtere Kronen waren das Resultat, das ohne Kunstlicht in vorherge-

Ein einfaches Gestell mit Leuchtstoffröhren für den Pflanzenkeller.

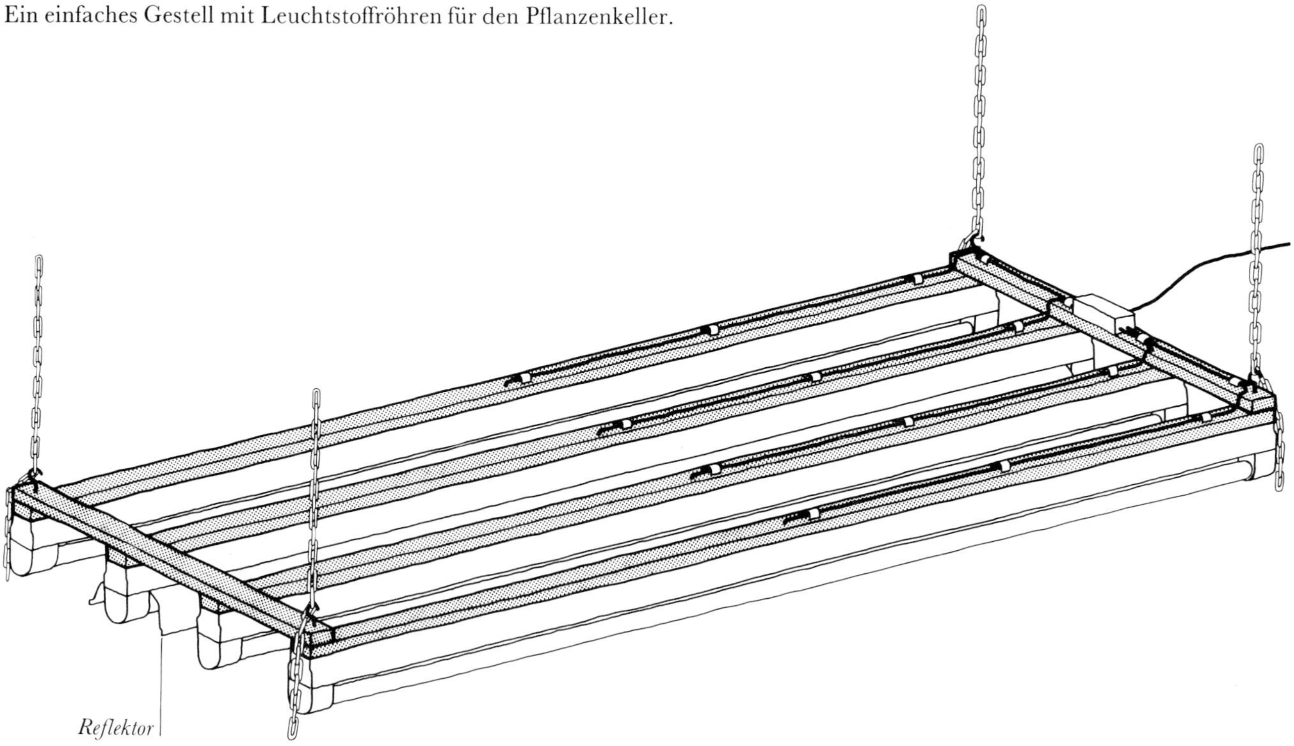

gangenen Jahren nie erreicht worden war. In späteren Jahren, als das Gros der Fuchsien wieder in einem Gewächshaus Platz fand, waren im Keller auch gezielte Versuche mit ausgewählten Fuchsiensorten zur Blüteverfrühung unter Kunstlicht angestellt worden.

Für repräsentative Versuche mit einer großen Anzahl Pflanzen einer bestimmten Sorte reicht natürlich der beschränkte Platz eines Kellers nicht aus. Für die einfache Fuchsienkultur unter Kunstlicht wurde ausgehend von 8 Stunden im Januar mit den länger werdenden Tagen auch die Dauer der Belichtung gesteigert. Im Februar wurden 10 Stunden, im März 12 Stunden und dann bis zum Mai 14 Stunden ununterbrochen belichtet.

Das Programm bei den Versuchen sah etwas anders aus. Voraussetzung für eine verfrühte Blüte unter Kunstlicht ist bei den meisten Sorten eine ausreichende physiologische Reife. Es wurden Anfang Oktober zur Knospeninduktion 8 Tage lang 14 Stunden Licht gegeben und danach täglich 12 Stunden ununterbrochen beleuchtet. Mit Hilfe einer Zeitschaltuhr wurde ab 22 Uhr noch einmal 4 Stunden Zusatzlicht gegeben. Im Dezember erschienen die ersten Blüten und zu Weihnachten standen 'Countess of Aberdeen', 'Estelle Marie', 'Bon Accord', 'Claire de Lune' (mit besonders gut ausgefärbtem Laub) und 'Amelie Aubin' in voller Blüte. Die gefüllten Sorten 'Bernadette', 'Fascination', 'Kiwi', 'Stanley Cash', 'White King', 'Papa Bleuss' blühten 4 Wochen später ab Ende Januar. Die Farben der weiß-blauen Sorten waren von einem so reinen Weiß und so klaren Blau, wie man es unter natürlichen Lichtverhältnissen nie erlebt. Interessant ist vielleicht noch die Tatsache, daß die Pflanzen in einigen sehr kalten Nächten ohne Schaden ununterbrochen belichtet wurden. Die Nachttemperatur darf nämlich nicht unter 13 °C absinken, wenn sich die Knospen zügig zur Vollblüte entwickeln sollen. Abschließend sei gesagt, daß die Kultur von Fuchsien im Gewächshaus bei natürlichem Licht oder alternativ im Wohnhaus bei künstlichem Licht eines gemeinsam haben: Sie verlängern und steigern die Freude an Pflanzen gerade in den Wintermonaten, wenn man oft mehr Freizeit hat und sich intensiv mit ihrer Pflege befassen kann.

Abhärtung der Fuchsien

Die meisten Fuchsien, die unter Glas oder Kunstlicht herangezogen werden, sollen nach den Eisheiligen, wenn die Nachtfrostgefahr vorüber ist, ins Freie, um Balkone, Terrassen und den Garten zu schmücken. Damit die Pflanzen durch den Wechsel vom geschützten Platz zum rauheren in der freien Luft keinen Schaden nehmen, müssen sie für 10 bis 14 Tage eine Übergangsphase durchmachen, d. h. systematisch abgehärtet werden.

Im Gewächshaus bleiben in dieser Zeit die Fenster auch in der Nacht weit geöffnet. Häufigeres Übersprühen mit klarem kalten Wasser macht das Laub härter und widerstandsfähiger. Wenn die Pflanzen dann endgültig ins Freie kommen, müssen sie unbedingt – das ist ganz besonders wichtig – weiter abgehärtet werden. Man bringt die Pflanzen zu diesem Zweck erst für 1 bis 2 Wochen auf einen schattigen, windgeschützten Platz am besten an der Nordseite des Hauses. Pflanzen, die eine solche Abhärtungsphase nicht durchgemacht haben und ohne Übergang sofort dem vollen Licht, das im Freien viel intensiver ist als unter Glas, ausgesetzt werden, erleiden Schäden am Laub und werden dadurch auch allgemein in ihrer Entwicklung weit zurückgeworfen. Die schon starke Maisonne verursacht Verbrennungen, wenn sie auf das Laub unvorbereiteter Pflanzen trifft.

Oft ist in unseren Breiten der April schon mild und schön. So kann in manchen Jahren bereits etwa Ende April mit der Abhärtung begonnen werden. Besondere Vorsicht ist aber in den Nächten geboten. Sinken die Temperaturen in der Nacht sehr ab, sollte man zum Schutz eine leichte Folie über die Pflanzen legen.

Fuchsien für Ausstellungen

In Ländern wie den USA, England oder Holland sind Fuchsiengesellschaften mit großen Mitgliederzahlen schon viele Jahre tätig. Jährliche Ausstellungen mit dem Ziel, immer mehr Menschen auf die dankbaren und schönen Fuchsien aufmerksam zu machen, gehören zum festen Programm. Was Worte und Bücher mit Bildern und ausführlichen Beschreibungen nicht vermögen, eine Ausstellung mit besonders gut kultivierten, reichblühenden Fuchsien zieht viele Menschen in ihren Bann. Andererseits ist es für die Mitglieder Verpflichtung und faszinierende Beschäftigung zugleich, besonders schöne Fuchsien in allen denkbaren Wuchsformen für die Ausstellung heranzuziehen und miteinander in Wettstreit zu treten. Mit dieser Motivation bringen Fuchsienfreunde große Leistungen zustande. Darüber hinaus fördern Medaillen und Preise den Wettbewerb.

Hierzulande steht man in dieser Hinsicht zwar noch am Beginn, aber erste Versuche waren vielversprechend für kommende Jahre. Ausstellungsexemplare müssen höheren Anforderungen genügen und verlangen eine besondere Kultur. Sind spezielle Aufgaben vorgeschrieben, und das ist meistens der Fall, wird man sich besonders bemühen müssen, diese zu erfüllen.

Kultur

Es kommen 3 Methoden, Fuchsien für eine Ausstellung heranzuziehen, in Frage. Man nimmt entweder im frühen Jahr Stecklinge ab und zieht daraus einjährige Pflanzen. Oder es werden mehrjährige, überwinterte Fuchsien im Spätwinter zurückgeschnitten, in neue Erde gesetzt und weiterkultiviert. Eine dritte Möglichkeit, Fuchsien nach der 2-Jahres-Methode zu kultivieren, hat sich für Ausstellungspflanzen am besten bewährt und ist den beiden ersten überlegen.

Zweijährige Fuchsien sind Pflanzen, die man erst im zweiten Jahr zur Blüte kommen läßt, in diesem Fall im Jahr der Ausstellung. Sie haben also 2 ganze Vegetationsperioden für ihre Entwicklung zur Verfügung und werden entsprechend stattlich mit vielen Blütentrieben.

Früh im Jahr, etwa Ende Mai oder Anfang Juni, werden Stecklinge abgenommen. Sie sind zu dieser Zeit besonders kräftig und wuchsfreudig. Große Stecklinge mit wenigstens 3 vollausgebildeten Blattpaaren sind vorteilhaft und werden einzeln in 7-cm-Töpfen bewurzelt. In dieser Jahreszeit ist die Bewurzelung ohne zusätzliche Bodenwärme möglich und dauert nur 14 Tage. Die Weiterkultur den Sommer hindurch wird, wie im Kapitel Vermehrung beschrieben, durchgeführt. Es wird immer rechtzeitig in den nächstgrößeren Topf verpflanzt, ohne den Ballen zu beschädigen und die Pflanzen möglichst im Freien an einem hellen Platz herangezogen. Daß jeder Trieb den ganzen Sommer hindurch nach jedem zweiten Blattpaar entspitzt wird, verhindert die Blüte, die erst im nächsten Jahr erwünscht ist. Alle Wuchskraft wird auf den Aufbau einer großen, kräftigen, vieltriebigen Pflanze konzentriert.

Beim Einräumen im Oktober sollten die Pflanzen im 12-cm-Topf stehen (maximal). Sie werden den Winter hindurch in den Monaten November, Dezember und Januar zwar nicht stark wachsen, sollen aber auch keine ausgesprochene Ruhephase durchmachen. Durch sparsames Gießen wird der Topf immer nur gerade so feucht gehalten, daß die Blätter nicht abfallen. Zur Kultur ist allerdings eine Mindestemperatur von 5 bis 8 °C erforderlich.

Ende Januar–Anfang Februar, wenn die Tage länger werden, mehr Licht und manchmal schon die ersten Sonnenstrahlen das neue Wachstum stimulieren, wird die Pflanze in neue Erde umgetopft. Im Gegensatz zu den Fuchsien, die eine komplette Winterruhe durchgemacht haben, werden sich bei den 2jährig gezogenen viele junge, weiße Faserwurzeln zeigen. Das Umtopfen muß darum entsprechend vorsichtig geschehen. Es wird nur so viel von der alten Erde des Topfballens entfernt, daß die Pflanzen im nächst kleineren Topf

Platz finden. Sie werden also vom 12-cm-Topf zunächst in einen 10-cm-Topf zurückgesetzt, um das Wurzelwachstum kräftig anzuregen. Von diesem Zeitpunkt an verläuft die Kultur wie bei allen anderen Methoden auch.
Wann immer die Fuchsien im neuen Topf eingewurzelt sind, darf gedüngt werden. Vorzugsweise ist Dünger mit einem hohen Stickstoffanteil zu verwenden. Zwischenzeitlich wird auch über die Blätter gedüngt, wobei keine Dünger verwendet werden, die Blattflekken verursachen könnten.
Der Schädlingsbekämpfung muß besondere Aufmerksamkeit gelten. Ein Ausstellungsexemplar wird nicht nur nach der Anzahl seiner schönen Blüten, sondern wohl eben so sehr nach gesundem, unbeschädigten Laub und harmonischer Form beurteilt.
Die laufende Entspitzungsprozedur ist natürlich sehr wichtig. Je mehr Triebe, desto mehr Blüten werden die Pflanzen am Tag der Ausstellung aufweisen. Ob man nach jedem zweiten Blattpaar entspitzt oder schon nach jedem ersten vollausgebildeten, hängt von der Sorte ab. Sehr wichtig ist, daß rechtzeitig vor dem Ausstellungstermin das Entspitzen beendet wird. Bei einfachen Sorten dauert es 8 bis 10 Wochen vom letzten Entspitzen bis zur Vollblüte, bei gefüllten 10 bis 12 Wochen. Insofern muß die Arbeit ganz gezielt auf den Termin der Ausstellung abgestimmt werden. Von dem Moment an, wo die ersten Knospen zu sehen sind, sollte auch nicht mehr umgetopft werden. Von diesem Zeitpunkt an wird wöchentlich einmal mit einem kalibetonten Volldünger (N:P:K = 6:8:12) gedüngt.
Die meisten Wuchsformen, auch Hochstämme und Ampeln, können durch diese 2jährige Kultur zu vollendeten Ausstellungsexemplaren herangezogen werden. Alle Sorten mit kurzen Internodien und relativ kleinem Laub eignen sich besonders gut. Nur einige aus dem großen Angebot sind

'Countess of Aberdeen',
'Heidi Ann',
'Lady Isobel Barnett',
'Lena Dalton',
'Mieke Meursing',
'Pink Darling',
'Plenty',
'Tom Thumb'.

Der einzige Nachteil der 2jährigen Kultur ist der, daß die Pflanzen sehr groß und ausladend werden und darum viel Platz beanspruchen. Sie müssen aber genügend Raum erhalten, damit sie sich frei und makellos nach allen Seiten entwickeln können. Wieviel Bewunderung werden aber diese großen Pflanzen am Tag der Ausstellung hervorrufen!

Nach einer Liste im Bulletin der AFS ist die Zeit, die eine Fuchsie vom letzten Entspitzen bis zur Vollblüte benötigt, abhängig von Licht und Wetter, aber auch von den Eigenschaften der einzelnen Sorten. Dazu die folgende Übersicht:

'Abbé Farges'	6 Wochen
'Bon Accord'	9 Wochen
'Dorothea Flower'	6 Wochen
'La Campanella'	8 Wochen
'Lakeside'	9 Wochen
'Marinka'	8 Wochen
'Mr. Rundle'	7 Wochen
'Mrs. L. Swisher'	7 Wochen
'Thalia'	10 Wochen
'Tom Thumb'	8 Wochen
'Upward Look'	9 Wochen

Sollen oder müssen Ausstellungspflanzen aus überwinterten, mehrjährigen Beständen genommen werden, ist es wichtig, daß man die vorgesehenen Pflanzen rechtzeitig, wenigstens aber 24 Wochen vor dem Ausstellungstermin, wieder hell und warm aufstellt und zum Austrieb bringt. Rechnet man für die Zeit vom ersten Austrieb über das Schneiden und Umtopfen etwa 3 bis 4 Wochen, sollte bis zum Termin der Ausstellung noch so viel Zeit verbleiben, um dreimal entspitzen zu können. Vieltriebige, reichblühende Pflanzen sind auch hier anzustreben. Bei Fuchsiensorten mit hängendem Wuchs ist besondere Sorgfalt auf das Stützen und Aufbinden zu verwenden. Es soll eine harmonische Form entstehen, die von unten bis oben gleichmäßig belaubt ist. Stöcke werden unauffällig benutzt und alles, was die Pflanze überragt, wird kurz vor dem Ausstellungstermin weggeschnitten. Daß Töpfe und Container, wenn nicht völlig neue verwendet wurden, sauber gewaschen sein sollten, ist selbstverständlich. Gedanken sollte man sich auch über das Größenverhältnis von Pflanze und Container machen. Eine Riesenpflanze in einem kleinen Topf sieht nicht gut aus und umgekehrt sollte ein kleines Pflänzchen nicht einsam in einem großen Container stehen. Die richtigen Proportionen ergeben erst einen harmonischen Gesamteindruck.

Der Transport der Pflanzen

Es hat sich bewährt, die Pflanzen nicht einzeln in das Auto, sondern immer mehrere zusammen in eine Kiste zu stellen, damit sie sich gegenseitig stützen können. Die Zwischenräume zwischen den Töpfen werden mit zerknülltem, feuchten Zeitungspapier ausgestopft. Die

Pflanzen einzeln in Papier zu hüllen, hat sich nicht bewährt. Die Blüten werden dabei zu leicht beschädigt. Ampeln stellt man aufrecht in einen Eimer, der zur Hälfte mit feuchtem Sand gefüllt und dadurch standfester ist. Ausstellungen finden meistens in Zelten oder Hallen statt, wo die Luft warm und trocken ist. Ein umsichtiger Fuchsienfreund wässert seine Pflanzen vor dem Transport noch einmal besonders gründlich. Sehr wirksam ist das Tauchen der Töpfe in ein größeres Gefäß.
Beim eigentlichen Standaufbau muß darauf geachtet werden, daß die Pflanzen vorteilhaft präsentiert werden. Die „Schokoladenseite“, sollte immer dem Beschauer zugewandt sein. Auch sollte man jede Pflanze noch ein letztes Mal auf verblühte Blumen oder Fruchtstände und beschädigte Blätter kontrollieren und diese eventuell entfernen.

Ein abschließendes Wort zur Teilnahme an Ausstellungen überhaupt. Ausstellungen sollten immer von möglichst vielen Teilnehmern mit möglichst zahlreichen Exponaten getragen werden. Sie sind als Gemeinschaftsleistung einer Pflanzengesellschaft zu verstehen und nur von einer gewissen Größe an effektiv. Pflanzenfreunde sind in der Regel Idealisten. Da kein finanzieller Gewinn zu erwarten ist, sehen sie ihre Aufgabe darin, möglichst vielen Menschen eine Freude zu machen.
Es wird auch immer Mitglieder geben, die von einem Wettbewerb nichts halten und auf Auszeichnungen keinen Wert legen. Wenn diese Fuchsienfreunde mit ihren schönsten Pflanzen sich dennoch – sozusagen außer Konkurrenz – beteiligen, so trägt das sehr zum Gesamtbild und zum Gelingen der Ausstellung bei.

Züchtung

Samengewinnung und Aussaat

Wer sich einige Jahre mit der Fuchsienkultur beschäftigt hat, wird früher oder später den Wunsch haben, einmal einige der zahlreich angesetzten Fruchtstände zu ernten und aus purer Neugierde eine Aussaat der Samenkörner zu versuchen.
Vielfältig wie die Fuchsien sind, tragen sie ganz verschiedene Früchte. Manche sind kugelrund und winzig, kaum 3 mm im Durchmesser, andere zylindrisch und schmal, wohl 2 cm und länger. *F. procumbens* aus Neuseeland trägt Beeren so groß wie kleine Pflaumen. Im reifen Zustand sind auch die Farben der Früchte verschieden, vom hellsten Gelbgrün über dunkelgrüne, dunkelrote und violette Töne bis zum tiefsten Schwarz ist alles zu finden.
Eine reife Frucht ist nicht mehr hart und fest, sondern weich und sehr saftig und gibt auf Fingerdruck leicht nach. Schneidet man sie vorsichtig mit einer Rasierklinge auf, ist deutlich zu sehen, daß jede Beere vier Kammern besitzt, wobei in jeder Kammer eine Anzahl Samenkörner eingebettet liegt. Auch die Zahl der Samenkörner in jeder Frucht variiert von einigen wenigen bis zu 100 und mehr.
Es gibt verschiedene Methoden, die Samen aus dem saftigen Fruchtfleisch zu lösen. In der Praxis hat es sich bewährt, die Beere an den 4 meist von außen gut sichtbaren Trennwänden der einzelnen Kammern in 4 Teile zu zerschneiden. Dann legt man alles auf ein helles, saugfähiges Papier, z. B. ein Papiertaschentuch oder Löschblatt, und löst mit einem spitzen Gegenstand (eine schmale Messerklinge) die Samen aus dem Fruchtfleisch. Auch ein hölzerner Zahnstocher oder eine starke Nadel sind geeignet.
Eine andere Methode ist, die Beere mit einer Gabel in einer Tasse zu zerdrücken und diese mit Wasser aufzufüllen. Die fruchtbaren Samen sinken auf den Grund der Tasse und das Fruchtfleisch wird mit dem Wasser vorsichtig abgegossen. Bei beiden Methoden lassen sich zum Schluß mit Hilfe eines guten Vergrößerungsglases die flachen, oft tauben Samen von den rundlichen, fruchtbaren trennen. Dann werden die Samen auf einem saugfähigen Papiertuch für einige Stunden getrocknet und wenn möglich sofort ausgesät.
Die eigentliche Technik der Aussaat ist im Kapitel „Vermehrung" ausführlich beschrieben. Wer kein Gewächshaus mit einem beheizten Vermehrungsbeet zur Verfügung hat und eine Aussaat auf der Fensterbank in den dunklen Monaten des Jahres nicht wagen möchte, kann die getrockneten Samen in einem geschlossenen Gefäß bis zum Frühling aufbewahren und erst dann aussäen. Da Fuchsiensamen sehr schnell ihre volle Keimkraft verlieren, sollte man den Aussaattermin nicht länger als nötig hinausschieben. Umfassende Untersuchungen über die Dauer der Keimfähigkeit von Fuchsiensamen sind nicht bekannt. Erfahrungsgemäß keimt im August geernteter und sofort ausgesäter Samen bei einer Bodenwärme von 12 bis 15 °C zu 100 %. Die Keimfähigkeit nimmt bei längerer Lagerung deutlich ab.
Ein anderer Aspekt ist die Keimdauer der Fuchsiensamen. Es ist möglich, daß die ersten Samen nach 14 Tagen bis 3 Wochen keimen, während man auf den Rest noch viele Wochen warten muß. In der Praxis bedeutet das, daß man die Sämlinge, wann immer sie das erste Paar echter Blätter voll ausgebildet haben, vorsichtig aus dem Saatgefäß herausnehmen und einzeln in Töpfchen pikieren muß. Dabei sollten die feinen Wurzeln sehr schonend behandelt werden. Die

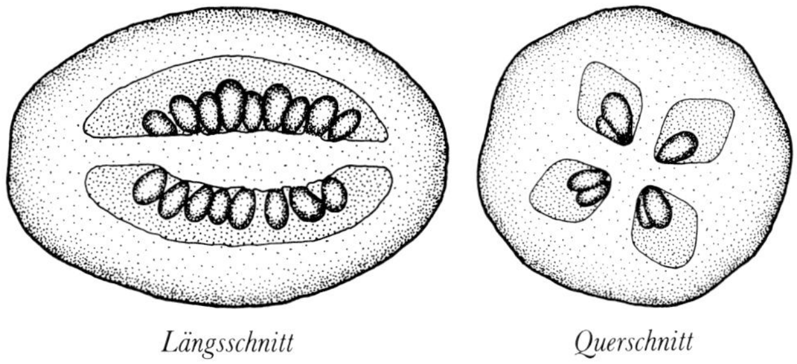

Aufgeschnittene Beere von *Fuchsia procumbens.* Die Samen sind in vier Kammern angeordnet.

frisch pikierten jungen Sämlinge müssen noch einige Zeit mit Bodenwärme kultiviert werden. Erst wenn der erste kleine Topf (5 cm) gut durchwurzelt ist, können die Pflänzchen abgehärtet und an kühlere Temperaturen gewöhnt werden. Im August ausgesäte Fuchsien blühen schon im Spätsommer des folgenden Jahres.

Zuchtziele

Wie schon beschrieben, braucht man nicht allzuviel Geduld aufbringen, um die Ergebnisse der ersten Aussaat zu erleben. Ob es aber der Mühe wert war, ist eine andere Frage. Nur in ganz seltenen Fällen kommen aus solchen Zufallsbeeren, von denen man bestenfalls die Muttersorte kennt, neue Fuchsiensorten, die eine Verbesserung der bereits vorhandenen darstellen. Den bis heute bekannten und registrierten mehr als 6000 Fuchsiensorten, die freilich nicht mehr alle in Kultur sind, noch einige Allerweltsfuchsien hinzuzufügen, kann also kein erstrebenswertes Ziel sein. Wenn beim ersten, mehr aus Freude am Experimentieren durchgeführten Versuch das Interesse einmal geweckt worden ist, sollte man sich Gedanken darüber machen, wo durch gezielte Züchtung noch Verbesserungen wünschenswert und erreichbar sind.

Nimmt man als Beispiel die Triphylla-Hybriden, so könnte man versuchen, durch gezieltes Kreuzen eine größere Widerstandsfähigkeit gegen niedere Temperaturen oder auch eine bessere Verzweigung zu erreichen. Eine aufrecht wachsende, sich von Natur aus gut verzweigende Fuchsiensorte mit dem herrlichen, reinen Rosa von 'Pink Galore' wäre wünschenswert. Viele, sonst schon recht gute orangefarbenen Sorten haben die schlechte Eigenschaft, bei starker Sonne an den Blüten Brandflecken zu bekommen. Die Blüten widerstandsfähiger zu machen, wäre ein lohnendes Zuchtziel. Mit Dankbarkeit würden gewiß auch Fuchsiensorten aufgenommen, die in unserem Klima überall zuverlässig winterhart wären und nicht nur in einigen wenigen von der Natur bevorzugten Gebieten.

Fuchsien mit weißen oder cremfarbenen Sepalen und roter Korolle gibt es mehr als genug. Wenn eine neue Sorte ein klares Johannisbeerrot brächte, das auch im Verblühen nicht nach Blau verfärbt wie z. B. 'Celia Smedley' von G. Roe, so wäre das ein sensationeller Erfolg. Ob es möglich sein könnte, manchen, sonst herrlichen Sorten dieses oft unschöne Verblühen abzugewöhnen, sei dahingestellt. Ein Zuchtziel für einen ambitionierten Züchter mit den notwendigen Kenntnissen wäre es bestimmt.

Etwas Vererbungslehre

Neben den elementaren Kenntnissen der Vererbungslehre von Gregor Mendel sollte ein künftiger Züchter auch reiche Sortenkenntnisse besitzen, damit er auf dem langen und oft mühseligen Weg zu neuen Fuchsiensorten nicht zeitraubende, unnötige Umwege macht. Deshalb werden als Eltern 2 Fuchsiensorten ausgesucht, die dem angestrebten Ziel schon recht nahe kommen und Erfolg versprechen. Die Sorte, die die Frucht- oder Samenbeere tragen soll, ist die Muttersorte und wird bei der Angabe der Eltern zuerst genannt. Der Pollenspender, die Vatersorte, folgt dahinter, z. B. 'Pink Galore' × 'Laurie'.

In der Praxis wird man bald herausfinden, daß einige Sorten besonders gute Muttersorten, andere gute Vatersorten sind. Die guten Mütter sucht man sich unter jenen Sorten aus, die gut und reichlich Früchte ansetzen, auch wenn sie nicht gezielt bestäubt worden sind. Die Sorten, die sich selbst putzen, d. h. die verblühte Blume mitsamt dem Fruchtknoten abwerfen, sind für Zuchtzwecke nicht geeignet und häufig steril.

Berühmte Muttersorten, die oft zur Züchtung verwendet worden, sind
'Alice Hoffmann',
'La Campanella',
'Rose of Castille'.

Gute Polleneltern, also Vatersorten, sind dagegen
'Citation',
'Flying Cloud',
'Mrs. W. Rundle'.

Solche Erfahrungen nützen dem angehenden Züchter, der ganz bestimmte Ziele im Auge hat, wenig. Er muß sich ganz spezielle Eltern für seine Zuchtlinien aussuchen. Eigenschaften, die sich dominant vererben, sind bei Fuchsien die starken Farben rot und blau, Kleinblütigkeit oder der starke Wuchs einer Sorte. Pastelltöne werden rezessiv vererbt. Wenn man Fuchsienhybriden kreuzt, die inzwischen in ihrer Erbmasse sehr komplex sind, läßt sich ein konkretes Ergebnis schwer voraussagen. Man muß als Züchter viel Geduld aufbringen. Jede neue Kreuzung ist für viele Überraschungen gut. Bevor die Wissenschaft herausgefunden hat, daß das Erbgut aller Lebewesen in den Chromosomen im Zellkern gespeichert ist, war manche Bemühung, neue Fuchsiensorten zu züchten, von Mißerfolgen bestimmt. Neue Sorten entstanden mehr oder weniger durch Zufall.

Eine Fuchsienart, d. h. die Wildform, hat in der Regel 2 Chromosomensätze mit je 11 Chromosomen (2 × 11

= 22) und wird als diploid (2n) bezeichnet. *F. magellanica* und *F. lycioides* sind Ausnahmen, sie haben von Natur aus einen vierfachen Satz (4 × 11 = 44) und sind demnach tetraploid (4n). Alle Sorten mit mehr als 2 Chromosomensätzen nennt man polyploid. Im einzelnen sind diploide (2n), triploide (3n), tetraploide (4n), pentaploide (5n), hexaploide (6n), heptaploide (7n), octoploide (8n) und nonaploide (9n) Fuchsien bekannt.

Für den Züchter ist wichtig zu wissen, daß Fuchsien mit einer ungeraden Zahl von Chromosomensätzen (3n, 5n usw.) in der Regel unfruchtbar (steril) sind – wie viele andere Pflanzen übrigens auch. Eine Bestäubung wird entweder zu keinen oder zu nicht-lebensfähigen Samen führen. Daraus ergibt sich, daß nur dann lebensfähige Samen zu erwarten sind, wenn geradzahlig Polyploide (2n, 4n usw.) miteinander gekreuzt werden.

Daneben kann die Kreuzung von Fuchsien mit ungeradzahligen Chromosomensätzen zu sterilen Nachkommen führen. Kreuzt man z. B. *F. splendens* (2n) mit *F. magellanica* (4n), entstehen zunächst lebensfähige Samen. Aus diesen entwickeln sich oft aber unfruchtbare, triploide Fuchsien, die in der Regel für die weitere Züchtungsarbeit nicht mehr zu gebrauchen sind. Nach Chaudhuri (1956) sind ungeradzahlig polyploide Fuchsien aber nicht immer steril, vielmehr ist eine generative Vermehrung über sogenannte unreduzierte Gameten häufig anzutreffen.

Dieser Punkt ist in der Züchtung von Fuchsien-Hybriden sehr wichtig, denn so erklärt sich die Entstehung pentaploider oder heptaploider Sorten. Ein besonderes Kennzeichen ungeradzahliger Polyploider ist auch, daß sie mangels Samenansatz nur vegetativ vermehrbar sind.

Die Erklärung dafür, daß Pflanzen mit geradzahligen Chromosomensätzen fruchtbar, die mit ungeradzahligen aber unfruchtbar sind, ist einfach: ungerade Sätze sind schlecht teilbar. Nach der Verschmelzung von weiblicher und männlicher Geschlechtszelle – sofern es überhaupt zur Befruchtung kommt – erfolgt eine unregelmäßige Verteilung der Chromosomen auf die Tochterzellen, die sich dann meist nicht mehr normal weiterentwickeln können. Bei geradzahligen Sätzen erfolgt die Verteilung gleichmäßig, so daß eine normale Entwicklung der Tochterzellen möglich ist.

Allerdings haben Wissenschaftler durch Bestrahlung oder Colchicin-Behandlung der Pflanzen in diesem Fall die Möglichkeit, die Chromosomensätze künstlich zu vervielfachen. Theoretisch ließe sich so aus einer triploiden (3n) Pflanze eine hexaploide (6n) schaffen, die, da mit geradzahligem Satz, wieder fruchtbar wäre. Auch die modernen Verfahren der Gewebekultur bieten in diesen Fällen Problemlösungen an (Embryokultur).

Der Fuchsienzüchter hat es in dieser Hinsicht manchmal einfacher als der Züchter anderer Pflanzen. Es kommt nämlich relativ häufig vor, daß Fuchsien, die triploid, pentaploid oder heptaploid sind, ihre Chromosomensätze auf natürliche Weise verdoppeln. Viele der F1-Hybriden von *F. magellanica* × *F. fulgens* haben dies wiederholt getan und es gibt eine Menge schöner Hybriden, die ihre Ahnenreihe auf diese beiden Wildformen zurückführen können. Auch die beiden fast weißen Sorten 'Rolla' (7n) und 'Countess of Aberdeen' (5n) wurden und werden immer noch zur Züchtung benutzt und haben viele gute und bekannte Nachkommen hervorgebracht.

Blüte und Bestäubung

Bevor man den ersten Schritt auf dem Weg zur praktischen Züchtungsarbeit tut, sollte man sich den Aufbau einer Fuchsienblüte und die Funktion der einzelnen Blütenteile anschauen.

Der Blütenstiel ist 20 mm bis zu 8 cm lang, je nach Sorte entweder rot oder grün und führt der Blüte die notwendigen Nährstoffe zu. Am Stiel sitzt der Fruchtknoten, der auch wieder rot oder grün sein kann und in seinen 4 Kammern die Samenanlagen enthält. Daran schließt sich der Kelch (Calix) an. Er besteht bei der Fuchsie aus der Kelchröhre (Tubus) und 4 Kelchblättern, den Sepalen. Aus dem Kelch heraus, teilweise mit ihm verwachsen, ragen die Kronblätter (Petalen). Dies können bei einer einfachen Blüte 4, bei einer halbgefüllten 7 sein. Blüten mit vielen Petalen nennt man gefüllt. Die Petalen zusammengefaßt werden als Krone (Corolla, Korolle) oder Blütenkrone bezeichnet. Weit aus der Krone ragt der Stempel mit der Narbe, der durch die Blüte hindurch mit dem Fruchtknoten verbunden ist, umgeben von 8 Staubfäden mit den Staubbeuteln (Antheren). Die Fuchsie macht durch die offene Lage ihrer Sexualorgane den Bestäubungsvorgang leicht und unkompliziert. Einige Regeln, die sich in der Praxis bewährt haben, sollte man aber beachten. Pflanzen, die als Eltern ausgewählt wurden, sollten so früh im Jahr wie möglich in Kultur genommen werden. Weil recht früh Blüten erscheinen sollen, wird nicht entspitzt und die Pflanze ohne jede Verzögerung bis maximal zum 12 cm Topf durchkultiviert. Ist dieser durchwurzelt, kann man bald mit den Blüten rechnen. Auch mit Dünger sollte

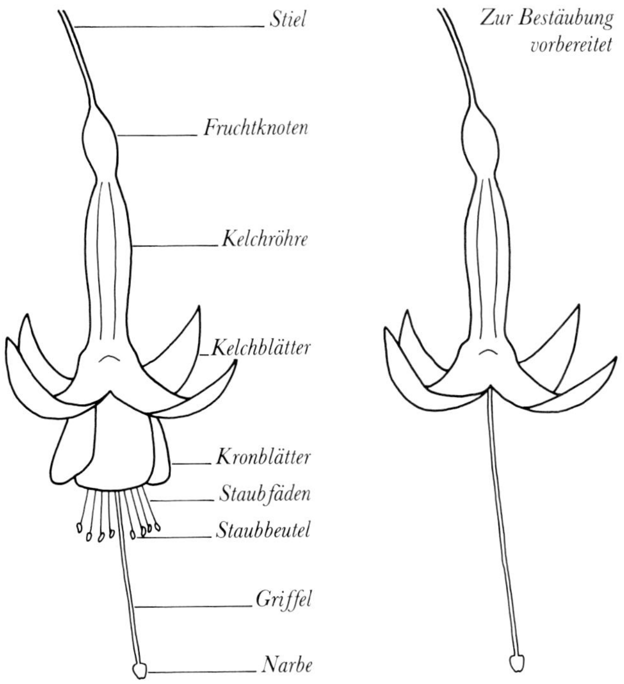

Eine Fuchsienblüte besteht aus dem unterständigen Fruchtknoten, aus dem sich die Beeren entwickeln, die später den Samen enthalten. Die Kelchröhre (Tubus), die kurz und dick oder auch lang und schmal sein kann, bildet zusammen mit den 4 Kelchblättern (Sepalen) eine Einheit, den Kelch, aus dem die 4 Kronblätter (Petalen), die zusammen die Blütenkrone (Korolle) bilden, herausragen. Kelch- und Kronblätter sind oft verschieden gefärbt, z. B. rot/weiß oder rot/blau, können aber auch einheitlich von einer Farbe sein. Die 8 Staubfäden mit den Staubgefäßen ragen meist weit aus der Korolle heraus und werden von dem noch längeren Griffel mit der Narbe, die zusammen den Stempel bilden, überragt. Eine einfache Fuchsienblüte hat 4 Kronblätter (Petalen), eine halbgefüllte bis zu 7, alle Blüten, die mehr Petalen besitzen, werden als gefüllt bezeichnet.

man sparsam sein. Es ist nicht Wachstum anzustreben, sondern eine frühe Blüte, so daß bis spätestens Ende Mai blühende Pflanzen zur Verfügung stehen.
Die ersten Blüten, die an den beiden Elternpflanzen erscheinen, bleiben zunächst unberührt; sie sollen den Pollen spenden. Der Pollen braucht eine gewisse Reifezeit und muß zu dem Zeitpunkt im richtigen, ausgereiften Zustand sein, wo die weiteren Blüten der beiden Pflanzen so weit entwickelt sind, daß sie sich gerade zu öffnen beginnen. Ob der Pollen bereit ist zu stäuben, kann man testen, indem man mit dem Fingernagel über einen Staubbeutel fährt. Wenn Pollenkörnchen am Nagel hängenbleiben, ist der richtige Zeitpunkt erreicht. Kurz bevor sich die zu bestäubenden Blüten von selbst öffnen, hilft man ein wenig nach und spreizt die Kronblätter mit leichtem Druck. Um einer Selbstbestäubung vorzubeugen, werden mit einer kleinen, scharfen Schere die Staubfäden und wenn nötig auch die Petalen abgeschnitten (s. Zeichnung). Stempel und Narbe liegen jetzt frei.
Oft wird man mit der Bestäubung 1 bis 2 Tage warten müssen, bis die Narbe feucht, klebrig und somit aufnahmefähig wird. Um jede Fremdbestäubung durch Wind oder Insekten auszuschließen, wird um die Narbe ein Stückchen Alufolie gehüllt. In den warmen Mittagsstunden ist es dann meistens soweit, daß man die Bestäubung vornehmen kann. Die Blüte mit dem reifen Pollen wird abgeschnitten, die Hülle von der Narbe der Mutterpflanze entfernt. Ein leichtes Bestreichen der feuchten Narbe mit dem Pollen, sicherheitshalber 1- bis 2mal wiederholt, bis die Narbe völlig mit Pollen bedeckt ist, sollte ausreichen. Unmittelbar danach wird die bestäubte Blüte mit einem Beutelchen aus luftdurchlässigem Stoff umhüllt. Eine Methode, die bekannt ist. Sie hat aber den Nachteil, daß die Fäulnisgefahr im Beutel sehr groß ist.
In den letzten Jahren hat sich bei den Züchtern eine neue Methode, die bestäubte Blüte zu schützen, als einfacher und besser erwiesen. Bisher war es üblich, nach der Bestäubung die ganze Blüte in ein Stoffsäckchen oder ähnliches zu stecken. Nachdem sich die Blüte von der Frucht gelöst hatte, mußte man den Beutel wegen der Fäulnisgefahr wieder abnehmen. Das war jedesmal mit der Gefahr verbunden, daß Blüte oder Frucht dabei abbrachen. Heute macht man sich ein Produkt der Pharmaindustrie zunutze, mit dessen Hilfe es möglich ist, die Blüte so schonend wie nur irgend möglich zu behandeln und ihre mechanische Beanspruchung auf ein Minimum herabzusetzen. Es handelt sich um jene Gelatine-Kapseln, in denen das eigentliche Medikament eingeschlossen ist und die heutzutage die konventionellen Tabletten abgelöst haben. (Capsulae Operculatae). Meistens sind sie recht farbenfroh. Für den genannten Zweck kann man sie aber auch leer und glasklar bekommen. Nach der Bestäubung schiebt man die Hälfte einer solchen Kapsel vorsichtig über den Stempel und befestigt sie mit ein bißchen Watte. Kapseln von 1,0 oder 0,5 cm^3 Inhalt haben die richtige Größe.
Um zu verhindern, daß beim Abfallen der reifen Frucht die Daten verlorengehen, befestigt man kleine Stückchen von Plastik-Etiketten mit feinem Draht oder Faden am Blütenstiel. Man kann auch ganz schmale Klebestreifen benutzen. Sicherheitshalber wird die Prozedur dann umgehend ausgeführt. Wenn man beim ersten Bestäubungsvorgang A als Mutter-

pflanze und B als Vaterpflanze behandelt hat, benutzt man jetzt B als Mutterpflanze und A als Vaterpflanze. Zum Schluß kommt an jede bestäubte Blüte ein Etikett mit den genauen Angaben und Daten der durchgeführten Kreuzung, z. B. 'La Campanella' × 'White Spider' 01. 06. 1981.
Auf sein gutes Gedächtnis sollte man sich lieber nicht verlassen. Schon gar nicht, wenn mehrere Kreuzungen gleichzeitig vorgenommen werden. Zur Sicherheit legt man noch ein Notizheft an und trägt dort alle Einzelheiten der Kreuzung ein. Vorausgesetzt, man hatte Glück und die beiden ausgewählten Elternsorten passen zueinander, zeigt es sich bald, ob die Bestäubung erfolgreich war. Gelegentlich kommt es nämlich bei Fuchsien und anderen Pflanzen, die über längere Zeit Gegenstand intensiver Züchtung gewesen sind, vor, daß der einzige Effekt der Bestäubung eine Stimulation des Fruchtknotens ist. Er vergrößert und entwikkelt sich, reift aus, aber enthält nichts außer einigen vertrockneten Samenanlagen (Ovarien). Das muß nicht unbedingt bedeuten, daß die Pflanze steril ist. Die Ursache kann eine Unverträglichkeit, selbst bei geradzahligen Chromosomensätzen sein. Man kann versuchen, diese Schwierigkeiten auszuschalten oder zu überwinden, indem man die Kreuzung doppelt ausführt.
Die verblühte Blume wird nach einiger Zeit abfallen und es bleibt nur die befruchtete Beere an der Pflanze zurück. Selbstverständlich kontrolliert man die Fruchtbeeren von Zeit zu Zeit. Ab August etwa ist mit reifem Samen zu rechnen. Bei einer gezielten Kreuzung ist die Spannung und Erwartung besonders groß. Wieviele Samen mögen das Ergebnis der Mühe sein? Es können viele sein, aber manchmal ist man schon dankbar, wenn mit Hilfe einer Lupe 3 bis 5 vollausgebildete, fruchtbare Samen zu entdecken sind. Werden diese sofort ausgesät, sollten mit etwas Glück und bei guten Voraussetzungen für eine zügige Kultur bis spätestens im Juli des folgenden Jahres die ersten Blüten der selbst „geschaffenen" Fuchsien bestaunt werden können. Leider ist Enttäuschung auch nicht selten.
Die Chance, daß bei den Fuchsien aus dem ersten Kreuzungsversuch hinsichtlich Wuchs, Blütenform oder -farbe etwas wirklich Neues entsteht ist gering, nur etwa 1:1000. Das bedeutet, eine große Anzahl Sämlinge aufziehen zu müssen, um die Wahrscheinlichkeit eines Erfolges zu erhöhen.
Wer Freude an der Züchtung gewonnen hat, aber von den ersten Resultaten enttäuscht ist, sollte noch nicht aufgeben. Wenn die gewonnenen Sämlinge untereinander gekreuzt oder geselbstet werden, d. h. mit ihrem eigenen Pollen bestäubt werden, bringt eventuell die F2-Generation erst die verborgenen Erbmerkmale zum Vorschein und den Züchter einen Schritt weiter auf den Weg zum anvisierten Ziel.
Für den wirklichen Fuchsienliebhaber sollte es selbstverständlich sein, schwächliche Pflanzen, deren Konstitution zu wünschen übrig läßt, auszulesen und gar nicht erst aufzuziehen. Obwohl viele Züchter in mehr als 140 Jahren immer neue Fuchsiensorten entwickelt haben, hat diese Pflanze bis heute ihre Vitalität und ihre Widerstandsfähigkeit gegen Krankheiten noch nicht verloren. Das spricht sehr für das Verantwortungsbewußtsein der früheren Züchter.

Arten, Varietäten, Hybriden

Für den Anfänger in der Züchtung, der sich die fehlenden botanischen Kenntnisse oft erst erarbeiten muß, eine kurze Erklärung dieser Begriffe.
Pflanzen einer Art, d. h. Wildpflanzen, die in der Natur entstanden sind, werden botanisch Spezies genannt. Eine reine Art ergibt mit eigenem Pollen, oder dem Pollen einer Pflanze der gleichen Art bestäubt, Sämlinge, die den Eltern äußerlich ähnlich sind, aber in den Erbanlagen nicht völlig identisch. Wie bei allen generativ (durch Samen) vermehrten Lebewesen bestehen Unterschiede. Selbst Schwesternsämlinge unterscheiden sich oft deutlich voneinander. Eine Art ist demnach eine Sammlung von Individuen. Darum werden manche Arten wieder unterteilt in Subarten (ssp.) und Varietäten (var.) wie z. B. *F. magellanica* var. *molinae*. Subarten und Varietäten haben jedoch unterschiedliche Rangstufen. Eine Varietät ist der Subart untergeordnet. Innerhalb jeder Art können auf natürliche Weise Mutationen entstehen. Es bilden sich Varianten mit mehrfarbigem Laub, niedrigerem Wuchs oder andersfarbigen Blüten. Mutationen sind Veränderungen der Erbanlagen durch äußere Einflüsse wie Klima, Strahlen usw. Auch Mutanten bleiben Angehörige der Art, aus der sie entstanden sind. Es spielt auch keine Rolle, ob die Varietäten am Naturstandort der Art oder in einem Garten entstanden sind, solange sie nicht das Resultat einer Hybridisation mit einer anderen Art sind. Beispiele sind *F. boliviana* var. *luxurians* 'Alba' (syn. *F. corymbiflora alba*) oder *F. magellanica* var. *macrostemma* 'Tricolor'. Auch Hybriden zwischen Varietäten der gleichen Art werden taxonomisch immer der betreffenden Art zugeordnet.
Hybriden werden die neuen Fuchsien genannt, die als Tochterpflanzen aus einer Kreuzung z. B. zweier

Arten entstanden, also nicht mehr reinerbig sind. In diese Gruppe gehören weitaus die meisten der heutigen Fuchsien. Sie entstehen in Kultur, entweder durch gezielte Kreuzung von Menschenhand oder durch Insekten- oder Windbestäubung.

Der Züchter gibt seiner Kreuzung einen Namen, z. B. 'Anabell'. An den einfachen Anführungsstrichen kann man erkennen, daß es sich um eine Sorte (Cultivar) handelt. Der Begriff Sorte (Cultivar) wurde in der Botanik eingeführt, damit man die Hybriden auf den ersten Blick klar von den Varietäten unterscheiden kann.

Eine weitere Gruppe oft sehr schöner Fuchsienhybriden, die ohne Mitwirkung des Menschen, von Insekten u. ä., aber doch auf natürliche Weise in der Kultur entstanden, sind die Mutationen, auch „Sports" genannt. Eines Tages beobachtet man an einer Pflanze einzelne Zweige, die Veränderungen in der Blütenfarbe oder im Laub aufweisen. Beispielsweise hat eine rot-blau blühende Fuchsie an einem Zweig plötzlich rot-weiße Blüten gebildet oder eine Pflanze mit einfarbig grünem Laub trägt plötzlich Zweige mit verschiedenfarbigen, variegierten Blättern. 'Golden Marinka' oder 'Green 'N' Gold' sind Beispiele dafür. Vermehrt man durch Stecklinge, die von diesen mutierten Zweigen genommen werden, ist eine neue Sorte entstanden. Häufig entstehen solche Mutationen in mehreren Gegenden oder verschiedenen Fuchsiensammlungen gleichzeitig. Dafür gibt es viele Beispiele in der Fuchsienliteratur. Wissenschaftler sind heute in der Lage, solche Mutationen durch Chromosomenverdoppelung oder -aufspaltung mit Hilfe von Strahlen oder Colchicin künstlich herbeizuführen.

Den Schluß dieses Kapitels soll ein Bericht setzen, den der erfolgreiche holländische Amateurzüchter Hermann J. de Graaff, Lisse, freundlicherweise zur Verfügung gestellt hat. Dieser Bericht, mit detaillierten Angaben zu den Kreuzungspartnern seiner größtenteils auch in Deutschland eingeführten neuen Fuchsien und den aus der Praxis gegebenen Ratschlägen, ist so recht dazu angetan, auch den einen oder anderen deutschen Fuchsienliebhaber zur Züchtung neuer Fuchsien anzuregen:

„Als Sohn einer der ältesten hiesigen Familien von Zwiebelpflanzenzüchtern war mein besonderes Interesse für die Pflanzenzüchtung nur natürlich. Zunächst arbeitete ich im Familienbetrieb unter anderem an der Neuzüchtung von Narzissen. Gleichzeitig studierte ich an der Reichsuniversität in Leiden Biologie mit dem Schwerpunkt Genetik. Ich wurde Lehrer. Und nach der Aufgabe unseres Betriebes begann ich mich – auch als Ausgleich für meine Arbeit in der Schule – für Fuchsien zu interessieren, die bisher eigentlich eine Liebhaberei meiner Frau gewesen waren. 1972 begann ich mit Kreuzungen. Zunächst ohne Plan, um erst einmal herauszufinden, was möglich war und wie ich am besten vorgehen könnte. Aus dieser Anfangszeit stammen, mehr oder weniger als Zufallstreffer, die neuen Sorten 'Tour Eiffel' ('Alice Hoffman' ×), 'Joker' ('Lena' ×), 'Firebird' ('Madame Goyaerts' ×), 'Petit Point' ('Alice Hoffmann' ×), 'Medusa' ('Centerpiece' ×) und 'Belle de Lisse' ('Trailblazer' ×).

Die Resultate, bei denen ich die von der VKC abgewiesenen Pflanzen ausdrücklich mitzähle, zeigten, daß das Kreuzen mit rot-lila Elternpflanzen zu häufig wieder rot-lila Nachkommen brachte. Von dieser Farbkombination ist wohl kaum noch viel Neues zu erwarten. Kreuzungen mit andersfarbigen Sorten ergaben jedoch recht ansprechende Neuheiten. Besonders die verhältnismäßig neue 'La Campanella' brachte sehr gute Erfolge. Leider ist die Abstammung dieser Sorte nicht mehr zu klären. Aber vermutlich enthält ihre Erbmasse eine große Anzahl rezessiver Merkmale, die bei ihren Nachkommen viele seltene Farbtönungen hervorbringen. Auch die oft auftretende Neigung zum Hängewuchs ist sehr reizvoll. Aus 'La Campanella' erhielt ich die Hänge-Fuchsien 'François Villon', 'La Bergère', 'Le Berger', 'Troika', mein erster Erfolg 1976, und 'Nutshell'. Aufrecht wachsende Sorten waren 'First Kiss', 'Mia van der Zee' und 'Contramine', letztere mit abstehenden Blüten.

Gutes Orange ist bei Fuchsien noch recht selten. Durch diese Tatsache und meine Vorliebe für botanische Fuchsien kam ich dazu, mit 'Speciosa' (einer Kreuzung aus *F. splendens* und *F. fulgens*) zu arbeiten. 'Machu Picchu', 'Je Maintiendrais', von der VKC abgewiesen, aber durch die englische Firma Wills herausgebracht, sowie 'Oranje Boven' sind das vorläufige Ergebnis. Aufgrund meiner Unerfahrenheit in der Anfangszeit und weil meine Katzen mir da etwas durcheinandergebracht haben, kann ich die Mutterpflanzen von 'Baroque Pearl', 'Flim Flam' und 'Westergeest' nicht mehr mit Sicherheit benennen.

Versuche, kleinblütige Sorten zu züchten, brachten 'Flamingo' (Flash ×) und 'Twiggy' (*F. magellanica* × *F. lycioides*) hervor. 'Dark Spider', eine halb-hängend wachsende Pflanze mit Blüten vom 'Spider'-Typ mit sehr dunkler Corolla hat 'Brutus' als Mutter.

Erst in den letzten Jahren ist es mir, durch Anwendung einer neuen Methode bei der Bestäubung, möglich geworden, auch die Vaterpflanzen genau anzugeben. 'Loeky' ('Joy Patmore' × 'Impudence') ist die erste in einer neuen Zuchtlinie. Die Blütenform, aufrechtstehende Sepalen und waagerecht ausgebreitete

Corolla, gibt es bisher nur in wenigen Farbvariationen. Hier läßt sich also noch gut weiterarbeiten.
Natürlich reizt es mich auch, eine gelbe Fuchsie zu züchten. Läßt sich das Gelb im Kelch von *F. procumbens* mit dem Gelb in der Krone von *F. splendens* kombinieren? Die ersten Kreuzungsversuche zeigten, daß es schwierig ist, aus diesen wilden Arten eine Pflanze zu bekommen, mit der man etwas anfangen kann. Das Gelb von *F. splendens* ist in der Sonne nicht farbecht, so wenig wie das Weiß bei Fuchsien. Die Blütezeit liegt oft nicht günstig. Die Pflanzen blühen nicht so reich wie die meisten Sorten, und auch der Wuchs läßt zu wünschen übrig. Ein Erfolg ist nicht so schnell zu erringen. Vor allem auch wegen der lästigen Angewohnheit der Fuchsien, oft sterile Samen zu entwikkeln. Trotzdem, der einzige Weg, um zu wirklichen Neuheiten zu kommen, geht über die Wildformen. In ihnen liegt für den modernen Züchter noch viel ungenütztes Gen-Material bereit.
In den Niederlanden gibt es innerhalb der Vereinigung der Fuchsienfreunde seit einiger Zeit unter meiner Leitung eine sogenannte „Hybridisations-Gruppe". Das Ziel dieser Gruppe ist es, durch gemeinsame Arbeit auch zu Ergebnissen zu kommen, wie sie sonst nur unter den erheblich besseren Voraussetzungen, die professionelle Züchter z. B. in den USA nun einmal haben, zu erreichen sind. Der Erfolg beim Züchten hängt eben zu einem großen Teil von der Menge des Materials ab, mit dem man arbeiten kann.
Auf der Wunschliste stehen unter anderem gefüllte orangefarbene Blüten oder Kombinationen von orange und weiß. Durch Einsatz eines Computers ist die theoretische Arbeit auf diese Ziele hin schon getan. Jetzt muß man nur noch warten, ob sich auch in der Praxis Erfolge einstellen.
Auch will unsere Gruppe versuchen, mehr über den genetischen Hintergrund der Merkmale unserer Fuchsien zu erfahren. Nur so ist zu erreichen, daß Hybridisieren von Fuchsien nicht mehr nur ein Glücksspiel ist, sondern daß man gezielt vorgehen kann.
Einige Hinweise für Anfänger:
Die Namen der Elternpflanzen nur angeben, wenn man absolut sicher ist.
So früh im Jahr wie möglich säen, damit die Sämlinge noch im gleichen Sommer blühen und entschieden werden kann, welche Pflanzen man behalten will. Dann braucht man keine wertlosen Pflanzen mühselig durch den Winter zu bringen.
Man sollte mit soviel Samen wie möglich arbeiten. Im Schnitt ist nur einer von hundert Sämlingen wert, behalten zu werden.
Die Sämlinge sollten unter normalen Bedingung aufwachsen, damit schwache Pflanzen auf natürliche Weise ausselektiert werden.
Schon nach der ersten Blüte sollte alles, was nicht wirklich etwas Besonderes darstellt, weggeworfen werden. Es gibt schon genug mittelmäßige Sorten.
Von Kreuzungen, die nach der ersten Generation (F1) nicht die erwarteten Merkmale zeigen, sollte man eine zweite Generation (F2) züchten, indem man die Blüten mit ihrem eigenen Blütenstaub befruchtet. So können auch rezessive Merkmale zum Vorschein kommen."

Chromosomenzahlen einiger Fuchsien

Wie weit man sich auf die folgende Chromosomen-Tabelle von Mr. Chaudhuri, Manchester University (1956), die im BFS-Jahrbuch 1974 veröffentlicht wurde, verlassen kann, müßte erst durch neue zytologische Untersuchungen geklärt werden. Nach J. O. Wright sollen nämlich die aufgeführten Arten *F. cordifolia,* in Wirklichkeit eine Hybride von *F. splendens* und *F. lycioides* eine Auslese-Form von *F. magellanica* gewesen sein.

Fuchsien-Arten

F. cordifolia	22
F. denticulata	22
F. fulgens	22
F. lycioides	44
F. magellanica var. *molinae*	44
F. microphylla	22
F. procumbens	22
F. splendens	22
F. magellanica 'Pumila'	44
F. magellanica 'Longipedunculata'	44
F. magellanica	44
F. coccinea	44

Diploid

'Dominyana'	(Dominy 1852)	22
'Fanfare'	(Reiter 1941)	22
'Speciosa'		22
'Thalia'	(Bonstedt 1906)	22

Triploid

'Caledonia'	(Lemoine 1899)	33
'Koralle'	(Bonstedt 1905)	33
'Gartenmeister Bonstedt'	(Bonstedt 1905)	33

Tetraploid

'Carnea'	(Smith 1861)	44
'Checkerboard'	(Walker und Jones 1948)	44
'E. A. Babbs'	(Wood 1949)	44
'Andenken an H. Henkel'	(Rehnelt 1897)	44
'Loveliness'	(Lye 1869)	44
'Marinka'	(Rozain-Boucharlat 1902)	44
'Mrs. W. P. Wood'	(Wood 1949)	44
'Tangerine'	(Tiret 1949)	44
'Tom Thumb'	(Baudinat 1850)	44
'Venus Victrix'	(Gulliver 1840)	44
'Thompsonii'	(Thompson 1840)	44
'Riccartonii'	(Young 1833)	44

Pentaploid

'Amy Lye'	(Lye 1885)	55
'Annie Earle'	(Lye 1887)	55
'Countess of Aberdeen'	(Dobbie Forbes 1888)	55
'Duchess of Albany'	(Rundle 1891)	55
'Globosa'	(etwa 1833)	55
'Gustave Dore'	(Lemoine 1880)	55
'Letty Lye'	(Lye 1877)	55
'Masterpiece'	(Henderson 1891)	55
'Mrs. Marshal'	(Jones)	55
'Mrs. W. Rundle'	(Rundle 1883)	55
'Pee Wee Rose'	(Niederholzer 1939)	55
'Prince of Orange'	(Banks 1872)	55
'Sunray'	(Milne 1872)	55

Hexaploid

'Alice Hoffmann'	(Kiese 1901)	66
'Balkonkönigin'	(Neubronner 1895)	66
'Beauty'	(Banks 1866)	66
'Coachman'	(Bright)	66
'Display'	(Smith 1881)	66
'Dolores'	(Niederholzer 1944)	66
'Dorothy'	(Wood 1946)	66
'Elegans'	(Bull 1866)	66
'Epsii'	(Epps 1840)	66
'Fascination' syn. 'Emile de Wildemann'	(Lemoine 1905)	66
'Henri Poincare'	(Lemoine 1905)	66
'Hidcote Beauty'	(Webb 1949)	66
'Immaculate'	(Wood 1943)	66
'Jubilee'	(Lye 1897)	66
'Lady Boothby'	(Raffill 1939)	66
'Lord Lonsdale'		66
'Morning Mist'	(Berkeley Nursery 1951)	66
'Mrs. C. J. Howlett'		66
'Ophelia'		66
'Starlight'	(Bull 1868)	66
'Ting-a-Ling'	(Schnabel-Paskesen 1959)	66

Heptaploid

'Ballet Girl'	(Veitch 1894)	77
'Bon Accord'	(Crousse 1861)	77
'Charming'	(Lye 1895)	77
'Clipper'	(Lye 1897)	77
'General Gallieni'	(Lemoine 1899)	77
'Golden Treasure'	(Carter 1860)	77
'Mme Cornelissen'	(Cornelissen 1860)	77
'Mme Danjoux'	(Salter 1843)	77
'Muriel'		77
'Pres. Roosevelt'	(Garson 1942)	77
'Rolla'	(Lemoine 1913)	77
'Rose of Castille improved'	(Banks 1869)	77
'Royal Purple'	(Lemoine 1896)	77
'Serena'	(Whiteman 1944)	77
'Snow Cap'	(Henerson 1880)	77
'Telegraphe'	(Lemoine 1886)	77
'Whitemost'	(Niederholzer 1942)	77

Octoploid

'Conspicua'	(Smith 1863)	88
'Hamburger Markt'		88
'Dollarprinzessin'	(Lemoine 1912)	88
'Jules Daloges'	(Lemoine 1907)	88
'Mrs. Popple'	(Elliot 1895)	88
'White Phenemonal'	(Lemoine 1869)	88
'San Leandro'	(Brand 1949)	88
'Pacific Grove'	(Niederholzer 1947)	88
'Purple Heart'	(Walker und Jones 1950)	88

Sorten

Tausende von Fuchsiensorten wurden im Laufe der letzten 150 Jahre entwickelt. Fast 8000 Sorten hat ein Experte in Amerika bis heute aufgelistet. So war es ein großes Problem, eine Auswahl für dieses Buch zu treffen. Im folgenden werden deshalb nur solche Sorten beschrieben, die schon in Deutschland vorhanden, also jedem zugänglich sind. Die hinter den Sortennamen angegebenen Nummern sind die AFS-Registernummern.

Fuchsia triphylla und ihre Hybriden

Die heute weit verbreiteten und beliebten Triphylla-Hybriden, volkstümlich Korallen-Fuchsien genannt, mit ihrem meist dunklen Laub, das oft mit einem metallischen Schimmer überzogen ist, sind kulturgeschichtlich erst relativ spät von den Züchtern beachtet und zu Kreuzungen verwendet worden. Sie blühen reich und lange in leuchtenden orangen, granatroten oder rubinroten Tönen. Die Blüten erscheinen in dichten Trauben am Ende der Triebe.

Fuchsia triyphylla ist die 1695 von Plumier in den Vorgebirgen von Santo Domingo entdeckte Fuchsie, ein kleiner, buschiger Strauch von 40 bis 60 cm Höhe mit leuchtenden, korallenroten, endständigen Blütentrauben. Fast 30 Jahre hörte man nichts weiter von dieser Fuchsienart bis Philip Miller im Apothekergarten in Chelsea die ersten Pflanzen aus Samen zog. Leider gingen diese Pflanzen bald wieder verloren. Erst das von dem Amerikaner Thomas Hook 1873 in Santo Domingo gesammelte Saatgut brachte im Botanischen Garten New York Pflanzen, die dann auch ihren Weg nach England fanden. Von der renommierten, englischen Handelsgärtnerei, Henderson & Son, St. Johns Wood, wurden diese ab 1882(?) als *F. racemosa* verbreitet, obwohl eine nach Kew gesandte Pflanze dort eindeutig als *F. triphylla* bestimmt worden war. Jedenfalls erscheint es sehr unwahrscheinlich, daß eine Firma von Weltgeltung wie Henderson von der Existenz einer Pflanze, die fast 30 Jahre in England in Kultur gewesen sein müßte, nichts gewußt haben sollte.

Bedeutsam ist in diesem Zusammenhang weiter, daß die erste farbige Abbildung der Spezies *F. triphylla* erst 1892 in „The Garden“ erschien und einiges Aufsehen erregte. Wenn man sich diese Daten ansieht, ist es kaum möglich, daß die erste 'Thalia', die von Turner 1855 gezüchtet wurde, eine Triphylla-Hybride gewesen sein soll, wie von vielen Autoren geschrieben wird. Es erscheint wahrscheinlicher, daß man zwei verschiedene Fuchsiensorten miteinander verwechselt hat, zumal die Züchter der damaligen Zeit oft gar nichts voneinander oder von den Züchtungen anderer Gärtner wußten. Duplikate waren deshalb häufig, wofür 'Hebe' ein typisches Beispiel ist. Die Sorte dieses Namens, die noch heute in Kultur ist, stammt von Stokes 1848. Etwa gleichzeitig gaben die Züchter Standish, Harrison, Bell und Mayle ihren neuen Sorten den gleichen Namen. Es ist also nicht verwunderlich, wenn Verwechslungen vorgekommen sind und immer noch vorkommen, denn hin und wieder taucht eine der frühen Züchtungen doch noch wieder auf.

Im „Gardener's Chronicle“ von 1875 wird eine als 'Thalia' benannte Sorte als Fuchsie mit weißem Tubus (ein Sämling von 'Venus Victrix') beschrieben, die wahrscheinlich die Turnersche Einführung gewesen ist, aber nicht mehr vorhanden zu sein scheint. Wenn auch Turner (1855) noch nicht der Züchter der ersten Triphylla-Hybride gewesen sein kann, so überrascht es bei der damaligen Begeisterung für die Fuchsien doch nicht, daß andere Züchter bald intensiv mit der neuen Spezies *F. triphylla* zu arbeiten begannen. In der Folge wurden auch *F. boliviana* Roezl (1873) und *F. corymbiflora* Ruiz et Pavon (1802) sowie *F. fulgens* De Candolle (1828, Mexiko) zu Kreuzungen mit *F. triphylla* benutzt.

Die Triphylla-Hybriden in der Reihenfolge ihrer Einführung:

'Andenken an Heinrich Henkel' (Rehnelt 1897, D)
F. corymbiflora × 'Magnifica'
Sie wurde von der Firma Henkel, Darmstadt, 1901 in den Handel gebracht. Nach Heinrich Henkel, dem Firmeninhaber, ist sie auch benannt worden. Laub dunkelgrün, unterseits rötlich, Blüten lang, lebhaft karminrot, in Trauben. Guter Herbst- und Winterblüher im Gewächshaus. Rehnelt selbst schreibt in der „Gartenwelt" vom 6. 4. 1901: „Ohne Übertreibung kann gesagt werden, daß der Blütenreichtum junger Pflanzen schwer übertroffen werden kann. Sie ist darin den Triphylla-Hybriden zum wenigsten gleich, hat aber außer anderen guten Eigenschaften vor diesen den Vorzug einer haltbaren Belaubung. Die Pflanzen werden im Winter nicht kahl und unansehnlich." Sie ist also keine eigentliche Triphylla-Hybride, wird aber von allen Autoren dieser Gruppe zugeordnet.

'Eros' (Lemoine 1878, F)
F. triphylla ×
Cremegelblich orange Blüten. Sie wurde in der Zeitschrift „The Garden" in einem Artikel mit dem Titel „Eine neue Fuchsienrasse" (S. 453, Band 71) beschrieben.

'Rubin' (Vieweg 1893, D)
F. boliviana × *F. triphylla*
Diese Sorte ist im Laub und in der Blütenfarbe der Sorte 'Mary' zum Verwechseln ähnlich. Über mehrere Ausgaben des Jahrgang 1901 von „Möllers Deutsche Gärtner-Zeitung" kann man von einem Streit der Züchter Bonstedt contra Vieweg lesen. Jeder beanspruchte die Urheberschaft für sich. Erst um die Jahrhundertwende erzielten der Leiter des Botanischen Gartens Göttingen, Carl Bonstedt, und Friedrich Rehnelt im Botanischen Garten Gießen einen wirklichen Durchbruch mit neuen Sorten der traubenblütigen Fuchsien.

'Mary' (Bonstedt 1894, D)
F. triphylla × *F. corymbiflora*
Bild Seite 106
Eine wundervolle Sorte mit dunklem Laub, rot geadert, leicht behaart und langen, leuchtend rubinroten Blüten. Sie entstand schon in Bonstedts Rostocker Zeit. Leider ist die Sorte etwas empfindlich und nicht besonders sonnenverträglich. Bei späteren Züchtungen benutzte Bonstedt darum *F. fulgens* als Kreuzungspartner.

'Superba' (Veitch & Son 1895, GB)
F. triphylla × *F. boliviana*

'Triphylla hybrida' (Lemoine 1895 F.)
F. triphylla × *F. boliviana*
Sehr langer, scharlachroter Tubus, die kurzen Petalen sind vermilionrot, Blüten bis zu 10 cm lang, das grüne Laub ist unterseits rötlich überzogen.

'Fürst Otto zu Werningerode' (Gireoud in Sagan 1898, D)
F. triphylla × 'Surprise'
Die langen Röhrenblüten sind leuchtend rosa, heller am Ende und die Petalen karminrot. Das Laub ist dunkel.

'Otto Nordenskold' (Rehnelt 1903, D)
Langer, sehr dünner, korallenroter Tubus und kurze, zinoberrote Petalen. Das Laub ist dunkelgrün mit rötlicher Unterseite.

'Großherzogin Adelheid' (Rehnelt 1903, D)
F. corymbiflora × *F. triphylla*
Diese Sorte wurde von Lambert in Trier in den Handel gebracht und erhielt ein Wertzeugnis vom Verband der Handelsgärtner. Blätter dunkelgrün, bronze überzogen, unterseits rötlich, Blüten lang, korallenrot mit orangeroten Petalen.

'Otto Fürst' (Bonstedt 1904, D)
Lange Blüten mit rosa Tubus und etwas helleren Petalen. Das Laub ist mehr bläulich grün.

'Göttingen' (Bonstedt 1904, D)
Laub dunkelpurpurn, unterseits rötlich, Kelch lachsorange, Krone zinnoberrot.

'Coralle' (Bonstedt 1905, D)
Dunkelgrünes Laub und einheitlich korallenrote Blüten. Ist wohl die heute noch am weitesten verbreitete Triphylla-Hybride.

'Thalia' (Bonstedt 1905, D)
Das Laub ist salviengrün mit metallischem Schimmer und zugespitzten Blättern. Die langen Blüten haben einen durchgehend geraden, schmalen Tubus von glühendem Orangerot mit Sepalen im gleichen Ton. Sehr robust und starkwüchsig. Gut als Beetpflanze in voller Sonne.

'Gartenmeister Bonstedt' (Bonstedt 1905, D)
Laub dunkelbronzerot, von kräftigem Wuchs. Die langtubigen Blüten sind einheitlich ziegelrot und unterscheiden sich von den Blüten der Sorte 'Thalia' nur durch eine Verdickung im unteren Tubusteil.

'Mary'

'Mantilla'

'Traudchen Bonstedt' (Bonstedt 1905, D)
F. triphylla ×
Die Blüten mit langem hellrosa Tubus und gleichfarbigen Sepalen haben eine nur wenig dunklere Korolle. Das Laub ist dunkelgrün, schwach behaart, mit einem Schimmer von bronze, unterseits rötlich. Blüht in besonders dichten Trauben überreich und fast ohne Pause.

'Bornemanns Beste' (?)
Sie ist besonders starkwüchsig und wächst, frei ausgepflanzt, schnell zu großen, kräftigen Sträuchern heran. Alle von Carl Bonstedt gezüchteten Triphylla-Hybriden wurden von seinem Freund Georg Bornemann, Gärtner in Blankenburg am Harz, in den Handel gebracht.

'Perle' (Bonstedt 1907, D)
Feines Perlrosa, an den Spitzen fast weiß, zierliche Röhrenblüten in Trauben, auffallend helles Laubwerk, Wuchs niedrig und stark verzweigt.

'Clio' (Bonstedt 1907, D)
Die sehr langen, feinröhrigen Blüten in großen Trauben sind kräftig rosa. Das grüne Laub ist schön, die Pflanze mittelhoch und buschig.

'Eros' (Bonstedt 1907, D)
Rosa Röhrenblüten mit hellen Spitzen. Während bei den anderen Bonstedt-Sorten die Trauben wie auch die einzelnen Blüten elegant herabhängen, stehen sie bei dieser aufwärts. Wuchs niedrig, straff aufrecht.

'Benita' (Rogers 1912, GB)
'Gartenmeister Bonstedt' × *F. splendens*
Blüten mit langem, dünnem Tubus, einheitlich scharlachrot, Laub bronzegrün, Wuchs lax und zwergig.

In „Gartenwelt“ vom 19. 2. 1915 berichtete Carl Bonstedt in einem Artikel „Neue traubenblütige Fuchsien“ über seine letzten Züchtungen. Der Artikel war sehr schön farbig illustriert.

'Puck'
Eine zierliche und niedrig bleibende Sorte, deren Blüten mehr vereinzelt und aufrecht stehen, mit innen weißen Kelchblättern, so daß sie kleinen Sternchen gleichen.

Die vielfältigen Formen und Farben dokumentieren die intensive Züchtungsarbeit bei Fuchsien.

'Irmgard Bonstedt'
Von niedrigem Wuchs und sehr reich blühend, Farbe der Blüten wie bei 'Georg Bornemann'.

'Winterblüher'
Zeichnet sich durch auffallend großes, saftiges Laub und straffen, aufrechten Wuchs aus. Weil sie spät zu blühen beginnt, hält die Blüte den Winter hindurch an.

'August Siebert'
hat die langröhrigste Blüte, die dunkelkirschrot ist und in großen, vielblütigen Trauben herabhängt. Sie hat dunkles Laub.

'Georg Bornemann'
Diese Sorte wird von Bonstedt besonders hervorgehoben: „Der Hauptvorzug dieser Sorte besteht aber für uns darin, daß sie es ermöglicht, jetzt alle traubenblütigen Fuchsien auch in Form von Kronenbäumchen zu ziehen, da Veredelungen darauf leicht anwachsen. Das war bislang nicht möglich, weil sie auf Unterlagen wie 'Riccartonii' und anderen nicht gedeihen. Sie erschließt dadurch eine Verwendungsmöglichkeit dieser graziösen Klasse, die besonders im regelmäßigen Garten willkommen sein wird." Wenn man sich die unglaubliche Wuchskraft von 'Bornemanns Beste' betrachtet, könnte man meinen, man habe vielleicht Bonstedts 'Georg Bornemann' umgetauft, wie das bei manchen alten Sorten geschehen ist.

'Leverkusen' (Hartnauer 1928, D)
Ein Sämling von 'Andenken an H. Henkel', entstand nach einer längeren Pause 1923 in der Werksgärtnerei der IG Farben. Sie hat normales Fuchsienlaub, das nur im Neutrieb rötlich erscheint und Blüten vom Triphylla-Typ, aber mit deutlich kürzerer Röhre. Die Blüte ist einheitlich lachskarmin mit hängenden Sepalen. 'Leverkusen' ist eine ausgezeichnete Beetpflanze von gedrungenem, mehr in die Breite gehendem Wuchs. Auf starke Temperaturschwankungen reagiert sie schnell mit Abwurf von Blüten und Knospen.

'Rocket' (Reiter 1942, USA)
'Gartenmeister Bonstedt' × 'Mrs. Victor Reiter'
Sie hat ähnliche Blüten wie 'Leverkusen' und rötlichgrünes Laub. Sie ist von buschigem, aufrechtem Wuchs.

'Trumpeter' (Reiter 1946, USA)
Sehr langer und starker Tubus. Die Blüte ist einfarbig lachsrosa, das Laub bräunlich-grün und der Wuchs, im Gegensatz zu allen Bonstedt-Sorten, deutlich hängend. Sehr schön und sehr besonders.

'Mantilla' (Reiter 1948, USA) No. 1
Bild Seite 106
Die einheitlich leuchtend karminrote Blüte ist mit ihrem sehr schlanken Tubus, den spitzen, abstehenden Sepalen und der zierlichen Korolle eine aparte Schönheit. Staubfäden und Stempel sind im Ton nur wenig heller. Das olivgrüne, rötlich überlaufene und rötlich geaderte, fein gezähnte Laub bildet einen guten Hintergrund für die Blütentrauben. Bei guter Kultur werden die Blüten 9 bis 10 cm lang. Als Wandampel an einem geschützten Platz besonders schön. 'Mantilla' war die erste bei der AFS registrierte Fuchsie.

'Tickled Pink' (Reedstrom 1957, USA) No. 308
Langer Tubus dunkelrosa, die sehr spitzen Sepalen sind außen dunkelrosa, innen weiß. Das ergibt einen sehr guten Kontrast zu der pinkfarbenen Korolle.

'Bernhard Rawlins' (Thorne 1959, GB)
Fällt durch Blüten mit fast weißem, langen Tubus und oranger Krone aus dem Rahmen der bei den Triphylla-Hybriden üblichen Farbskala. Der Wuchs ist aufrecht und nicht sehr stark.

'Grasmere' (Travis 1964, GB) No. 1151
F. cordifolia × *F. lycioides*
Obwohl die Blüten dieser schönen Sorte vom Triphylla-Typ sind, so gehört sie doch nicht direkt in diese Gruppe, wie ein Blick auf die Eltern-Arten erkennen läßt. Da diese Sorte aber die Traubenblütigkeit mit den Triphylla-Hybriden gemeinsam hat, stellt man sie der Einfachheit halber zu den Triphylla-Hybriden, denn sie ist bei den Fuchsien mit den achselständigen Blüten nicht gut einzuordnen. Dieser natürliche Hänger mit großem Laub und langem, dünnen Tubus und den einheitlich korallenroten Blüten ist von starkem, sich natürlich verzweigendem Wuchs. Besonders schön als Randbepflanzung in größeren Containern.

'Billy Green' (Züchter unbekannt, eingeführt von Rawlins 1966, GB)
Es wird vermutet, daß diese schöne Sorte eine F_3 Hybride mit 'Andenken an H. Henkel' und 'Leverkusen' Blut ist. Das Ergebnis ist jedenfalls eine starkwachsende, aufrechte Sorte mit olivgrünem Laub und langen, eleganten, lachsrosa Blüten in Trauben. Einen Hochstamm kann man ohne Mühe in einem Jahr aus dieser wirklich wunderschönen Sorte ziehen.

'Tourtonne' (van Süchtelen 1968, NL)
'Leverkusen' × 'Waternymph'
Eine besonders wärmeliebende Sorte mit langem Tubus, die Blüte ist einheitlich rosenrot, das Laub bronzegrün, von aufrechtem Wuchs.

'Harry Dunnett' (Baker-Dunnett 1974, GB) No. 1198
Der lange, bananenförmige Tubus ist rot, die Sepalen altrosa und die winzige Korolle shrimprosa, Laub mittelgrün, samtig mit bernsteinfarbigen Adern, Wuchs aufrecht.

'Stella Ann' (Baker-Dunnett 1974, GB) No. 1199
Extrem reich blühende Sorte mit mohnrotem, sehr langem Tubus und korallenroten Sepalen mit grünen Spitzen. Die kleine Korolle ist kräftig orange, das Laub ist olivgrün, rot geadert mit rötlicher Unterseite. Der aufrechte und buschige Wuchs macht die Sorte zu einer guten Beetpflanze.

'Timlin Brened' (Baker-Dunnett 1974, GB) No. 1200
Diese subtile Schönheit mit langem, flamingorosa Tubus, muschelrosa, grünspitzigen Sepalen und korallenroter Korolle ist etwas heikel und reagiert auf jeden Wechsel in Kultur oder Temperatur mit dem Abwurf der Knospen. Beim Gießen muß man vorsichtig und mehr zurückhaltend sein.

Der Züchter Karl Nutzinger, Stiftsgärtnerei Admont in der Steiermark, hat einen weiteren Beitrag zur Ausweitung des Sortiments an Triphylla-Hybriden geleistet. Alle von ihm gezüchteten Sorten eignen sich besonders gut als Garten- und Beetpflanzen.

'Präsident W. Morio' (Nutzinger 1976, A)
'Coralle' × *F. fulgens* 'Rubra Grandiflora'
Bild Seite 110
Nach dem Präsidenten der Deutschen Dahlien-, Fuchsien- und Gladiolen-Gesellschaft benannt. Die eher kleinen Blüten sind eine Melange aus rosa und orange. Die Pflanze von hängendem Wuchs ist besonders gut zur Bepflanzung von Kästen und Schalen geeignet.

'Erika Köth' (Nutzinger 1976, A)
'Coralle' × *F. boliviana*
Starkwachsende Balkon- und Beetsorte mit kleinen, orangefarbenen Röhrenblüten. Macht ein bezauberndes Hochstämmchen in relativ kurzer Zeit.

'Lilo Vogt' (Nutzinger 1976, A)
'Coralle' × *F. boliviana*
Eine Hängefuchsie mit sehr langen, eleganten, altrosa Röhrenblüten. Leider öffnen sich die Sepalen nur bei günstigsten Bedingungen. Vielleicht braucht sie mehr Wärme als unsere Sommer im Allgemeinen zu bieten haben.

'Schönbrunner Jubiläum' (Nutzinger 1976, A)
'Coralle' × *F. fulgens* var. *fulgens 'Rubra Grandiflora'*
Die langen und großen Blüten sind von einem sehr leuchtenden Rot und ausgezeichneter Substanz, der Blühbeginn leider etwas spät. Um dem etwas steifen, sparrigen Wuchs zu begegnen, muß man schon die jungen Pflanzen häufig entspitzen und dadurch zu buschigerem Wuchs anregen.

'Elfriede Ott' (Nutzinger 1976, A.)
'Coralle' × *F. splendens*
Bild Seite 110
Das eher kleine Laub ist von einem stumpfen Olivgrün, der Wuchs hängend. Die Blüten mit langem Tubus sind altrosa und die etwas dunklere Korolle halbgefüllt. Alles miteinander ergibt einen Zusammenklang von großer Schönheit. Die Sorte ist tagneutral und bei entsprechenden Voraussetzungen ein guter Winterblüher.

'Whiteknights Ruby' (J. O. Wright 1976, GB)
No. 1357
Silbermedaille Reading Show 1977.
Völlig neue Wege der Züchtung hat Mr. Wright, University of Reading, mit dieser *F. triphylla* × *F. procumbens*-Kreuzung beschritten. Das Ergebnis ist sehr schön. Der lange Tubus ist kardinalrot, an der Basis zum Ende hin mehr purpurn, die kleinen Sepalen sind ebenfalls purpurn und abstehend. Die Korolle mitsamt den Staubgefäßen ist auch einheitlich hellpurpurn. Wuchs aufrecht, mit dunklem, samtigem, rot geadertem Laub, das unterseits wie die Stiele rötlich ist.

Die Sonnenverträglichkeit der Fuchsia-Triphylla-Hybriden ist neben der reichen Farbigkeit ihre hervorstechendste Eigenschaft. Häufiges Entspitzen der jungen Pflanzen erhöht die Blütenfülle, denn jeder sich bildende Zweig endet in einer Blütentraube.
Bei ausreichender Wasserversorgung und regelmäßiger Düngung blühen sie pausenlos bis zum späten Herbst. In größeren Kübeln oder auf Schmuckbeeten wird ihre Schönheit durch Unterpflanzung mit flachwachsenden, graulaubigen Pflanzen wie *Helichrysum* oder *Senecio* noch gesteigert. Sehr schön ist auf Beeten auch eine Randbepflanzung mit buntlaubigen Fuchsien wie 'Sunray', 'Golden Glow' oder 'Golden Treasure'.

F. fulgens 'Rubra Grandiflora'

Zur Überwinterung brauchen diese wärmeliebenden Fuchsien etwas höhere Temperaturen als die übrigen Fuchsien, etwa 8 bis 10 °C.
Wer ein Gewächshaus oder einen Wintergarten zur Verfügung hat, kann die Triphylla-Hybriden durchkultivieren und hat auch noch den Winter hindurch Freude an den unermüdlich blühenden Pflanzen.

Fuchsien mit buntem oder mehrfarbigem Laub

Fuchsiensorten, die abweichend vom grünen Laub der meisten Sorten Blätter mit verschiedenen Farbkombinationen besitzen, nennt man „panaschierte Fuchsien". Sie werden wegen der Schönheit ihrer ornamentalen Blätter gezogen. Obwohl einige Sorten auch sehr ansehnliche Blüten tragen, blüht die Mehrzahl erst spät in der Saison mit kleinen rot-blauen Blüten.
Die Herkunft der panaschierten Fuchsien ist verschieden. Einige sind Züchtungen, also Hybriden, die meisten aber durch Mutationen aus gewöhnlichen, grünlaubigen Sorten entstanden. Das bekannteste Beispiel ist 'Golden Marinka', ein Sport von 'Marinka' mit goldgerandetem Laub, der die Blütenform, -farbe und alle sonstigen Eigenschaften der ursprünglichen Sorte beibehalten hat. Obwohl bei solchen spontanen Mutationen sich oft nur ein Teil der Pflanze verändert, ist die Veränderung durchaus beständig (fixiert), wenn man die mutierten Zweige zur Vermehrung durch Stecklinge nimmt. Hin und wieder kommen aber Rückbildungen mit dem ursprünglichen grünen Laub vor. Diese grünen Triebe, die starkwüchsiger als die buntlaubigen sind, müssen bald abgeschnitten werden, damit sie die panaschierte Neubildung nicht überwuchern oder gar verdrängen.
Buntlaubige Fuchsien sind in den Wuchseigenschaften so verschieden wie die übrigen Fuchsiensorten auch. Man findet Pflanzen für jeden gewünschten Verwendungszweck. Sie lassen sich als Ampeln, bepflanzt mit hängenden Sorten, als Hochstämme, Bonsais oder andere dekorative Formen erziehen. Man muß jedoch etwas mehr Geduld aufbringen, denn in der Regel sind die buntlaubigen Sorten langsamer in der Entwicklung. Einige Abweichungen von der Kultur der übrigen Fuchsien müssen beachtet werden, wenn optimale Erfolge mit dieser Gruppe erreicht werden sollen.

'Elfriede Ott'

Licht, viel Licht ist die erste Kulturvoraussetzung. Viele Sorten tolerieren sogar vollsonnige Standorte. Nur bei hellem Stand bilden die Pflanzen ihre volle Farbigkeit aus. Manche Sorten bringen an schattigen Standorten nur gewöhnliche grüne Blätter. Bei ausreichender Bodenfeuchtigkeit eignen sie sich auch für heiße, für Fuchsien sonst wenig zuträgliche Standorte. Die Bewässerung erfordert ein wenig Überlegung und Einfühlungsvermögen. Die Erde sollte fast austrocknen bevor man erneut gießt. Übergießen führt bei dieser Gruppe von Fuchsien besonders leicht zu Blattfall, schlimmstenfalls sogar zum Verlust der Pflanzen. Im Jugendstadium ist diese Gefahr am größten. Das bei grünlaubigen Fuchsien oft hilfreiche Gießen über das Laub oder Sprühen führt bei panaschierten Sorten zu braunen, unschönen Flecken am Laub. Aus diesem Grund sollte auch nicht mit mineralischen Blattdüngern gearbeitet werden. Dagegen benutzen wir während der gesamten Saison stickstoffbetonten Dünger, um das erwünschte Blattwachstum anzuregen. Auch das Substrat muß besonders durchlässig sein; mit einem Anteil an lehmhaltiger Erde. Reine Torfsubstrate lassen sich nur schwer wieder befeuchten, wenn sie einmal ausgetrocknet sind.
Mehr als 50 Sorten mit vielfarbigem Laub sind bekannt und laufend kommen noch neue hinzu. Manche werden in Spezialgärtnereien immer angeboten, gehören sozusagen zum Standardsortiment. Andere findet man nur in Liebhaber-Sammlungen, es lohnt sich aber nach ihnen zu suchen.

Fuchsiensorten mit mehrfarbigem Laub

'Autumnale' (Meteor, etwa 1880)
(syn. 'Burning Bush' oder 'Rubens')
Blüten: rot-blau, spät, einfach.
Laub: in warmen Herbsttönen, braun, kupfer, gelb und wenig grün.
Wuchs: breit ausladend.

'Blue and Gold' (Reedstrom 1956, USA) No. 254
Blüten: pink-mauve-blau, gefüllt.
Laub: goldgelb.
Wuchs: aufrecht.

'Cloth of Gold' (Stafford 1863, GB)
Blüten: rot-purpurn, einfach, spät.
Laub: goldgelb, im Austrieb rosig-bronze.
Wuchs: aufrecht und buschig.
Unter diesem Namen sind verschiedene Sorten im Umlauf.

'Coquet Gold' (Ryle 1976, GB) No. 1398
Sport von 'Belsay Beauty'
Blüten: weiß-violett-purpur, einfach.
Laub: helles Grün mit zitronengelbem Rand, manche Blätter völlig gelb.
Wuchs: aufrecht und buschig.

'Day by Day' (Wagtails 1971, GB)
Sport von 'Emile Zola'
Blüten: scharlach-purpur, einfach.
Laub: grün, creme und kirschrot.
Wuchs: aufrecht und buschig.

F. magellanica var. macrostemma 'Tricolor'
(syn. *gracilis tricolor*)
Blüten: rot-purpurn, einfach.
Laub: graugrün mit rot überzogen.
Wuchs: aufrecht, winterhart.

F. magellanica var. macrostemma 'Variegata'
(syn. *gracilis variegata*)
Blüten: rot-purpurn, lang und schmal, einfach.
Laub: grün, weiß gefleckt und umrandet, manchmal rot überlaufen.
Wuchs: aufrecht, buschig, winterhart.

'Genii' (Reiter 1951, USA)
Blüten: rot-mittelblau, früh und reich blühend, einfach.
Laub: gelb mit roter Mittelrippe und roten Stielen.
Wuchs: aufrecht, absolut winterhart.

'Gilda' (Handley 1971, GB) No. 986
Blüten: korallenrosa, jede Petale hat einen roten Rand, gefüllt.
Laub: hellgrün mit goldenem Rand.
Wuchs: aufrecht.

'Gold Brocade' (Tabraham 1976, GB)
Blüten: rot-mauve, nach pink verblühend, einfach.
Laub: goldgrün, tiefrot geadert.
Wuchs: stark, aufrecht und buschig.

'Goldcrest' (Thorne 1968, GB)
Blüten: rosa-lavendel, einfach.
Laub: goldgrün.
Wuchs: lax und buschig.

'Golden Gate' (Niederholzer 1940, USA)
Blüten: rot-purpurn, einfach.
Laub: gelbgrün.
Wuchs: kompakt und buschig.

'Golden Glory' (Gorman 1970, USA) No. 930
Blüten: orange, einfarbig, einfach.
Laub: goldgelb mit roter Basis.
Wuchs: locker und buschig.

'Golden Lena' (Nottingham 1978, GB)
Blüten: rosa-magenta, halb gefüllt (ein Sport von 'Lena').
Laub: grün, gold gerandet und gesprenkelt.
Wuchs: lax und buschig, winterhart (?).

'Golden Marinka' (Weber 1955, USA) No. 401
Blüten: rot-rot, einfach (ein Sport von 'Marinka').
Laub: grün mit goldenem Rand und roten Blattadern.
Wuchs: aufrecht mit roten Zweigen.

'Golden Treasure' (Carter 1860, GB)
(syn. 'Golden Vlees')
Blüten: scharlach-purpurn, spät, einfach.
Laub: grün mit gold.
Wuchs: aufrecht und buschig.

'Golden Violet' (Prentice 1966, USA) No. 665
Blüten: weiß-violett, gefüllt.
Laub: gelblich mit blaßgrün und roten Stielen.
Wuchs: hängend.

'Goldilocks' (Haag 1950, USA)
Blüten: rot-weiß, halb gefüllt.
Laub: goldgelb.
Wuchs: klein und buschig.

'Gold Leaf' (Gadsby 1974, GB) No. 1222
Blüten: altrosa-weiß, einfach.
Laub: goldgelb.
Wuchs: lax, buschig.

'Graf Witte' (Lemoine 1899, F)
Blüten: rot-purpurn, einfach.
Laub: gelbrün mit roter Mittelrippe und roter Aderung.
Wuchs: aufrecht, stark wachsend und buschig.

'Green 'n Gold' (Rasmussen 1954, USA)
Sport von 'Glendale'
Blüten: einfarbig korallenrosa, einfach.
Laub: klein, grün mit goldenen Rändern.
Wuchs: aufrecht und buschig.
Unter dem gleichen Namen wird auch eine rot-blau blühende Sorte verbreitet.

'Herbé de Jaques' (Schneider 1978, USA) No. 1439
Sport von 'Corallina'
Blüten: rot-purpurn wie bei 'Corallina'.
Laub: grün, golden und rot.
Wuchs: hängend.

'Humboldt Holiday' (Hasset 1980, USA) No. 1533
'Mary Ellen' × 'Cosmopolitan'
Blüten: weiß-violett und rosa, große vielfarbige Blüte, gefüllt.
Laub: gold-grün mit roten Blattadern.
Wuchs: hängend und vielverzweigt.

'Judy' (Weaver 1977, USA) No. 1431
Sport von 'Amapola'
Blüten: dunkelrosa, einfach.
Laub: grün, weiß und gelb.
Wuchs: hängend.

'Little Rascal' (So Yun 1974, USA) No. 1182
Blüten: rot-purpurn, klein, einfach.
Laub: dunkelgrün und hellgrün gemischt, das junge Laub und die Zweige sind rot.
Wuchs: hängend.

'Mexicali Rose' (Castro 1962, USA) No. 515
Blüten: rot-magenta mit orangen Flecken, gefüllt.
Laub: goldgelb.
Wuchs: aufrecht.

'Mindrum Gold' (Ryle 1975, GB) No. 1251
Blüten: rosa-violett, gefüllt.
Laub: goldgrün.
Wuchs: kompakt, niedrig.

'Morning Glow' (Gadsby 1975, GB) No. 1302
Blüten: rosa-hellblau, halb gefüllt.
Laub: goldgelb, später hellgrün.
Wuchs: aufrecht und buschig.

'Morning Light' (Waltz 1960, USA) No. 441
Blüten: Tubus und Basis der Sepalen rot, Sepalen weiß und Korolle lavendel, gefüllt.
Laub: goldgelb, rote Mittelrippe.
Wuchs: überhängend.

'Mumtaz' (Hazard and Hazard, USA, Datum unbekannt)
Blüten: rot-weiß, lang, gefüllt.
Laub: gelbgrün mit rosa Mitte.
Wuchs: aufrecht.

'Pink Lemonade' (Foster 1974, USA) No. 1172
Blüten: rot-weiß, einfach.
Laub: zitronengelb mit rosa-magenta Aderung.
Wuchs: aufrecht und buschig.

'Pixie' (Russell 1960, GB)
Sport von 'Graf Witte'
Blüten: klein, kirschrot-mauve, einfach.
Laub: gelbgrün, rot geadert.
Wuchs: starkwüchsig, aufrecht.

'President' (Standish 1841, GB)
Blüten: rot-purpurn, einfach.
Laub: grün mit sehr viel rot überzogen.
Wuchs: locker, buschig.

'Rosecroft Beauty' (Eden 1969, GB)
Sport von 'Snowcap'
Blüten: rot-weiß, halb gefüllt.
Laub: hellgrün mit schmalem, cremefarbenem Rand und kirschroten Flecken.
Wuchs: aufrecht und buschig.

'Sabina' (Tolley 1971, GB) No. 1158
Blüten: hell- bis dunkelrosa, einfach.
Laub: gelbgrün.
Wuchs: überhängend.

'Samson' (Peterson 1957, USA) No. 287
Blüten: mit langem rosa Tubus und langen Sepalen, Korolle purpurn und großblumig, gefüllt.
Laub: blaßgrün mit blaßgelb.
Wuchs: Hänger.

'Santa Clara' (Pennisi 1969, USA) No. 833
Blüten: rosa-weiß-purpurn, gefüllt.
Laub: grün-gold.
Wuchs: hängend.

'Sharpitor' (National Trust etwa 1974, GB)
Blüten: klein und zierlich, weißrosa, einfach, ähnlich 'Mrs. W. P. Wood' oder *F. magellanica* var. *molinae.*
Laub: blaßgrün mit cremefarbenem Rand.
Wuchs: überhängend und buschig.
Wurde in Wisley bei den Versuchen 1975 bis 1978 mit einem Zertifikat für besondere Winterhärte ausgezeichnet.

'Silver Jubilee' (Hobbs 1976, GB) No. 1381
Blüten: rot-weiß, gefüllt.
Laub: grün und gelb mit roten Zweigen.
Wuchs: aufrecht und buschig.

'Stanford' (Hazard and Hazard, USA)
Blüten: rot-weiß, einfach.
Laub: dunkelrot.
Wuchs: aufrecht und buschig.

'Strawberry Delight' (Gadsby 1970, GB) No. 873
Blüten: rot-weiß, rot überhaucht, gefüllt.
Laub: gelblich grün mit bronze,
älteres Laub grün.
Wuchs: hängend.

'Sundance' (Handley 1974, GB) No. 1194
Blüten: rosa-burgunder, einfach, großblütig.
Laub: blaß gelbgrün.
Wuchs: Hänger.

'Sunray' (Milne 1872, GB)
Blüten: rot-purpurn, einfach.
Laub: sehr farbenfroh, mehrere Schattierungen von grünen, weißen über creme bis gelblichen Tönen, das ganze ist dann rötlich überhaucht.
Wuchs: aufrecht.

'Ted's Rainbow' (Zerlang 1977, USA) No. 1404
Blüten: rosa-purpurn, einfach.
Laub: dunkelgrün, hellgrün und gelb, mit roten Blattadern.
Wuchs: aufrecht und buschig.

'The Small Woman' (Wagtails 1969, GB)
Sport von 'Lovable'
Blüten: rosa-lavendel, groß und gefüllt.
Laub: grün, gold gesprenkelt.
Wuchs: Hänger.

'Tom West' (Meillez 1853, F)
Blüten: rot-purpurn, spät, einfach.
Laub: blaßgrün mit creme.
Wuchs: lax, Busch oder Hänger.

'Tour Eiffel' (de Graaff 1976, NL)
Blüten: lachsrosa, einfach.
Laub: grün-bronze, rot geadert mit roten Zweigen und Stielen.
Wuchs: hängend.

'Tropic Sunset' (Antonelli 1965, USA) No. 635
'Autumnale' ×
Blüten: karmin-dunkelpurpurn, gefüllt.
Laub: klein, rotbraun mit hellgrünem Rand, rote Stiele.
Wuchs: hängend und vielverzweigt.

'Wave of Life' (Henderson 1869, GB)
Blüten: scharlach-purpurn, einfach.
Laub: goldgelb mit rosa Stielen und Zweigen.
Wuchs: hängend.

'White Gold' (York 1953, USA) No. 190
Blüten: reinweiß mit rosa Adern, einfach.
Laub: goldgelb mit roten Adern und roten Stielen, älteres Laub grün.
Wuchs: lax und buschig.

'Whiteknights Glister' (J. O. Wright 1980, GB) No. 1594
Sport von *F. magellanica* var. *molinae* × *F. fulgens*
Blüten: rötlich weiß-purpurn
Laub: grün mit cremefarbenem Rand.
Wuchs: aufrecht, langsam wachsend.

'White Pixie' (Herrist Wood 1968, GB)
Sport von 'Pixie'
Blüten: karmin-weiß mit rosa Aderung, einfach.
Laub: gelblich-grün, rot geadert.
Wuchs: aufrecht und buschig.

Fuchsiensorten aus neuerer Zeit

Die folgende Liste enthält ausschließlich Fuchsiensorten, die 1981 registriert und eingeführt wurden:
'Bette Ann Peterson' (Vee Jay Greenhouse, USA) No. 1624
'Bill's Lucky Thirteen' (Vee Jay Greenhouse, USA) No. 1623
'Blue Halo' (Stubbs, USA) No. 1615
'Brixham Orpheus' (R. Holmes, GB) No. 1643
'Cark' (Thornley, GB) No. 1635
'Cartmel' (Thornley, GB) No. 1636
'Cecile' (Whitfield, USA) No. 1609
'Celadore' (Hall, GB) No. 1613
'Carlotte Taylor' (Hill, GB) No. 1628
'Clifton Charm' (Handley, GB) No. 1626
'Copycat' (Stubbs, USA) No. 1619
'Dancing Flame' (Stubbs, USA) No. 1621
'David Chez' (Cheseldine, GB) No. 1612
'Dimples' (Storvick, USA) No. 1629
'Dusky Beauty' (Ryle/Fuchsiavale, GB) No. 1652
'Ernestine' (Stubbs, USA) No. 1616
'Grange' (Thornley, GB) No. 1637
'Harry Gray' (Dunnett, GB) No. 1607
'Imperial Fantasy (Stubbs, USA) No. 1617
'Jo Chez' (Cheseldine, GB) No. 1611
'June Elizabeth' (Thornley, GB) No. 1610
'Kenny Holmes' (R. Holmes, GB) No. 1644
'Knockout' (Stubbs, USA) No. 1622
'Lady Ramsey' (Goulding, GB) No. 1647
'Lakeland Princess' (Mitchinson/Fuchsiavale, GB) No. 1653
'Les Hobbs' (Hobbs, GB) No. 1645
'Linda Goulding' (Goulding, GB) No. 1648
'Lindsey Victoria' (Thornley, GB) No. 1638
'Lucinda' (Mitchinson/Fuchsiavale, GB) No. 1654
'Martha Brown' (Brown/Schneider, USA) No. 1659
'Mary Joan' (Caunt, GB) No. 1632
'Mary Murray' (Anonymous/Schneider, USA) No. 1658
'Mini Skirt' (Stubbs, USA) No. 1618
'My Cherie' (Hill, GB) No. 1627
'Ovation' (Stubbs, USA) No. 1614
'Oxenholme' (Thornley, GB) No. 1639
'Patricia Stanmaur' (Standen, GB) No. 1640
'Pennine' (Mitchinson/Fuchsiavale, GB) No. 1655
'Pink Cornet' (J. O. Wright, GB) No. 1650
'Pink Trumpet' (J. O. Wright, GB) No. 1630
'Playford' (Goulding, GB) No. 1649
'Real Blue' (Unknown/Smith, USA) No. 1651
'Ruby's Own' (Standen, GB) No. 1641
'Seventh Heaven' (Stubbs, USA) No. 1620
'Shirley Savage' (Hobbs, GB) No. 1646
'Stylish' (Howarth, GB) No. 1657
'Susan Green' (Caunt, GB) No. 1633
'Terry Mott' (Dunnett, GB) No. 1608
'Trimlet' (Standen, GB) No. 1642
'Valerie' (Mitchinson/Fuchsiavale, GB) No. 1656
'Vee Jay's Orchid' (Vee Jay Greenhouse, USA) No. 1625
'Voila' (Castro, USA) No. 1634
'Whiteknights Goblin' (J. O. Wright, GB) No. 1631

Registration von Neuzüchtungen

Der Registrations-Service der AFS wurde im Jahre 1948 begründet mit dem Ziel, die Nomenklatur der Fuchsien in Ordnung zu bringen und in Zukunft zu verhindern, daß 2 oder mehrere Neuzüchtungen zufällig den gleichen Namen bekommen. Was in der Vergangenheit, in der langen Kulturgeschichte der Fuchsien, bedauerlicherweise häufig vorgekommen war.
Diese verdientsvolle Arbeit wurde bald von der Internationalen Gartenbauwissenschaftlichen Gesellschaft (ISHS) anerkannt und die AFS 1967 zur Internationalen Registerstelle (IRA) der Fuchsien ernannt.

Die AFS begrüßt es und ermutigt die Züchter, ihre neuen Fuchsienhybriden registrieren zu lassen. Die registrierten Sorten werden alljährlich im März-Bulletin der Amerikanischen Fuchsien-Gesellschaft veröffentlicht. Bei der großen Verbreitung dieser Publikation ist das der beste Weg, die Fuchsienliebhaber in aller Welt mit den Neueinführungen bekannt zu machen. Gegen eine Gebühr von 1 Dollar pro Name kann der Züchter sich die vorgesehenen Namen schon 1 Jahr im voraus reservieren lassen. Der jeweilige Registrator vergleicht die vorgesehenen Namen mit allen bis dahin registrierten, reservierten oder sonst irgendwie katalogisierten und gibt entweder seine Zustimmung zur Namenswahl oder empfiehlt, wenn der Name schon existiert, eine andere Wahl zu treffen.

Anträge auf Registrierung sollten rechtzeitig und so früh wie möglich vor dem jährlichen Schlußdatum (15. Januar) eingereicht werden, egal ob ein Antrag auf Namensreservierung vorliegt oder nicht. Es ist ratsam, die vorgedruckten Formulare früh im Jahr vom Registrator anzufordern und so vollständig wie möglich zurückzuschicken. Ausführliche Beschreibungen der neuen Sorten sind notwendig, um sie von schon vorhandenen Fuchsien deutlich unterscheiden zu können.

Jeder Antrag auf Registrierung kostet 1 Dollar Gebühr, zusätzlich zu der eventuell für Namensreservierung schon gezahlten. Schecks oder Überweisungen müssen in US-Dollar ausgestellt werden.

Ein numeriertes „Certificate of Registration" wird dem Züchter für jede registrierte Sorte zugestellt.

Reservierungs- und Registrationsanträge und die diesbezügliche Korrespondenz sind an die folgende Adresse zu richten:

Recording Secretary/International Registrar
Mr. Dee Logan,
29 137 Chualar Canyon Road,
Chualar, CA
93925, (408) 679–2318

Sorten von A bis Z

'Aintree' (Need 1964, GB)
Tubus: elfenbein.
Sepalen: rosa.
Korolle: intensives Rosenrot, einfach.
Staubgefäße: elfenbein.
Stempel: weiß.
Laub: dunkelgrün und glänzend.
Wuchs: aufrecht und buschig.
Hübsche Topf- und Beetpflanze, die auch Sonne verträgt.

'Alaska' (Schnabel 1963, USA) No. 585
Tubus: weiß.
Sepalen: weiß, breit, mit grünen Spitzen.
Korolle: weiß, gefüllt.
Staubfäden: hellrosa.
Stempel: weiß.
Laub: dunkelgrün.
Wuchs: aufrecht und buschig.
Sie ist starkwachsend mit guter Verzweigung. Für eine so großblütige Fuchsie trägt sie erstaunlich viele Blüten. Da die Blüten entsprechend schwer sind, muß gut gestützt werden. Wie bei allen weißen Sorten sind die Blüten unter Glas oder an einem überdachten, schattigen Platz im Freien am schönsten. In der Kultur problemlos, ist 'Alaska' eine der besten, weißen, gefüllten Fuchsien. Es gibt noch eine zweite amerikanische Sorte mit dem Namen 'Alaska' (Roth, 1956), die auch weiß und gefüllt ist, aber kleinere Blüten hat. Diese Sorte soll an den weißen Sepalen blaue Spitzen haben. Sie ist in Deutschland offenbar nicht in Kultur.

'Aldham' (Dunnett 1978, GB) No. 1514
Tubus: weiß.
Sepalen: weiß, unterseits leicht rosa, hochgestellt.
Korolle: schneeweiß, mittelgroß, gefüllt.
Staubfäden: rötlich.
Stempel: rötlich.
Laub: dunkelgrün mit roten Adern, fein gezähnt.
Wuchs: lax-aufrecht.
Dicht gefüllte, schön geformte Blüten, die in Mengen erscheinen. Als Ampelpflanze ausgezeichnet. Ob die Wuchskraft für einen Hochstamm ausreicht, müßte man ausprobieren.

'Alice Hoffmann' (Kiese 1901, D)
Tubus: hellrot.
Sepalen: hellrot und glänzend.
Korolle: weiß, rot geadert, halb gefüllt.
Staubfäden: hellrot.
Stempel: hellrot.
Laub: broncegrün, klein.
Wuchs: aufrecht und buschig.
Diese niedrig bleibende Sorte ist besonders gut zur Beetbepflanzung geeignet. Sie ist reich blühend und sehr robust, die Blüten werden gut sichtbar über dem Laub getragen. In geschützter Lage oder in Gegenden mit mildem Klima ist sie winterhart.

'Alice Kling' (Wilson 1959, USA) No. 413
Tubus: einfarbig dunkelrot.
Sepalen: einfarbig dunkelrot.
Korolle: einfarbig dunkelrot, mittelgroße, einfache Blüten.
Staubfäden: rot.
Stempel: rot.
Laub: mittelgrün.
Wuchs: starkwüchsig mit langen Internodien.
Vielverzweigte, starkwüchsige Kletterfuchsie, die schnell eine große Höhe erreicht und unermüdlich den ganzen Sommer hindurch blüht. Hitzebeständig.

'Alison Ryle' (Dr. M. Ryle 1968, GB) No. 1112
('Tennessee Waltz' × 'Lena Dalton')
Tubus: fuchsienrosa.
Sepalen: fuchsienrosa mit hellen Spitzen.
Korolle: tief lavendelblau, rosa Adern, halbgefüllt.
Staubgefäße: rot.
Stempel: rosa.
Laub: dunkelgrün.
Wuchs: aufrecht, gut verzweigt.
Gute Beetsorte, die volle Sonne verträgt.

'Alsternixe' (Nutzinger 1971, A)
Tubus: rot.
Sepalen: rot.
Korolle: blau, einfach.
Staubfäden: rot.
Stempel: rot.
Laub: dunkelgrün.
Wuchs: aufrecht und stark.
Die Sorte ist vorzüglich zur Beetbepflanzung auf größeren Flächen geeignet. Die zierlichen Blüten von leuchtender Farbe bedecken die Pflanzen in Mengen. Ob dieser *F. magellanica* 'Gracilis'-Abkömmling winterhart ist, wäre einen Versuch wert.

'Ambassador' (Jones & Machado 1962, GB)
Tubus: weiß mit rosa Anflug.
Sepalen: weiß, unterseits rosa.
Korolle: violett-purpurn, nach lila-rosa verblühend, einfach.
Staubfäden: rosa.
Stempel: rosa.
Laub: mittelgrün, roter Mittelnerv.
Wuchs: aufrecht und stark wachsend.
Die einfache Blüte ist sehr groß und wohlgeformt, die Knospen lang und elegant. Gut als Busch sowohl wie auch als Hochstamm.

'Amelie Aubin' (Eggebrecht 1884, D)
Tubus: weiß.
Sepalen: weiß mit grünen Spitzen.
Korolle: karmin, weiß an der Basis, einfach.
Staubfäden: blaßrosa.
Stempel: weiß.
Laub: hellgrün.
Wuchs: überhängend, mit Stützen auch als Busch zu ziehen.
Sie hat lange Internodien und verzweigt sich nur nach öfterem Entspitzen. Gut als reich blühende Ampelpflanze oder als Randbepflanzung in großen Containern. Auf einem Hochstamm, der viele Jahre alt werden kann, kommen die leuchtenden, wohl geformten Blüten besonders gut zur Geltung.

'America' (Niederholzer 1941, USA)
Tubus: weiß, dünn und sehr lang.
Sepalen: weiß mit rosa Hauch, unterseits kirschrot mit weißem Rand.
Korolle: krimson, weißrosa geadert an der Basis, einfach.
Staubfäden: blaßrosa.
Stempel: blaßrosa.
Laub: hellgrün.
Wuchs: hängend.
Eine langsam wachsende und durchaus nicht leicht zu pflegende Sorte von großer Schönheit. Im Sommer will sie an einem kühlen, schattigen Platz stehen. Bei der Winterruhe darf die Temperatur aber nicht unter 10 °C absinken.

'Amy Lye' (Lye 1885, GB)
Tubus: grünlich-weiß.
Sepalen: creme, grüne Spitzen.
Korolle: orange bis korallenrot, einfach.
Staubfäden: rosa.
Stempel: weiß.
Laub: dunkelgün, rote Mittelrippe, Neuaustrieb bronce.
Wuchs: ausladend, mit Stützen und Entspitzen auch als Busch zu ziehen.
Gute, alte Sorte, auf die der vielzitierte Lye's Wertstempel (Hallmark) ohne jeden Vorbehalt gesetzt werden darf. Für 'Amy Lye' typisch und ein gutes Erkennungszeichen sind die deutlichen Falten in den Petalen. Starkwüchsig, problemlos und für alle Wuchsformen geeignet. Die klaren Farben auf dem dunklen Laub sind eine Augenweide.

'Andromeda' (De Groot 1968, NL)
(*F. regia* var. *typica* × 'Upward Look')
Tubus: hellrot.
Sepalen: hellrot, grüne Spitzen.
Korolle: lilarosa, heller an der Basis, rot geadert, einfach.
Staubfäden: kirschrot.
Stempel: kirschrot.
Laub: dunkelgrün, klein.
Wuchs: aufrecht.
Aus jeder Blattachsel der buschigen Pflanze kommen 4 bis 6 der zierlichen seitwärts-aufwärts gerichteten, wohlgeformten Blüten. Baut sich ganz natürlich buschig auf und macht ein sehr schönes Stämmchen. Gut auch als Beetpflanze.

'Angela Leslie' (Tiret 1959, USA) No. 382
Tubus: pink.
Sepalen: pink, unterseits dunkler.
Korolle: blaßrosa mit dunkleren rosa Adern, gefüllt.
Staubfäden: rosa, manchmal mit Petaloiden.
Stempel: rosa.
Laub: mittelgrün.
Wuchs: aufrecht, buschig und gut verzweigt.
Für eine pastellfarbene Fuchsie mit so großen Blüten ist sie auffallend starkwüchsig. Sie liebt es schattig und kühl. Wegen der schweren Blüten muß man stützen.

'Angeline' (Dunnett 1979, GB) No. 1515
Tubus: weiß, lang und dünn.
Sepalen: weiß mit rosa Hauch, grüne Spitzen.
Korolle: Campanula-violett, mit rosa Flecken.
Staubfäden: rosaweiß.
Stempel: weiß.
Laub: mittelgrün, schmal.
Wuchs: Hänger, mit kurzen Internodien, gut verzweigt.
Reich blühende Ampelsorte. Apart und charakteristisch die dicht gefüllte Korolle an dem langen, eleganten Tubus.

'Angel's Flight' (Martin 1957, USA) No. 320
Bild Seite 130
Tubus: weiß, rosa überzogen.
Sepalen: rosa, unterseits und an der Basis dunkler.
Korolle: weiß, rosa geadert, gefüllt.
Staubfäden: rosa.
Stempel: weiß.
Laub: mittelgrün.
Wuchs: lax-aufrecht oder hängend, mit Stütze auch als Busch.
Eine besonders hübsche Sorte unter den fast weißen. Die Sepalen drehen sich elegant und graziös um den Tubus. Auf einem kühlen, schattigen, geschützten Platz ist sie leicht zu kultivieren.

'Annabel' (Dr. M. Ryle 1977, GB) No. 1476
('Ingram Maid' × 'Nancy Lou')
Tubus: weiß, rosa gestreift, lang.
Sepalen: weiß mit rosa Hauch, hochstehend.
Korolle: weiß, ganz schwache rosa Adern, gefüllt.
Staubgefäße : hellrosa.
Stempel: hellrosa.
Laub: hellgrün, in der Spitze gelblich.
Wuchs: aufrecht.
Sie ist eine hervorragende fast weiße Fuchsie, die in Manchester mit der Silbermedaille ausgezeichnet wurde. Der etwas lose Wuchs trägt trotzdem die schweren, langen, schön geformten Blüten gut.

'Auntie Jinks' (Wilson 1970, GB)
Tubus: rosarot, lang.
Sepalen: weiß mit rotem Rand, hochgestellt, oft gerollt.
Korolle: dunkelkirschrot, an der Basis heller, einfach.
Staubfäden: pink.
Stempel: pink.
Laub: dunkelgrün, klein und spitz, fein gezähnt.
Wuchs: hängend, sehr elastisch, dicht verzweigt.
Dieser 'Checkerboard'-Sämling bringt eine sagenhafte Blütenfülle und ist als Ampelpflanze ausgezeichnet und problemlos zu kultivieren.

'Aunt Juliana' (Hanson 1950, USA)
Tubus: karminrot.
Sepalen: karminrot.
Korolle: klares Lavelblau, rot geadert, gefüllt.
Staubgefäße: rot.
Stempel: rot.
Laub: mittelgrün.
Wuchs: hängend.
Dieser Sport von 'Uncle Jules' ist eine ganz vorzügliche Ampelpflanze mit großen, wunderschön geformten Blüten. Bei guter Kultur und an einem geschützten Platz, vielleicht an der Hauswand, ist sie von einmaliger Schönheit.

'Aviator' (Diener 1939, USA)
Tubus: rot.
Sepalen: rot, lang und schmal, elegant gedreht.
Korolle: elfenbeinweiß, wenig rot geadert, lang, einfach.
Staubfäden: rot.
Stempel: rot.
Laub: hellgrün, auffällig rot geadert.
Wuchs: aufrecht und stark.
Eine sehr schöne ältere Sorte, die durchaus eine weitere Verbreitung verdienen würde.

'Baby Chang' (Hazard & Hazard 1950, USA)
Tubus: orangerot, lang.
Sepalen: orangerot, hochgeschlagen, grüne Spitzen, unterseits gelbgrün.
Korolle: orange, einfach.
Staubfäden: orange, eingeschlossen.
Stempel: gelblich.
Laub: klein, mittelgrün.
Wuchs: hängend, sehr elastisch.
Zauberhafte Miniatur-Blüten mit der Pagodenform von 'Chang'. Häufiges Entspitzen führt zu extrem reicher Blüte. Guter Winterblüher im Gewächshaus.

'Ballerina' (Götz 1967, D)
Tubus: rot.
Sepalen: rot.
Korolle: weiß, einfach.
Staubfäden: rot.
Stempel: rosa.
Laub: dunkelgrün.
Wuchs: aufrecht und buschig.
Sehr reich- und frühblühende Balkon- und Beetfuchsie.

'Barbara' (Tolley 1971, GB) No. 1155
Tubus: hellrosa.
Sepalen: rosa, unterseits dunkler.
Korolle: rosa, einfach.
Staubfäden: dunkelrosa.
Stempel: rosa.
Laub: mittelgrün.
Wuchs: aufrecht und buschig.
Dieser Sämling von 'Display' ist extrem reichblühend und gut sonnenverträglich. Für jede Wuchsform, die eine aufrecht Pflanze voraussetzt, geeignet. Sehr gut auch als Hochstamm.

'Beacon Rosa' (Bürgi-Ott 1972, CH)
Tubus: rosenrot.
Sepalen: rosenrot.
Korolle: rosa, leicht geadert, einfach.
Staubfäden: rosa.
Stempel: rosa.
Laub: dunkelgrün.
Wuchs: aufrecht und gut verzweigt.
In der Farbe gefälliger als die alte 'Beacon'. Sehr gut als Beetpflanze mit guter Regenfestigkeit.

'Beauty of Bath' (Colville 1965, GB)
Tubus: weißrosa.
Sepalen: weißrosa, unterseits dunkler, rot gerandet, grüne Spitzen.
Korolle: cremeweiß, lang, gefüllt.
Staubfäden: blaßrosa.
Stempel: weißrosa.
Laub: mittelgrün, glänzend.
Wuchs: aufrecht und buschig, wenn früh entspitzt wird.
Robuste und reichblühende, fast weiße Sorte. Die Blüten sind lang und wohlgeformt. Von 'Angels Flight', mit der sie häufig verwechselt wird, ist sie einmal durch den straff aufrechten Wuchs mit starken Zweigen, dann aber auch durch die nicht gedrehten, rot gerandeten Sepalen zu unterscheiden.

'Beauty of Exeter' (Letheren 1890, GB)
Tubus: lachsrosa, lang.
Sepalen: lachsrosa.
Korolle: etwas dunkleres Lachsrosa, halbgefüllt.
Staubfäden: rosa.
Stempel: weißrosa.
Laub: gelb-grün.
Wuchs: überhängend, sparrig, robust.
Nur regelmäßiges, frühes Entspitzen bringt diese schönblütige Pflanze in eine ansprechende Form. Besonders gut als Hochstamm.

'Beauty of Swanley' (Lye 1875, GB)
Tubus: wachsweiß mit rosa Hauch.
Sepalen: wachsweiß, hochgeschlagen, grüne Spitzen.
Korolle: babyrosa, einfach.
Staubfäden: weiß.
Stempel: weiß.
Laub: mittelgrün.
Wuchs: breit aufrecht, mit biegsamen Zweigen und kurzen Internodien.
Der subtile Charme der Blüten will aus der Nähe betrachtet werden. Die zarte Schönheit ist dennoch mit wenig Pflege zufrieden und bringt eine Fülle dieser wie aus Porzellan wirkenden Blüten. Gut als Busch oder Hochstamm.

'Bellbottoms' (Castro 1972, USA) No. 1029
Tubus: hell-lachsrosa, lang.
Sepalen: hell-lachsorange, unterseits dunkler, grüne Spitzen, lang und schmal.
Korolle: rauchiges Orange, am Grund heller, einfach.
Staubfäden: lachsrosa.
Stempel: lachsrosa.
Laub: hellgrün.
Wuchs: aufrecht.
Eine der hübschesten Blüten in dieser Farbstellung. Strahlend, elegant und großblütig. Blüht in verschiedenen Perioden, im Gewächshaus sogar im Winter.

'Belle De Lisse' (de Graaff 1977, NL)
('Trail Blazer' ×)
Tubus: weißrosa.
Sepalen: weißrosa, grüne Spitzen.
Korolle: helles Lilarosa, gefüllt, die äußeren Petalen sind kürzer als die inneren.
Staubfäden: rosa.
Stempel: rosa.
Laub: hellgrün, groß.
Wuchs: aufrecht bis überhängend.
Reichblühende, form- und farbschöne Neuheit aus Holland, die ihren Weg machen wird.

'Berba' (Bats 1979, NL)
Tubus: weiß, sehr lang, bis zu 5 cm.
Sepalen: rosa, unterseits tiefrosa, grüne Spitzen, hochgeschlagen.
Korolle: tiefrosenrot mit dunkleren Rändern, salmrosa Flecken an der Basis, halb gefüllt ('Mevrouw Goyaerts' ×?).
Staubfäden: rot.
Stempel: hellrosa.
Laub: mittelgrün, mittelgroß.
Wuchs: Hänger, der sich gut verzweigt.

'Berkeley' (Reiter 1955, USA) No. 233
Tubus: hellrosa.
Sepalen: hellrosa, breit, hochgestellt.
Korolle: leuchtend tyrisch-rot, gefüllt.
Staubfäden: hellrosa.
Stempel: weißrosa.
Laub: mittelgrün.
Wuchs: lax-überhängend.
Große, rundliche Blüten, die in Mengen erscheinen. Nach der ersten Hochblüte legt die Pflanze eine kurze Ruhepause ein, um dann unerschöpflich bis zum Frost durchzublühen. Sehr gut zur Bepflanzung von Balkonkästen oder für den Rand größerer Container geeignet.

'Berliner Kind' (Eggebrecht 1882, D)
('Schneewittchen × Goliath')
Tubus: scharlachrot, kurz.
Sepalen: scharlachrot, wächsern, grüne Spitzen.
Korolle: milchweiß, wenig geadert, dicht gefüllt, von perfekter Form.
Staubfäden: rosa.
Stempel: weiß.
Laub: dunkelgrün, roter Mittelnerv, rote Stiele.
Wuchs: locker aufrecht bis überhängend.
Bei allen Sorten, die sich über einen so langen Zeitraum in Kultur befinden und heute noch weit verbreitet sind, kann man erstklassige Qualität als selbstverständlich voraussetzen. So ist es auch in diesem Fall. Die rundlichen Blüten sind von hervorragender Substanz und bleiben darum tagelang schön. Sie überschütten förmlich die Pflanze, die nicht sehr hoch wird (etwa 30 cm), sich aber gut verzweigt.

'Bianca' (Pennisi 1967, USA) No. 715
Tubus: weiß und kurz.
Sepalen: weiß.
Korolle: weiß, groß, gefüllt.
Staubfäden: weiß.
Stempel: weiß.
Laub: mittelgrün.
Wuchs: hängend.
Die Zweige sind, selbst gestützt, fast zu schwach, um die schweren Blüten zu tragen. Nicht zu verwechseln mit 'La Bianca' von Tiret.

'Bicentennial' (Paskensen 1976, USA) No. 1344
Bild Seite 131
Tubus: weiß, lang und dünn.
Sepalen: hellorange, lachs unterseits.
Korolle: magenta Petalen mit orangen Streifen, umgeben von orangen Petaloiden, gefüllt.
Staubfäden: rosa.
Stempel: weißrosa.
Laub: mittelgrün.
Wuchs: aufrecht, überhängend.
Diese Sorte wurde zur 200-Jahr-Feier der USA herausgebracht. Die mittelgroßen Blüten sind wohlgeformt und von großer Leuchtkraft, besonders bei sonnigem Stand. Die Pflanze verzweigt sich natürlich und ist besonders für Ampeln geeignet.

'Bishop's Bells' (Gadsby 1970, GB) No. 869
Tubus: rosenrot.
Sepalen: rosenrot, grüne Spitzen, extrem lang und breit.
Korolle: violett-purpur, rosa geadert, halb gefüllt.
Staubfäden: pink.
Stempel: pink.
Laub: mittelgrün.
Wuchs: aufrecht.
Ein 'Caroline'-Sämling mit schönen Blüten, muß früh und wiederholt entspitzt werden, wenn man eine buschige Pflanze anstrebt.

'Blue Pinwheel' (Stubbs 1970, USA) No. 902
Tubus: hellrot, lang und dünn.
Sepalen: hellrot, schmal und gedreht.
Korolle: lavendelblau, rosa an der Basis, einfach.
Staubfäden: rosa.
Stempel: rosa, sehr lang.
Laub: mittelgrün.
Wuchs: hängend.
Der Name ist gut gewählt. Die eleganten Sepalen bilden mit etwas Phantasie die Form einer Sicherheitsnadel. Starkwüchsige, reichblühende Ampelpflanze, die auch hübsch als Miniatur-Bäumchen aussieht.

'Blue Ribbon' (Fuchsia-La 1967, USA) No. 695
Tubus: blaßrosa.
Sepalen: blaßrosa, mit der Korolle verwachsen.
Korolle: weiß, eckig, gefüllt.
Staubfäden: blaßrosa.
Stempel: blaßrosa.
Laub: mittelgrün.
Wuchs: lax-aufrecht.
Oft hört man die erstaunte Bemerkung: „Aber die Blüte ist doch gar nicht blau!" Blaue Schleifen (Blue Ribbon's) werden in Amerika auf den Fuchsien-Ausstellungen als Auszeichnung verliehen, wenn eine Sorte besondere Qualitäten hat.

'Blue Veil' (Pacey 1980, GB)
Tubus: reinweiß.
Sepalen: reinweiß, breit.

Korolle: lobeliablau, gefüllt.
Staubfäden: rot.
Stempel: rot.
Laub: mittelgrün.
Wuchs: stark, hängend.
Eine Sorte mit wunderschöner Farbkombination, stark gefüllten, wohlgeformten Blüten, die auch im Verblühen nicht rötlich werden.

'Blush of Dawn' (Martin 1962, USA) No. 516
Bild Seite 131
Tubus: grünweiß.
Sepalen: weiß mit grünen Spitzen, blaßrosa unterseits.
Korolle: ganz blasses lilarosa, gefüllt.
Staubfäden: hellkirschrot.
Stempel: weiß.
Laub: mittelgrün.
Wuchs: buschig überhängend.
Diese zartfarbene, großblütige Sorte entfaltet ihre volle Schönheit nur im Gewächshaus. Die Pastellfarben werden vom Regen leicht fleckig. Sehr schön auch als Wandampel unter einem Vordach.

'Bobby Shaftoe' (Ryle 1970, GB) No. 1113
Tubus: weiß.
Sepalen: weiß, grüne Spitzen.
Korolle: weiß mit etwas Rosa an der Basis, halbgefüllt.
Staubfäden: kirschrot.
Stempel: weiß.
Laub: dunkelgrün, klein.
Wuchs: aufrecht.
Sehr schöner, vielverzweigter Wuchs mit kurzen Internodien. Die wohlgeformten Blüten erscheinen in ernormer Fülle.

'Boerhave' (van Wieringen 1970, NL)
Tubus: tiefrot und sehr lang.
Sepalen: tiefrot, schmal, zugespitzt.
Korolle: rosig-purpurn, einfach.
Staubfäden: kirschrot.
Stempel: dunkelrosa, sehr lang.
Laub: mittelgrün, rot geadert.
Wuchs: hängend.
Eine gute, starkwachsende Ampelsorte mit außerordentlich langen, schlanken Blüten.

'Bon Accord' (Crousse 1861, F)
Tubus: weiß.
Sepalen: weiß.
Korolle: blaßrosa-purpur, einfach.
Staubfäden: blaßrosa.
Stempel: weiß.
Laub: mittelgrün und klein.
Wuchs: straff, aufrecht.
Dies ist die bekannteste Sorte aus einer kleinen Gruppe von Fuchsien mit aufrecht stehenden Blüten. In Amerika, aber auch in Deutschland, wird sie von manchen Gärtnern unter dem Namen 'Erecta Novelty' angeboten. Beide Sorten sind absolut identisch. Um die Verwirrung vollständig zu machen: Dr. Essig beschreibt in seiner Check-List von 1934 'Erecta Novelty' als rot, weiß und leicht pink, die Korolle mit rosa Rand und aufrechten Blüten. Vielleicht war 'Erecta Novelty' ursprünglich doch eine eigenständige Sorte? Wie auch immer, was heute unter dem Namen 'Bon Accord' kultiviert wird, ist eine vielseitig verwendbare, sehr dekorative Fuchsie mit dem Flair des Besonderen.

'Bon Bon' (Kennett 1963, USA) No. 592
Tubus: grün-weiß, sehr lang.
Sepalen: ganz helles Rosa, unterseits etwas dunkler.
Korolle: fast weiß, leicht rosa überhaucht, gefüllt.
Staubfäden: hellrosa.
Stempel: weiß.
Laub: mittelgrün.
Wuchs: lax-überhängend.
Eine bezaubernde, nicht ganz einfach zu kultivierende Fuchsie. In einer Ampel sehen die langen Zweige mit den besonders geformten Blüten gut aus. Sie sollte als Jungpflanze mehrmals entspitzt werden. Leider überlebt sie eine Winterruhe nur selten, darum sollte man immer einige Jungpflanzen aus Herbstvermehrung parat halten.

'Bonnie Lass' (Waltz 1962, USA) No. 522
Bild Seite 130
Tubus: schneeweiß, lang und dünn.
Sepalen: schneeweiß außen, blaßrosa unterseits, steil aufrecht stehend, lang und schmal.
Korolle: klares Blauviolett, hübsch rötlich verblühend, einfach bis halbgefüllt.
Staubfäden: kirschrot.
Stempel: weiß.
Laub: dunkelgrün.
Wuchs: aufrecht.
Diese Sorte ist reichblühend mit langen, eleganten Blüten in klaren Farben. Bevorzugt einen kühlen, schattigen Platz. Im übrigen ist Sorgfalt bei der Pflege angebracht, wie bei anderen weiß-blauen Fuchsien schon gesagt wurde.

'Bouffant' (Tiret 1949, USA) No. 32
Tubus: rot und lang.

Sepalen: rot.
Korolle: weiß, leicht rot geadert, einfach.
Staubfäden: rot.
Stempel: rot.
Laub: mittelgrün mit roter Aderung.
Wuchs: hängend.
Eine starkwachsende, reich blühende Sorte von guter Fernwirkung. Sie verzweigt sich relativ gut und die langen Triebe kommen am besten in größeren Containern zur Geltung. Problemlos zu kultivieren und jeder Steckling bewurzelt.

'Bountiful' (Munkner 1963, USA) No. 564
Tubus: weiß und lang.
Sepalen: rosaweiß, unterseits etwas dunkler, lang mit grünen Spitzen.
Korolle: milchweiß, leicht rosa geadert, gefüllt.
Staubfäden: rosa.
Stempel: blaßrosa.
Laub: mittelgrün.
Wuchs: aufrecht und buschig.
Der Name ist sehr gut gewählt und beschreibt treffend die überreiche Blütenfülle und das ausgezeichnete Wachstum dieser Fuchsie. Als Busch erfordert sie Stützen, um das Gewicht der vielen schweren Blüten tragen zu können und natürlich eine gute Ernährung. Ein Spalier von 'Bountiful' im Gewächshaus oder an einem sehr geschützten Platz ist überwältigend.

'Bow Bells' (Handley 1972, GB) No. 1051
Bild Seite 130
Tubus: grünweiß.
Sepalen: weiß, grüne Spitzen.
Korolle: magentarot, an den Rändern dunkler, weiß an der Basis, einfach bis halbgefüllt.
Staubfäden: hellrosa.
Stempel: weiß.
Laub: hellgrün.
Wuchs: locker, ausgebreitet, gestützt auch aufrecht.
Eine früh blühende Sorte mit großen Blüten von guter Substanz.

'Bridal Veil' (Waltz 1963, USA) No. 586
Tubus: weiß.
Sepalen: weiß, grüne Spitzen, kreppartig an der Unterseite.
Korolle: cremeweiß, dicht gefüllt.
Staubfäden: blaßrosa.
Stempel: weiß.
Laub: dunkelgrün und klein.
Wuchs: überhängend oder gestützt als lockerer Busch.
Eine ziemlich robuste, weiße Sorte, die wie alle weißen Fuchsien einen schattigen, geschützten Platz braucht. Gegen Hitze nicht besonders empfindlich.

'Buddha' (Fuchsia-La 1968, USA) No. 799
Tubus: weiß, lang und dick.
Sepalen: weiß mit rosa Hauch, unterseits rosa, grüne Spitzen, breit.
Korolle: schönes Weinrot mit einigen rosa Flecken, gefüllt.
Staubfäden: rosa.
Stempel: weiß bis rosa.
Laub: dunkelgrün.
Wuchs: locker, aufrecht.
Ein kräftiger Wachser, der auch verhältnismäßig fleißig blüht. Die Zweige sind spröde und leicht brüchig. Man muß, damit die schweren, schön geformten Blüten keinen Schaden anrichten, immer gut stützen.

'Caledonia' (Lemoine 1889, F)
Tubus: kirschrot, sehr lang und dünn.
Sepalen: kirschrot, überhängend.
Korolle: crimson-rot, einfach.
Staubfäden: kirschrot.
Stempel: kirschrot.
Laub: mittelgrün.
Wuchs: aufrecht und buschig, mit elastischen, dünnen Stielen.
Eine besonders attraktive Fuchsie mit eleganten, zierlichen Blüten. Sie ist unter guten Bedingungen sogar relativ winterhart.

'Callaly Pink' (Ryle 1974, GB) No. 1334
Tubus: weiß, rosa gestreift.
Sepalen: weiß, unterseits rosa, hochgeschlagen, grüne Spitzen.
Korolle: muschelrosa, einfach.
Staubfäden: rosa.
Stempel: weißrosa.
Laub: mittelgrün, roter Mittelnerv.
Wuchs: aufrecht und buschig.
Mittelgroße, rosa Blüten von ausgezeichneter Substanz. Die Pflanze ist starkwüchsig und läßt sich gut als Busch oder auch als Hochstamm ziehen. Sehr dekorativ und reichblütig.

'Candlelight' (Waltz 1959, USA) No. 391
Tubus: weiß.
Sepalen: weiß, unterseits blaßrosa.
Korolle: violett-purpur, rot verblühend, gefüllt.
Staubfäden: rosa.
Stempel: weiß.
Laub: dunkelgrün.

Wuchs: aufrecht.
Wie bei vielen weiß-blauen Fuchsien hat man manchmal auch bei dieser den Eindruck, daß die Pflanze zweierlei Blüten trägt. Bei so dichtbelaubten Fuchsien mit sukkulenten Zweigen ist es angebracht, gut auf Botrytis-Befall zu achten.

'Cameron Ryle' (Ryle 1971, GB) No. 1024
('Lena Dalton' × 'Citation')
Tubus: weiß.
Sepalen: weiß mit grünen Spitzen, unterseits rosig.
Korolle: purpurblau, im Verblühen rötlich, halbgefüllt.
Staubfäden: pink.
Stempel: weiß.
Laub: mittelgrün.
Wuchs: aufrecht und buschig.
Eine besonders reich blühende Sorte mit mittelgroßen, hübschen Blüten in der so begehrten Kombination weiß-blau.

'Carnival' (Tiret 1956, USA) No. 250
Bild Seite 134
Tubus: weiß und lang.
Sepalen: schneeweiß und glänzend, außen hellgrün, zum Tubus gerollt.
Korolle: spiräenrot, sehr strahlend, gefüllt.
Staubfäden: weiß.
Stempel: weiß.
Laub: grasgrün.
Wuchs: lax-überhängend.
Diese Blüten erzwingen Aufmerksamkeit und kommen am Besten an einem Hochstamm oder am Spalier gezogen zur Geltung. Auch eine Ampel mit dieser Sorte wird immer beeindrucken.

'Caroline' (Miller 1967, GB)
Bild Seite 134
Tubus: cremerosa.
Sepalen: hellrosa, unterseits dunkler, grüne Spitzen.
Korolle: hell-lavendel, rosa an der Basis, einfach.
Staubfäden: rosa.
Stempel: weißrosa.
Laub: mittelgrün.
Wuchs: aufrecht.
Eine wunderschöne Fuchsie, die man gerne besitzen möchte. Daß 'Citation' die Mutter ist, kann man an der Blütenform nicht übersehen; diese klassische Form ist nicht allzu häufig. Besondere Vorsicht mit der Gießkanne und nicht zu schnell in größere Töpfe umpflanzen. Wer diese beiden Punkte beachtet, wird Erfolg mit ihr haben. Auch eine vorbeugende Behandlung gegen *Botrytis*, besonders im Frühjahr, ist angebracht.

'Capri' (Schnabel-Paskesen 1960, USA) No. 418
Bild Seite 134
Tubus: kurz und dick, grünlich-weiß.
Sepalen: strahlend weiß, mit grünen Spitzen, unterseits kreppartig.
Korolle: blauviolett, dicht gefüllt, mit vielen Petalen.
Staubfäden: blaßrosa.
Stempel: weiß.
Laub: dunkelgrün, mit rotem Mittelnerv.
Wuchs: überhängend, Ampelpflanze.
Die Riesenblüten werden eigentlich nur im Treibhaus richtig schön. Wenn der Name den Eindruck von einem Blau wie in der Grotte von Capri suggerieren soll, so bleibt die Wirklichkeit hinter der Vorstellung leider weit zurück.

'Carmel Blue' (Hodges 1956, USA) No. 247
Tubus: weiß, lang.
Sepalen: weiß, grüne Spitzen.
Korolle: blau, im Verblühen purpurn, einfach.
Staubfäden: rosa.
Stempel: weiß.
Laub: mittelgrün.
Wuchs: aufrecht und buschig.
Das wunderschöne Blau der eleganten, langen Blüten verfärbt sich leider beim Älterwerden zu einem rötlichen Purpur. Die Sonne färbt den anfangs schneeweißen Kelch rosa. Wenn man die Pflanze kühl und schattig hält, hat man länger Freude an dieser besonders schönen Farbkombination. Auf Spinnmilben-Befall achten! Im Handel auch unter dem Namen 'Bavaria' bekannt.

'Celia Smedley' (Roe 1970, GB)
('Joy Patmore' × 'Glitters')
Tubus: grünweiß.
Sepalen: rosaweiß, unterseits dunkler und gekreppt, mit grünen Spitzen.
Korolle: reines Johannisbeerrot, nicht verblauend, weiß an der Basis, einfach.
Staubfäden: rosa.
Stempel: weiß.
Laub: mittelgrün, fein gezähnt.
Wuchs: straff aufrecht, sehr starkwüchsig.
Eine der besten englischen Sorten, gleichgut als Topfwie als Beetpflanze, in Sonne oder Schatten. Dem etwas starren Wuchs muß man durch häufiges Entspitzen begegnen. Macht einen sehr schönen Hochstamm in einer Saison.

'Centrepiece' (Fuchsia Forest 1964, USA) No. 604
Tubus: rosenrot.
Sepalen: rosenrot und breit.
Korolle: rosa Petaloiden umgeben die lavendelblauen Petalen, halbgefüllt.
Staubfäden: rosa.
Stempel: weiß.
Laub: mittelgrün.
Wuchs: Hänger mit relativ steifem Wuchs.
Blüht mit großen Blüten reich und lange. Besonders schön als Ampel mit mindestens 5 Pflanzen bestückt.

'Chang' (Hazard & Hazard 1946, USA)
Tubus: orangerot.
Sepalen: orangerot, unterseits heller, grüne Spitzen.
Korolle: leuchtend orange, einfach.
Staubfäden: blaßrosa.
Stempel: weiß.
Laub: groß, hellgrün.
Wuchs: aufrecht, breit ausladend.
Dieser Sämling von *F. cordifolia* besticht durch nicht sehr große, aber strahlende Blüten im auffälligsten Orange. Jede Blüte gleicht einer kleinen Pagode. Der Wuchs ist eigenwillig, auch durch häufiges Entspitzen läßt sich daran nicht viel ändern. Als Hochstamm an einem sonnigen Platz im Garten ausgepflanzt, ist sie ein unübertroffener Blickfang.

'Charlotte' (Handley 1976, GB) No. 1366
Tubus: rosig-pink.
Sepalen: rosig-pink, steil aufrecht.
Korolle: lachs-pink, einfach.
Staubfäden: blaßrosa.
Stempel: blaßrosa.
Laub: dunkelgrün, gezähnt, rot geadert, rote Stiele.
Wuchs: aufrecht, buschig und gut verzweigt.
Die schön geformte Korolle besteht aus 4 fast runden, etwas gekräuselten und gefalteten Petalen. Obwohl die Sorte nicht besonders starkwüchsig ist, müßte sie einen hübschen Fußstamm abgeben.

'Charming' (Lye 1895, GB)
('Arabella improved' × 'James Lye')
Tubus: karmin.
Sepalen: kirschrot, hochgestellt.
Korolle: rosig-purpurn, heller an der Basis, einfach.
Staubfäden: rot.
Stempel: rot.
Laub: hellgrün, an den Triebspitzen gelblich.
Wuchs: aufrecht und buschig.
Eine leicht zu kultivierende alte Sorte, die 1929 eine Verdienstmedaille von der RHS bekam.

'Checkerboard' (Walker & Jones 1948, USA)
Tubus: rot und lang.
Sepalen: am Grund rot, in strahlendes Weiß übergehend.
Korolle: etwas dunkler rot, einfach.
Staubfäden: weiß.
Stempel: weiß.
Laub: dunkelgrün, fein gezähnt.
Wuchs: aufrecht.
Der kontrastreiche Farbwechsel von rot und weiß ist mit dem Namen „Schachbrett" treffend beschrieben. Eine unverwüstliche, universell zu verwendende Fuchsie. Der Blütenreichtum läßt nicht zu wünschen übrig. Diese Sorte sollte in jeder Sammlung einen Ehrenplatz haben. Hochstämme dieser Sorte werden uralt.

'Cheers' (Annabella Stubbs 1979, USA) No. 1499
Tubus: korallenrosa.
Sepalen: korallenrosa, mit blaßrosa Streifen, unterseits dunkler, breit und zugespitzt.
Korolle: orange-rot, stark gefüllt mit mehr als 40 Petalen.
Staubfäden: rosa.
Stempel: rosa.
Laub: dunkelgrün, grob gezähnt.
Wuchs: aufrecht bis überhängend, starkwüchsig.
Mit einigen Stützen läßt sich diese neue Sorte zu einem ansehnlichen Busch mit wunderschönen Blüten heranziehen. Nicht gestützt, füllt sie eine große Ampel ausreichend. Ein etwas geschützter Platz ist ratsam.

'Cheviot Princess' (Ryle 1977, GB) No. 1433
('Pink Cloud' × 'Lena Dalton'-Sämling × 'Athela')
Tubus: weiß, kurz mit typischer Verdickung.
Sepalen: weiß, lang, horizontal.
Korolle: spiräenrot, leuchtend, einfach, glockenförmig.
Staubfäden: rosig.
Stempel: weiß.
Laub: dunkelgrün, glänzend.
Wuchs: buschig und vielverzweigt, aufrecht, starkwachsend.
Erhielt 1977 in Manchester eine Silbermedaille. Eine Sorte von einer starken Leuchtkraft, die sich sehr gut zur Verwendung in Beeten oder Balkonkästen eignet.

'Chillerton Beauty' (Bass 1847, GB)
Tubus: hellrosa.
Sepalen: blaßrosa, unterseits dunkler, grüne Spitzen.
Korolle: purpurn, mit rosa Aderung, einfach.
Staubfäden: weißrosa.
Stempel: rosa.
Laub: mittelgrün.

Wuchs: aufrecht und buschig.
Fast 150 Jahre ist diese Sorte alt und wird immer noch kultiviert. Das allein spricht schon für die Qualität dieser Fuchsie. Sie ist vielseitig verwendbar und macht in kurzer Zeit einen guten Hochstamm.

'Circe' (Kennett 1965, USA) No. 639
Tubus: blaßrosa.
Sepalen: blaßrosa.
Korolle: besteht aus 4 großen, hellblauen Petalen umgeben von rosa Petaloiden, halbgefüllt.
Staubfäden: rosa.
Stempel: weißrosa.
Laub: mittelgrün, rote Stiele.
Wuchs: aufrecht.
Die pastelligen Blüten öffnen sich weit und sind von durchweg hervorragender Substanz. Der Wuchs ist auch für größere Anzuchtformen, z. B. Hochstamm, stark genug.

'Citation' (Hodges 1953, USA) No. 153
Bild Seite 135
Tubus: hellrot.
Sepalen: hellrot, schmal und steil hochgestellt.
Korolle: weiß, rosa Adern, einfach, groß und glockenförmig.
Staubfäden: hellrot.
Stempel: hellrot.
Laub: mittelgrün, ältere Blätter sind rot geadert.
Wuchs: aufrecht und buschig.
Wenn man dieser „Primadonna" unter den Fuchsien ihre Sonderwünsche erfüllt, sie immer rechtzeitig und regelmäßig düngt, sie in den Halbschatten stellt und vor *Botrytis* bewahrt, bildet sie unermüdlich ihre großen, edel geformten, schönen Blüten. Kaum jemand kann der klassischen Schönheit und Anmut dieser außergewöhnlichen Blütenform widerstehen, sie spricht jeden an.

'Clair de Lune' (Rozain-Boucharlat, Datum nicht bekannt, F)
Tubus: blaßorange-lachs, wächsern.
Sepalen: blaßorange, grüne Spitzen, gespreizt.
Korolle: gelbliches Orange, einfach.
Staubfäden: orange.
Stempel: orange.
Laub: groß, bronzegrün.
Wuchs: überhängend.
Starkwüchsige, reichblühende Pflanze mit langen, eleganten Blüten von guter Substanz. Sehr schön auch als mittelhoher Stamm, wobei die Krone aus wenigstens 5 Etagen bestehen sollte.

'Cloverdale Jewel' (Gadsby 1974, GB) No. 1218
('Cloverdale × 'Lady Isobel Barnett')
Tubus: pink.
Sepalen: pink, hochgestellt.
Korolle: wisteria-blau, rosa geadert, halbgefüllt.
Staubfäden: pink.
Stempel: weißrosa.
Laub: mittelgrün.
Wuchs: aufrecht und buschig.
Diese zierliche Pflanze mit den mittelgroßen Blüten blüht schon im kleinen Topf verschwenderisch. Sehr schön auch als Miniatur-Bäumchen.

'Cloverdale Pearl' (Gadsby 1974, GB) No. 1219
Tubus: rosaweiß.
Sepalen: rosa, dunkler an den Rändern, grüne Spitzen.
Korolle: perlweiß, leicht geadert, einfach.
Staubfäden: rosa.
Stempel: weißrosa.
Laub: dunkelgrün, rote Mittelrippe.
Wuchs: aufrecht.
Sehr gute Sorte mit Blüten von perlengleicher Qualität, dabei einfach in der Pflege und sich gut verzweigend.

'Constance' (Berkeley Hort. Nursery 1935, USA)
Tubus: rosa.
Sepalen: korallenrosa, unterseits dunkler, grüne Spitzen, gekreppt.
Korolle: pflaumenblau, rosa am Grund, gefüllt.
Staubfäden: korallenrosa.
Stempel: rosa.
Laub: dunkelgrün, klein und spitz, an rötlichen Zweigen.
Wuchs: aufrecht und buschig, bei warmem Stand überhängend.
Auffällige, ungewöhnliche, runde Blütenform an relativ langem Tubus. Selbst die Sepalen umschließen die Korolle in einer perfekten Rundung. Dieser Sämling von 'Pink Pearl' gleicht der Mutter bis auf die dunklere Korolle. Sehr viele Blüten, besonders an älteren Pflanzen, problemlos in der Kultur.

'Constellation' (Schnabel 1957, USA) No. 289
Tubus: weiß.
Sepalen: weiß, mit grünen Spitzen.
Korolle: cremeweiß, gefüllt.
Staubfäden: weiß.
Stempel: weiß.
Laub: dunkelgrün.
Wuchs: aufrecht.
Dies ist eine der besten weißen Fuchsien überhaupt

und wächst, wenn sie als junge Pflanze wiederholt entspitzt wird, schnell zu einer Pflanze mit vielen Trieben heran.
Kühl und schattig halten.

'Contramine' (de Graaff 1978, NL)
('La Campanella' ×)
Tubus: weiß bis hellrosa.
Sepalen: weiß mit rosa Hauch, steil hochgestellt.
Korolle: violett, rosa an der Basis, einfach.
Staubfäden: rosa.
Stempel: weiß.
Laub: mittelgrün, rote Mittelrippe.
Wuchs: aufrecht, lax.
Zierliche, glockenförmige Blüten, die seitwärts abstehen und in reicher Fülle schon an ganz jungen Pflanzen erscheinen. Diese Sorte ist nicht besonders starkwüchsig.

'Coquet Bell' (Ryle 1973, GB) No. 1114
Tubus: rosig-pink.
Sepalen: pink, mit grünen Spitzen.
Korolle: lavendel, rot geadert, rosa an der Basis, einfach bis halbgefüllt.
Staubfäden: dunkelrosa.
Stempel: weißrosa.
Laub: mittelgrün.
Wuchs: aufrecht.
Eine sehr kompakt wachsende, überreich blühende Fuchsie, die Sonne verträgt. Als Hochstamm müßte sie auch gut aussehen.

'Countess of Aberdeen' (Dobbie-Forbes 1888, GB)
Bild Seite 135
Tubus: cremeweiß.
Sepalen: blaßrosa.
Korolle: cremeweiß mit leichtem rosa Hauch, einfach.
Staubfäden: blaßrosa.
Stempel: weiß.
Laub: mittelgrün, klein.
Wuchs: aufrecht, niedrig.
Diese vielgeliebte und zauberhafte alte Sorte wächst sehr buschig mit kurzen Internodien und ist darum anfällig für *Botrytis*. Entspitzen liebt sie nicht besonders und Stecklinge benötigen zum Bewurzeln oft lange Zeit. Am besten vermehrt man sie im Frühling aus ganz weichen Triebspitzen. Wenn sie auf einem geschützten, schattigen Platz stehen kann, bleiben die Blüten reinweiß und der ganze Zauber der zierlichen Blüten, die in enormen Mengen erscheinen, kann sich voll entfalten. Auf Ausstellungen ist sie vorteilhaft als Fußstämmchen zu präsentieren.

'Corsair' (Kennett 1965, USA) No. 640
Tubus: grünlich weiß.
Sepalen: weiß, grüne Spitzen.
Korolle: blau, später purpurn, weiße Basis und weiße Streifen in den äußeren Petalen.
Staubfäden: blaßrosa.
Stempel: weiß.
Laub: dunkelgrün, rote Mittelrippe.
Wuchs: aufrecht.
Fuchsien wie diese, mit so attraktiven Blüten, möchte jeder gerne besitzen. Sie sind aber gar nicht so einfach zu kultivieren. Gerade die weiß-blauen Fuchsien sind fast alle schwierig und stellen besondere Ansprüche. Schon die Urmutter dieser Fuchsienkategorie 'Venus Victrix' ist heikel. Weiß-blaue Fuchsien lassen sich etwas vereinfacht in 2 Gruppen aufteilen. Die eine hat kleines, weiches Laub an dünnen Zweigen wie z. B. 'Carmel Blue' oder 'Preston Guild'. Die andere Gruppe hat starke, sukkulente Triebe und großes, saftiges Laub wie 'Corsair'. Beide erfordern sorgfältige Kultur in sehr durchlässiger Erde und besondere Vorsicht beim Gießen. Sie entfalten ihre volle Schönheit auch nur im luftfeuchten, aber gut gelüfteten Gewächshaus. Die mit dem weichen Laub werden leicht von Weißer Fliege oder Spinnmilben befallen. Und die sukkulenten Sorten von *Botrytis*. Ein regelmäßiges, vorbeugendes Sprühprogramm ist deshalb unerläßlich, wenn man wirklichen Erfolg mit weiß-blauen Fuchsien haben möchte.

'Crinoline' (Reiter 1950, USA)
Tubus: grün-weiß.
Sepalen: weiß, grüne Spitzen.
Korolle: helles, rosiges Lavendel, gefüllt.
Staubfäden: hellrosa.
Stempel: weiß.
Laub: mittelgrün.
Wuchs: aufrecht.
Die Pflanze ist von kompaktem, ungewöhnlich ordentlichem Wuchs und blüht enorm reich und lange.

'Curtain Call' (Munkner 1961, USA) No. 479
Tubus: rosa bis karminrot.
Sepalen: rosa bis karminrot.
Korolle: bengalrosa bis karminrot, gefüllt, jedes Petal hat am unteren Rand feine Zähnchen.
Staubfäden: rosa.
Stempel: weißrosa.
Laub: dunkelgrün, groß und glänzend.
Wuchs: locker aufrecht, auch hängend.
Die Blüten sind groß und schön geformt. Es erscheinen immer 4 davon in jeder Blattachsel, gewöhnlich sind es

nur 2. Diese Sorte ist leicht mit 'Cara Mia' zu verwechseln, die aber schwächer gefüllt ist und auch nicht die gezähnten Petalen hat.

'Daisy Bell' (eingeführt von Mieseke, USA, Züchter unbekannt) No. 1420
Bild Seite 135
Tubus: weiß mit orangem Hauch.
Sepalen: hellorange mit grünen Spitzen.
Korolle: lachsrosa, grüne Spitzen, einfach.
Staubfäden: blaßrosa.
Stempel: creme.
Wuchs: hängend.
Laub: hellgrün mit kupferrotem Zentrum.
Starkwüchsige, wirkliche Hängesorte, die besonders gut in Wandampeln aussieht. Besonders reich blühend. Wie alle buntlaubigen Fuchsien ist sie empfindlich gegen Übergießen. Hübsch und ungewöhnlich.

'Danny Boy' (Tiret 1961, USA) No. 483
Tubus: weiß bis hellrosa.
Sepalen: hellrosa, unterseits dunkelrosa, kreppartig, hochgestellt.
Korolle: dunkelrot, äußere Petalen orange durchsetzt, großblumig, gefüllt.
Staubfäden: rosa.
Stempel: weißrosa.
Laub: dunkelgrün.
Wuchs: aufrecht, starkwüchsig.
Im Verhältnis zur Größe der Blüten ist die Sorte reich blühend und der Pflanzenaufbau kräftig genug, um die Pracht auch zu tragen.

'Daphne Arlene' (Putley 1948, GB)
Tubus: wachsweiß.
Sepalen: wachsweiß, breit und kurz.
Korolle: korallenrosa, einfach.
Staubfäden: weiß.
Stempel: weiß.
Laub: stumpf, dunkelgrün, klein.
Wuchs: aufrecht.
Ein Sport von 'Countess of Aberdeen' mit kleinen, rundlichen Blüten in kräftigeren Farben. Da die Pflanze nur sehr langsam wächst, ist sie besonders zur Topfkultur geeignet und blüht schon in kleinen Töpfen sehr reich.

'Dark Eyes' (Erickson 1958, USA) No. 351
Tubus: karmin.
Sepalen: karmin.
Korolle: klares Violett-Blau, am Grund rosa, gefüllt, besonders schöne camelienartige Blüten.
Staubfäden: rosa.
Stempel: rosa.
Laub: mittelgrün, glänzend, rote Blattadern.
Wuchs: ausladend, überhängend.
Unter den rot-blauen Fuchsien gehört sie zu den allerschönsten. Sie verzweigt sich gut, muß aber wegen der zahlreichen, schweren Blüten gut gestützt werden.

'Dark Secret' (Hodges, 1957, USA) No. 300
Tubus: grünlich-weiß.
Sepalen: wachsweiß außen, unterseits blaßrosa, grüne Spitzen, kreppartig, breit.
Korolle: dunkelviolett, äußere Petalen mit rosa Flekken, gefüllt.
Staubfäden: weiß.
Stempel: weiß.
Laub: dunkelgrün.
Wuchs: aufrecht, buschig.
Wie alle großblütigen weiß-blauen Fuchsien will auch diese mit einiger Sorgfalt, besonders beim Gießen, gepflegt werden. Die herrlichen Blüten sind aber reiche Entschädigung für alle Mühe.

'David Lockyer' (Holmes, Mrs. E. 1968, GB)
Tubus: weiß.
Sepalen: weiß.
Korolle: dunkelrot und hellrot mit weißen Streifen, gefüllt.
Staubfäden: hellrosa.
Stempel: weiß.
Laub: dunkelgrün.
Wuchs: aufrecht, überhängend.
Charakteristisch für diese Sorte ist die zweite Korolle, die nach einigen Tagen aus der dichten Füllung wächst und die Blüte sehr lang erscheinen läßt.

'Dee Copley' (Copley-Gardens 1964, USA) No. 617
Tubus: rosa bis hellrot, lang und dünn.
Sepalen: hellrot, breit, hochgestellt, gekreppt.
Korolle: sehr schönes Königsblau, in den Falten der Petalen rote Streifen, gefüllt.
Staubfäden: rosarot.
Stempel: rosarot.
Laub: dunkelgrün.
Wuchs: aufrecht und elastisch.
Sehr farbige, wunderschöne Sorte. Die mittelgroßen Blüten bedecken zeitweilig die Pflanze fast völlig.

'Derby Imp' (Gadsby 1974, GB) No. 1220
Tubus: hellrot.
Sepalen: hellrot.
Korolle: blau, im Verblühen purpur, einfach.

Staubfäden: hellrot.
Stempel: hellrot.
Laub: mittelgrün.
Wuchs: hängend, mit Stützen auch als Busch.
Nur ein zierliches Blütchen, aber sehr hübsch geformt. Mehrere Pflanzen zusammen in einer Ampel sind von Blüten geradezu bedeckt.

'Derby Star' (Gadsby 1975, GB)
('Cliffs Hardy' × 'Shy Look')
Tubus: rosaweiß.
Sepalen: rosaweiß, horizontal.
Korolle: wisteriablau, weiße Basis, leicht geadert, einfach.
Staubfäden: rosa, fast eingeschlossen.
Stempel: rosa, sehr lang.
Laub: dunkelgrün.
Wuchs: horizontal, weit ausladend, gut verzweigt.
Der Wuchs dieser Sorte ist steif und jeder neue Zweig strebt wieder in die Horizontale. Selbst mit allen möglichen Kunstgriffen kann man keinen harmonischen Busch erzielen. Auch die sehr hübschen, zierlichen Blüten stehen seitwärts und aufwärts an langen, starken Stielen.

'Deutsche Kaiserin' (Weinrich 1870, D)
Tubus: karminrot.
Sepalen: karminrot.
Korolle: karminrot, einfach bis halbgefüllt.
Staubfäden: karminrot.
Stempel: karminrot.
Laub: dunkelgrün, rot überzogen.
Wuchs: hängend.
Auch eine unverwüstliche, ältere Balkonfuchsie, die man noch hin und wieder antreffen kann. Reichblühend mit länglichen, etwas düsteren Blüten.

'Diana Wills' (Gadsby 1968, GB) No. 976
Tubus: weiß, wächsern.
Sepalen: weiß, grüne Spitzen, schräg nach unten stehend.
Korolle: spiräenrot, äußere Petalen mit weißen und rosa Streifen, gefüllt.
Staubfäden: rosa.
Stempel: weiß.
Laub: mittelgrün, rote Aderung.
Wuchs: aufrecht und buschig, mittelhoch.
Fühlt sich im Halbschatten besonders wohl und bringt dann auch eine Menge der hübschen, sehr farbigen Blüten. Spätere Züchtungen von Cliff Gadsby sind vielleicht populärer geworden. Es lohnt sich jedoch, nach dieser Sorte zu suchen.

'Display' (Smith 1881, GB)
Tubus: rosenrot.
Sepalen: rosenrot.
Korolle: pink, einfach.
Staubfäden: rosa.
Stempel: rosa.
Laub: mittelgrün.
Wuchs: buschig und gut verzweigt.
Die fast einfarbigen Blüten vom Kuli-Hut-Typ sind hübsch und ungewöhnlich. Die Pflanze besitzt ein robustes Wurzelsystem und hat sich darum als Beetpflanze lange bewährt. Mit nur 2maligem Entspitzen ist ein vielverzweigter, reich blühender Busch zu erzielen, den man kaum stützen muß. Die Wuchskraft ist ausreichend für alle größeren Anzuchtformen wie Hochstamm, Pillar oder Pyramide.

'Dollarprinzessin' (Lemoine 1912, F)
Tubus: kirschrot.
Sepalen: kirschrot, hochgestellt.
Korolle: dunkelpurpurn, gefüllt.
Staubfäden: rot.
Stempel: rot.
Laub: dunkelgrün.
Wuchs: lax-aufrecht und buschig.
Eine vielseitig verwendbare Sorte mit eher kleinen, aber perfekt geformten Blüten in großen Mengen. Als kleiner Stamm bezaubernd.

'Dominyana' (Dominy 1852, GB)
(*F. spectabilis* × *F. serratifolia;* heute *F. macrostigma* × *F. denticulata*)
Tubus: lang, scharlachrot.
Sepalen: kurz, scharlachrot.
Korolle: kurz, scharlachrot.
Staubfäden: rot.
Stempel: rot.
Laub: bronze- bis dunkelrot, groß.
Wuchs: straff aufrecht, hoch, muß oft und früh entspitzt werden.
Die trompetenförmigen, langen Blüten entwickeln sich sehr langsam und sind lange haltbar, weil von hervorragender Substanz. Junge Pflanzen und schlecht ernährte blühen spärlich. Wenn ältere Exemplare, die im Winter im Gewächshaus geblüht haben, Ende Mai an einen warmen, geschützten Platz im Garten ausgepflanzt werden, blühen sie dort ein zweites Mal besonders reich.

'Dorothea Flower' (Thornley 1969, GB) No. 1009
('Hawkshead' × 'Venus Victrix')
Tubus: weiß, lang.

Sepalen: außen weiß, unterseits blaßrosa.
Korolle: blauviolett mit rosa Basis, einfach.
Staubfäden: rosa.
Stempel: weißrosa, sehr lang.
Laub: mittelgrün, rote Mittelrippe.
Wuchs: locker, buschig, langsam wachsend.
Die ganze Pflanze macht einen zierlichen, graziösen Eindruck. Sie kommt besonders vorteilhaft in einer Wandampel in Augenhöhe zur Geltung. Die Anfälligkeit für *Botrytis,* besonders im Winter, sollte man beachten und entsprechend vorbeugen.

'Dr. Topinard' (Lemoine 1890, F)
Tubus: hellrot.
Sepalen: hellrot.
Korolle: weiß, rosa Adern, einfach.
Staubfäden: rosa.
Stempel: weißrosa.
Laub: dunkelgrün.
Wuchs: aufrecht, buschig.
Vom sehr produktiven, französischen Züchter Lemoine sind noch viele Sorten im Umlauf. Das spricht deutlich für ihr Qualität. Die mittelgroßen Blüten mit der weit ausgestellten, tellerförmigen Korolle, die in Mengen und pausenlos an der Pflanze erscheinen, sind besonders hübsch.

'Duchess of Albany' (Rundle 1891, GB)
Tubus: cremeweiß, wächsern.
Sepalen: cremeweiß.
Korolle: kirschrosa, einfach.
Staubfäden: rosa.
Stempel: weiß.
Laub: hellgrün, leicht behaart.
Wuchs: aufrecht, starkwachsend.
Die mittelgroßen, eleganten Blüten in den klaren Farben sind sehr attraktiv und wirken besonders harmonisch an einem gut gezogenen Hochstamm.

'Dutch Mill' (Petersen 1962, USA)
Tubus: hellrot.
Sepalen: hellrot.
Korolle: hellblau-violett, am Grund heller, rosa Adern, einfach.
Staubfäden: rosa.
Stempel: rosa.
Laub: mittelgrün, rot geadert.
Wuchs: aufrecht.
Sehr starker, etwas unordentlicher Wuchs mit natürlicher, reicher Verzweigung. Gut zur Auspflanzung in Beete geeignet, wenigstens sollte sie in größeren Töpfen kultiviert werden. Reicher Blüher mit aparter Blütenform, wobei der Name treffend gewählt ist, denn die Sepalen erwecken den Eindruck von Mühlenflügeln.

'Earl of Beaconsfield' (Laing 1878, GB)
(*F. fulgens* ×'Perfection')
Tubus: lachsrosa, sehr lang, von wachsartiger Substanz.
Sepalen: lachsrosa mit grünen Spitzen.
Korolle: lachsorange, kurz, einfach.
Staubgefäße: rosa, kurz.
Stempel: lachsrosa.
Laub: relativ groß, hellgrün.
Wuchs: lax-aufrecht.
Wer diese schöne Sorte mit den langen, eleganten Blüten noch nicht in seiner Sammlung hat, sollte nach ihr suchen. Sie ist es wirklich wert, weiter verbreitet zu werden. Frühes Entspitzen ist wichtig. Mit einigen Stäben, die den anfangs lockeren Wuchs stützen, läßt sich ein sehr schöner Busch formen.

'East Anglian' (Thorne 1960, GB)
Tubus: fleischrosa.
Sepalen: pink mit roten Streifen.
Korolle: rosa mit orange, einfach.
Staubgefäße: rosa.
Stempel: weiß.
Laub: mittelgrün, roter Austrieb.
Wuchs: steif aufrecht.
Die großen Blüten sind von wächserner Substanz und bleiben lange schön. Diese Sorte könnte auch einen prächtigen Hochstamm abgeben. Bei ihrer Einführung erhielt sie gleich mehrere Auszeichnungen. Obwohl die Pflanze robust wirkt, liebt sie doch einen geschützten Platz.

'Easter Bonnett' (Waltz 1955, USA) No. 225
Tubus: rosa.
Sepalen: rosa, weiß-grüne Spitzen.
Korolle: kräftiges Rosa, an der Basis dunkler, gefüllt.
Staubgefäße: rosa.
Stempel: weiß.
Laub: olivgrün.
Wuchs: Busch oder überhängend.
Eine gute, vielseitig verwendbare, gefüllte, rosa Sorte, die in Amerika eine Auszeichnung erhielt.

'Eleanor Clark' (Clark/Fuchsiavale 1980, GB)
No. 1539
Tubus: phloxrosa, dunkler gestreift.
Sepalen: phloxrosa, hochgestellt.
Korolle: muschelrosa, dunkler geadert, einfach.

'Angel's Dream'

'Bonnie Lass'

'Bow Bells'

'Bicentennial'

'Blush of Dawn'

Staubfäden: rosa.
Stempel: rosa.
Laub: hellgrün, klein, gezähnt.
Wuchs: aufrecht und buschig.
Dieser Sport der bewährten Sorte 'Symphony' hat zartere Farben, die im Schatten am schönsten bleiben. Vielseitig verwendbar, besonders aber als dekorativer Busch.

'Eleanor Leytham' (Roe 1973, GB)
('Countess of Aberdeen' × 'Pink Darling')
Tubus: weiß.
Sepalen: weiß mit leichtem rosa Anflug.
Korolle: babyrosa, einfach.
Staubgefäße: weiß.
Stempel: weiß.
Laub: klein, hellgrün, runzelig.
Wuchs: steif aufrecht.
Die zierlichen Blüten an einer entsprechend zierlichen Pflanze haben einen ganz besondern Charme.

'Elisabeth' (Nutzinger 1966, A)
('El Camino' × 'W. Churchill')
Tubus: hellrot.
Sepalen: hellrot, glänzend.
Korolle: hellblau, rosettenförmig, kleinblütig, gefüllt.
Staubgefäße: rosa.
Stempel: rosa.
Laub: klein, dunkelgrün.
Wuchs: aufrecht.
Sehr gute Topf- und Beetsorte von zierlichem Wuchs und reich blühend. Jede Blüte sieht aus wie ein hübsches Rosettchen.

'Elise Mitchell' (Ryle 1980, GB) No. 1576
Tubus: rosa.
Sepalen: pink, zur Spitze hin weiß, grüne Spitzen.
Korolle: ganz helles Lavendel, rosa an einigen Petalen, gefüllt.
Staubfäden: rosa.
Stempel: weiß.
Laub: mittelgrün, fein gezähnt, klein.
Wuchs: aufrecht, gut verzweigt.
Die zauberhaften, zarten Farben entwickeln sich im Schatten am besten. Mit etwas Wetterschutz ist sie sehr gut als Topf- oder Balkonpflanze.

'Elizabeth' (Whiteman 1941(?), GB)
Bild Seite 138
Tubus: opalrosa, sehr lang.
Sepalen: opalrosa, grüne Spitzen.
Korolle: rosenrot, einfach.
Staubgefäße: hellrosa.
Stempel: hellrosa.
Laub: mittelgrün und groß.
Wuchs: überhängend.
Die langen, eleganten Blüten sind so schön, daß man die Schwierigkeit, aus dieser Sorte eine gute Pflanze zu ziehen, gerne in Kauf nimmt. Am besten ist sie in einer Wandampel zur Geltung zu bringen.

'Emile de Wildeman' (Lemoine 1905, F)
(syn. 'Fascination')
Tubus: rot.
Sepalen: karminrot, wächsern.
Korolle: rosa, kirschrot geadert, gefüllt.
Staubgefäße: kirschrot.

Stempel: kirschrot.
Laub: mittelgrün mit roten Adern.
Wuchs: aufrecht und buschig.
Eine altbewährte Sorte, die aber einen geschützten Platz unter Dach bevorzugt. Im Gewächshaus beginnt sie früh im Jahr als eine der ersten Fuchsien zu blühen. Selbst auf dem Fensterbrett in einem nicht zu warmen Zimmer hält sie gut aus.

'Enchanted' (Tiret 1951, USA)
('Titanic' × 'Yuletide')
Tubus: rosenrot.
Sepalen: rosenrot.
Korolle: sehr schönes Mittelblau, rosa gesprenkelt, große, gefüllte Blüte.
Staubgefäße: rosa.
Stempel: hellrosa.
Laub: mittelgrün.
Wuchs: Hänger.
Dieser Schwestersämling von 'Swingtime' ist eine besonders schöne Sorte für Balkonkästen und Schalen und blüht sehr reich.

'Estelle Marie' (Newton 1973, USA) No. 1082
Tubus: grün-weiß.
Sepalen: weiß mit grünen Spitzen.
Korolle: blau mit weißer Basis, im Verblühen purpurrot, einfach.
Staubgefäße: weißrosa.
Stempel: weiß.
Laub: klein, dunkelgrün.
Wuchs: aufrecht.
Obwohl die Eltern nicht eindeutig feststehen, kann man annehmen, daß 'Bon Accord' ein Elternteil ist. Habitus, Blattform und nicht zuletzt die aufrecht stehenden Blüten weisen darauf hin. Das reine Blau in der Korolle und die deutlich größere Blüte sind – wenn man so will – eine Verbesserung von 'Bon Accord'.

'Evensong' (Colville 1967, GB)
Tubus: rosa.
Sepalen: weiß mit grünen Spitzen, rosa an der Basis, hochstehend.
Korolle: weiß, einfach.
Staubgefäße: weißrosa.
Stempel: weiß.
Laub: hellgrün.
Wuchs: aufrecht.
Im Gewächshaus, als Busch im Topf gezogen oder auf einem überdachten Terrassenplatz kommen die klassischen, fast weißen Blüten zu guter Wirkung. Leicht zu kultivierende weiße Fuchsien wie diese sind selten.

'Falling Stars' (Reiter sen. 1941, USA)
('Morning Mist' × 'Cascade')
Tubus: scharlachrot.
Sepalen: scharlachrot, unterseits orangerot.
Korolle: sehr dunkles, fast braunes, samtiges Rot, einfach.
Staubfäden: rosa.
Stempel: hellrosa.
Laub: hellgrün, bronze überzogen.
Wuchs: lax-aufrecht.
Von der Blütenfarbe her eine außergewöhnliche Fuchsie. Als Hochstamm gezogen sind die Blüten in Augenhöhe besonders auffällig. Um eine dichte Krone zu erhalten, müssen die Triebe mit den relativ langen Internodien oft entspitzt werden. Eine der wenigen Fuchsien, die volle Sonne nicht nur toleriert, sondern wirklich braucht.

'Fan Dancer' (Castro 1962, USA) No. 513
Tubus: karminrot.
Sepalen: karminrot.
Korolle: lavendel mit rosa und roten Flecken, rosa geadert, gefüllt.
Staubfäden: rosa.
Stempel: rot.
Laub: mittelgrün.
Wuchs: lax überhängend.
Das Besondere an dieser farbenfrohen Sorte ist die fast viereckige Blütenform und ein eigenartig geformter Fruchtknoten. Leider ist sie nur schwer in eine einigermaßen gute Form zu ziehen. Besser geht es mit 2jährigen Pflanzen auf dem Gerüst von altem Holz.

'Fanfare' (Reiter sen. 1941, USA)
(*F. denticulata* × *F. leptopoda*)
Tubus: rot, karmin gestreift, sehr lang.
Sepalen: rot, mit grünen Spitzen.
Korolle: orange, einfach, winzig.
Staubfäden: pink.
Stempel: pink.
Laub: dunkelgrün, groß und glänzend.
Wuchs: aufrecht mit hängenden Seitenzweigen.
Wenn man 'Fanfare' nicht entspitzt, wächst sie schnell meterhoch und bringt an den hängenden Seitentrieben die sehr schönen, eleganten, oft 8 cm langen Blüten in Trauben. Selbst mit öfterem Entspitzen macht sie nur einen sparrigen Busch. Wertvoll ist sie durch die späte Blüte, die im Gewächshaus den Winter über anhält.

'Ferdinand Mahnke' (Mahnke 1910, D)
Tubus: rot.
Sepalen: rot.

Korolle: weiß mit roter Aderung, einfach.
Staubfäden: rot.
Stempel: rosa.
Laub: dunkelgrün, klein.
Wuchs: aufrecht und buschig.
Eine langbewährte, reich-blühende Beetsorte, die noch häufig anzutreffen ist.

'Fiery Spider' (Munkner 1960, USA) No. 452
Bild Seite 138
Tubus: rötlich, lang.
Sepalen: orange, Spitzen grün, lang und schmal.
Korolle: rot mit orange, einfach.
Staubfäden: pink.
Stempel: weißrosa.
Laub: hellgrün.
Wuchs: hängend.
Diese aus lauter gotischen Spitzbogen zusammengesetzte, elegante Blüte ist wirklich schön. In einem Hängekorb mit mindestens 3 bis 5 Pflanzen bildet sie einen Blickfang von großer Attraktion.

'Fiona' (Clark 1958, GB)
Bild Seite 138
(Jones Cup und Award of Merit der BFS)
Tubus: weiß.
Sepalen: weiß, mit grünen Spitzen.
Korolle: schönes Blau, im Verblühen rötlich-purpurn, einfach.
Staubfäden: pink.
Stempel: weiß.
Laub: mittelgrün.
Wuchs: lax-aufrecht.
Diese Sorte ist sehr starkwüchsig und wegen der weit überhängenden Triebe benötigt sie viel Platz. Die langen, eleganten Sepalen öffnen sich nur zögernd und bilden ein bis zwei Tage hindurch eine bezaubernde Laterne, die die leuchtend blaue Korolle einrahmen und durchscheinen lassen. Zu ihrer vollen Schönheit kommt sie allerdings nur an einem regengeschützten Platz unter Dach.

'First Lady' (Stubbs 1973, USA) No. 1080
Tubus: rosa.
Sepalen: rosa, mit dunkleren Streifen, zu den Spitzen heller werdend.
Korolle: kräftig Rosa, gefüllt, mit gezähnten Petalen.
Staubfäden: dunkelrosa.
Stempel: rosa.
Laub: dunkelgrün mit roten Adern.
Wuchs: Hänger.
Besser für das Gewächshaus oder sehr geschützte Stellen, wo man sie kühl und schattig halten muß. Vorsichtig umtopfen, bewässern und düngen. Die zauberhaften, großen, runden Blüten erscheinen immer vereinzelt.

'Flashlight' (Gadsby 1971, GB) No. 977
Tubus: hellrosa.
Sepalen: hellgrosa, grüne Spitzen.
Korolle: blaß lilarosa, einfach.
Staubfäden: hellrosa.
Stempel: weiß.
Laub: hellgrün.
Wuchs: aufrecht und sparrig.
Dieser Sämling von 'Flash' × *F. magellanica* var. *molinae* bildet einen zierlichen Busch, übersät von Miniatur-Blüten. Von den Eltern müßte er eigentlich eine gewisse Winterhärte mitbringen. Alle Versuche in dieser Hinsicht sind aber fehlgeschlagen. An einem Fußstämmchen kommen die zartfarbenen Blüten schön zur Geltung.

'Flirtation Waltz' (Waltz 1962, USA) No. 523
Tubus: weiß.
Sepalen: weiß, unterseits rosa, grüne Spitzen.
Korolle: blaßrosa, gefüllt.
Staubfäden: rosa.
Stempel: weiß.
Laub: hellgrün.
Wuchs: aufrecht.
Eine außerordentlich gute Fuchsie. Der aufrechte Wuchs trägt sich selbst und verzweigt ganz natürlich. Sie bildet ohne viel Mühe an einem Stab hochgezogen eine über und über blühende Säule oder ist ausgepflanzt – allerdings im Schatten – eine sehr dekorative Beetpflanze. Der Züchter Waltz hat eine ganze Anzahl hervorragender Fuchsien entwickelt.

'Florentina' (Tiret 1960, USA) No. 432
Tubus: schneeweiß, lang.
Sepalen: schneeweiß, mit der Korolle verwachsen.
Korolle: burgunderrot, gefüllt.
Staubfäden: rosa.
Stempel: weißrosa.
Laub: mittelgrün, rot geadert, rote Stiele.
Wuchs: aufrecht bis überhängend.
Die großen Blüten haben eine ungewöhnliche, sehr schöne Farbkombination, die in die Augen sticht. Die Pflanze ist problemlos und bei guter Kultur sehr reich blühend.

'Flyaway' (Crockett 1965, GB) No. 820
Tubus: grünlich-weiß.

'Carnival'

'Capri'

'Caroline'

Sepalen: weiß, unterseits rosa, steil hochgestellt.
Korolle: violett-purpurn, rosa an der Basis, gefüllt.
Staubfäden: rosa.
Stempel: weißrosa.
Laub: mittelgrün, groß.
Wuchs: aufrecht.
Großblütige, reichblühende Sorte. Sukkulente Zweige an dem dicht belaubten Busch erfordern unsere Wachsamkeit im Hinblick auf *Botrytis*. Im übrigen eine gute, robuste Fuchsie in Sonne oder Schatten.

'Flying Cloud' (Reiter 1949, USA)
Tubus: weiß, lang, etwa 13 mm.
Sepalen: weiß.
Korolle: weiß, leicht rosa geadert an der Basis, gefüllt.
Staubgefäße: blaßrosa.
Stempel: weiß.
Laub: dunkelgrün.
Wuchs: mehr flach ausgebreitet, muß also als Busch gestützt werden.
Die „Fliegende Wolke" war eine der ersten weißen, gefüllt blühenden Fuchsien aus Amerika, die bis heute nichts an Beliebtheit eingebüßt hat. Sie muß wie alle weißen Fuchsien schattig kultiviert werden. In der Sonne werden die Blüten rosa. Sehr gut als Hochstamm.

'Forget-Me-Not' (Banks 1866, GB)
Tubus: hellrosa.
Sepalen: hellrosa.
Korolle: hellblau, ältere Blüten mauve, einfach.
Staubfäden: rosa.
Stempel: rosa.

'Countess of Aberdeen'

Laub: mittelgrün, glänzend.
Wuchs: aufrecht.
Die kleinblütigen Fuchsien mit ihrer überreichen Blütenfülle sind besonders charmant. Diese alte Sorte ist vielseitig verwendbar. Man muß allerdings früh mit dem Entspitzen beginnen, damit die Pflanzen buschig werden.

'François Villon' (de Graaff 1978, NL)
Tubus: cremeweiß, lang.
Sepalen: cremeweiß, unterseits rosa, horizontal.
Korolle: dunkelziegelrot, einfach.
Staubfäden: rosa.
Stempel: rosa, sehr lang.
Laub: mittelgrün.
Wuchs: hängend.
Eine außerordentlich reich blühende Sorte mit mittelgroßen, schmalen, eleganten Blüten. Der Wuchs, der unmittelbar am Topfrand nach unten geht wie eine Kaskade, ist gut geeignet, um Ampeln oder Körbe zu füllen.

'Frau Hilde Rademacher' (Rademacher 1925, D)
Tubus: scharlachrot.
Sepalen: scharlachrot.
Korolle: leuchtend lila-blau mit rosa Flecken, gefüllt.
Staubgefäße: kirschrot.
Stempel: kirschrot.
Laub: mittelgrün mit roten Adern.
Wuchs: lax-aufrecht.
Das Blau der Korolle ist besonders hübsch. Als Pflanze sehr robust und auch für den Garten geeignet. An einer besonders geschützten Stelle war sie mehrere

'Citation'

'Daisy Bell'

Jahre hindurch winterhart. Verzweigt sich gut und blüht sehr reich.

'Frau Ida Noak' (Lemoine 1911, F)
Tubus: rot.
Sepalen: rot.
Korolle: veilchenblau, gefüllt.
Staubfäden: rot.
Stempel: rosa.
Laub: dunkelgrün.
Wuchs: aufrecht und buschig.
Eine unwahrscheinlich früh- und reichblühende, alte Sorte. Leider bekommt man unter diesem Namen, besonders in Holland, fast immer 'Display' angeboten. Die beiden Sorten sind aber in Blütenform und Farbe so verschieden, daß es sich schon lohnt, nach der echten 'Frau Ida Noak' zu suchen.

'Frosted Flame' (Handley 1975, GB) No. 1273
Bild Seite 139
Tubus: weiß und wächsern.
Sepalen: weiß außen, blaßrosa innen, lang und schmal, grüne Spitzen.
Korolle: leuchtend Feuerrot mit dunklerem Rand, hellere Strahlen am Grund, einfach.
Staubfäden: weißrosa.
Stempel: rosa.
Laub: grasgrün.
Wuchs: hängend.
Von den zahlreichen neuen und guten Sorten, mit denen die englische Züchterin Enid Handley, Derby, die Fuchsienwelt in den vergangenen 10 Jahren bereichert hat, ist dies eine der besten. Die Pracht und Zahl der leuchtenden schönen Blüten ist so groß, daß man kaum noch Laub darunter erkennen kann.

'Gay Fandango' (Nelson 1951, USA)
Tubus: dunkelrosa.
Sepalen: dunkelrosa, unterseits kräftiges Hellrot.
Korolle: purpur-rosa mit orange, an Grund rosa, gefüllt.
Staubfäden: kirschrot.
Stempel: rosa.
Laub: mittelgrün, in Quirlen zu Dritt oder Viert stehend.
Wuchs: lax-aufrecht.
Starkwachsend und vielseitig verwendbar, auch als Hochstamm. Besonders ältere Pflanzen blühen überreich. Die quirlig angeordneten, feingezähnten Blätter und die außergewöhnlich gute Verzweigung schaffen eine günstige Voraussetzung für die Anzucht großer Pflanzen.

'Gay Senorita' (Schmidt 1939, USA)
('Heron' × 'Pride of Exeter')
Tubus: rot.
Sepalen: rot.
Korolle: lila-rosa, einfach.
Staubfäden: rot.
Stempel: rosa.
Laub: dunkelgrün.
Wuchs: aufrecht.
Die frühe Blüte und die schönen, glockenförmigen, großen Blüten sind Pluspunkte für diese sehr beliebte und weit verbreitete Sorte. Besonders schön in Balkonkästen oder Schalen.

'General Monk' (nicht bekannt)
Tubus: kirschrot.
Sepalen: kirschrot.
Korolle: schönes, fast reines Blau, am Grund weiß, rosa geadert, gefüllt.
Staubfäden: kirschrot.
Stempel: kirschrot.
Laub: mittelgrün, klein.
Wuchs: aufrecht, vielverzweigt.
Wird nicht sehr hoch, daher gut als Topfpflanze oder für die Randbepflanzung im Garten.

'Genni' (Fuchsia-La Nursery 1968, USA) No. 801
Tubus: hell kirschrot.
Sepalen: hell kirschrot, sehr lang und gedreht, grüne Spitzen.
Korolle: weiß, rot geadert, halbgefüllt.
Staubfäden: hellrosa.
Stempel: weißrosa.
Laub: mittelgrün, groß, rot geadert, rote Stiele.
Wuchs: lax Busch oder Hänger.
Schnell wachsende Ampelpflanze. Besonders schön und charakteristisch für diese Sorte sind die elegant gedrehten, sehr schmalen, langen Sepalen.

'Georgana' (Tiret 1955, USA)
Tubus: pink.
Sepalen: pink, unterseits dunkler, grüne Spitzen.
Korolle: dunkel-lavendel mit rosa Flecken und rosa geadert, gefüllt.
Staubfäden: dunkelrosa.
Stempel: rosa.
Laub: mittelgrün und groß.
Wuchs: aufrecht.
Sehr große Blüten, die zahlreich und fast zu schwer für den Pflanzenaufbau sind. Man muß also immer gut stützen. Eine gute Ernährung fördert deutlich die Blütenbildung.

'Glendale' (Evans and Reeves 1936, USA)
Tubus: korallenrosa.
Korolle: korallenrosa, einfach.
Staubfäden: korallenrosa.
Stempel: korallenrosa.
Laub: mittelgrün.
Wuchs: aufrecht, stark und buschig.
Diese Kreuzung zwischen *F. lycioides* × 'Fireflush' blüht sehr reich und früh in Trauben am Ende der Triebe. Gut als Beetpflanze zu verwenden und auch für größere Kübel.

'Glitters' (Erickson 1963, USA) No. 579
Tubus: wachsweiß.
Sepalen: wachsweiß, unterseits lachsfarben.
Korolle: orangerot, einfach.
Staubfäden: rosa.
Stempel: rosa.
Laub: mittelgrün.
Wuchs: aufrecht, kräftig.
Mittelgroße Blüten werden in unglaublichen Mengen an kräftigen, sehr hoch werdenden Pflanzen produziert. Die Kultur ist ohne Probleme. Besonders gute Beetsorte für vollsonnige Standorte.

'Golden Dawn' (Haag 1951, USA)
Tubus: lachsrosa.
Sepalen: lachsrosa.
Korolle: rötliches Orange, einfach.
Staubfäden: rosa.
Stempel: rosa.
Laub: hellgrün.
Wuchs: aufrecht, sparrig.
Muß früh und oft entspitzt werden, um den etwas steifen Wuchs auszugleichen. Reichblühende Sorte, die man gut an voll sonnigen Standorten verwenden kann.

'Goldsworth Beauty' (Slococks 1952, GB)
Tubus: helles kirschrot.
Sepalen: helles kirschrot, helle Spitzen.
Korolle: sehr dunkles Purpurblau, einfach.
Staubfäden: kirschrot.
Stempel: rosa-weiß.
Laub: dunkelgrün.
Wuchs: aufrecht und buschig.
Auf den ersten Blick ist nichts Außergewöhnliches an dieser Sorte. Die Blüten sind von klassischer Form und in typischen Fuchsienfarben. Die Qualität der Pflanze und der harmonische Aufbau unterscheiden sich aber deutlich von anderen, ähnlichen Fuchsien. Die Pflanze baut sich auch ohne unsere Hilfe schön pyramidenförmig auf.

'Golondrina' (Niederholzer 1941, USA)
Tubus: altrosa, lang.
Sepalen: altrosa, lang und schmal.
Korolle: magenta mit dunkleren Rändern und rosa Adern, einfach.
Staubfäden: altrosa.
Stempel: altrosa, sehr lang.
Laub: mittelgrün mit roten Adern.
Wuchs: hängend.
Große, elegante Blüten, an einer robusten, starkwüchsigen Pflanze; die Sepalen biegen sich aus der Horizontalen nur etwas nach oben. Wegen der langen Internodien sollte man früh und wiederholt entspitzen. Blüht ohne Pause die ganze Saison hindurch.

'Groenekan's Glorie' (Steevens 1972, NL)
Tubus: lachs.
Sepalen: lachs-orange, grüne Spitzen.
Korolle: orange, einfach, groß.
Staubfäden: lachs-rosa.
Stempel: lachs-rosa.
Laub: hellgrün.
Wuchs: aufrecht, etwas sparrig.
Die Sorte hat große, wohlgeformte Blüten von leuchtendem Orange. In der Pflege ist die Pflanze problemlos. Frühes Entspitzen führt zur besseren Verzweigung. Verträgt und liebt viel Licht und Sonne.

'Heidi Ann' (Smith 1969, GB) No. 818
Tubus: krimson.
Sepalen: krimson.
Korolle: hell-lila, rot geadert, gefüllt.
Staubfäden: kirschrot.
Stempel: kirschrot.
Laub: dunkelgrün, rote Mittelrippe.
Wuchs: aufrecht.
Eine ausgezeichnete, überreich blühende Sorte, die sich ganz natürlich verzweigt und besonders gut auf Entspitzung reagiert. Blüht früh und dann die ganze Saison hindurch. 'White Ann' hat die gleiche Blütenform und ist ein rot-weißer Sport von 'Heidi Ann'.

'Heinzelmännchen' (Brembach 1911, D)
('Cupido' × 'James Lee')
Tubus: karminrot.
Sepalen: karminrot.
Korolle: amethyst-violett, einfach bis halbgefüllt.
Staubfäden: rot.
Stempel: rosa.
Laub: dunkelgrün.
Wuchs: aufrecht, niedrig und buschig.
Reichblühende, unempfindliche Topf- und Beetsorte.

'Fiery Spider'

'Fiona'

'Henriette Ernst' (Curio 1907, D)
(Namenlos × 'Gertrude Pearson')
Tubus: leuchtend blutrot.
Sepalen: leuchtend blutrot.
Korolle: schönes Blau, später rötlich, einfach.
Staubfäden: rot.
Stempel: rot.
Laub: dunkelgrün.
Wuchs: straff aufrecht, pyramidenförmig.
Diese heute noch gern kultivierte Sorte mit den straff über dem Laub getragenen, dekorativen Blüten, bekam kurz nach ihrer Einführung eine Auszeichnung 1. Klasse der Gartenbaugesellschaft Flora in Dresden. Besonders gut ist sie als 2jährige Pflanze.

'Heron' (Lemoine 1891, F)
Tubus: lackrot, kurz.
Sepalen: lackrot.
Korolle: königsblau, rot geadert, einfach.
Staubfäden: rot.
Stempel: rosa.
Laub: dunkelgrün, glänzend, roter Mittelnerv.
Wuchs: aufrecht.
Sehr gute, alte Sorte. Die großen, klassischen Blüten sind von guter Substanz und lange haltbar. Die Pflanze ist vielseitig verwendbar, besonders überall dort, wo aufrechter Wuchs erforderlich wird. Leider werden die 3 sehr ähnlichen Sorten 'Royal Purple', 'Heron' und auch die viel jüngere 'Schwabenland' häufig miteinander verwechselt.

'Elizabeth'

'Joy Patmore'

'Hidcote Beauty' (Webb 1949, GB)
Tubus: creme, wächserne Substanz.
Sepalen: creme, wächserne Substanz, grüne Spitzen.
Korolle: helles Lachsrosa, einfach.
Staubfäden: hellrosa.
Stempel: weiß.
Laub: hellgrün.
Wuchs: locker, aufrecht und buschig.
Eine hervorragende, vielseitig verwendbare Sorte mit zart pastelligen Blüten. Eine Ampel damit ist schnell überwachsen, und als Hochstamm mit weit ausladender Krone ist 'Hidcote Beauty' unübertroffen in ihrer Schönheit.

'High Peak' (Brough 1977, GB)
Tubus: weiß.
Sepalen: weiß.
Korolle: weiß, etwas rosa an der Basis, gefüllt.

'Frosted Flame'

Staubfäden: weiß.
Stempel: weiß.
Laub: mittelgrün, klein.
Wuchs: locker aufrecht bis überhängend.
Etwas frei übersetzt hat der Züchter diese neue weiße Fuchsie „Einsame Spitze" benannt. Ob die Pflanze hält, was der Name verspricht, muß sich noch herausstellen. Sie scheint ausgesprochen langsam zu wachsen.

'Hindu Belle' (Munkner 1959, USA)
Tubus: wachsweiß.
Sepalen: wachsweiß außen, unterseits rosa, breit, hochgeschlagen.
Korolle: pflaumenblau, im Verblühen rot, groß, einfach.
Staubfäden: rosa.
Stempel: weiß.
Laub: dunkelgrün.
Wuchs: aufrecht, gut verzweigt.
Eine unwahrscheinlich reich und lange blühende Sorte, die auch einen guten Hochstamm bildet.

'Iceberg' (Mitchinson 1980, GB) No. 1538
Tubus: hellrot, dunkler gestreift.
Sepalen: weiß, wenig rot an der Basis, hochgeschlagen.
Korolle: weiß, einfach.
Staubfäden: weißrosa.
Stempel: weiß.
Laub: dunkelgrün, fein gezähnt.
Wuchs: aufrecht bis überhängend.
Bei schattigem, kühlen Stand sind die mittelgroßen, schön geformten, weißen Blüten an einer Pflanze, die sich gut verzweigt und buschig aufbaut, eine wirkliche Augenweide.

'Iced Champagne' (Jennings 1968, GB)
Tubus: blaßrosa.
Sepalen: hellrosa.
Korolle: rosa mit dunklerem Hauch, einfach.
Staubfäden: rosa.
Stempel: weiß.
Laub: mittelgrün.
Wuchs: aufrecht mit kurzen Internodien.
Wird nicht sehr hoch und ist darum gut als Topfpflanze zu verwenden. Wegen der kurzen Internodien und der doch relativ großen Blätter verstecken sich die Blüten gerne unter dem Laub. Weniger häufiges Entspitzen verhindert diesen Nachteil. Die Blüte ist besonders form- und farbschön.

'Igloo Maid' (Mrs. E. Holmes 1972, GB)
Tubus: weiß.
Sepalen: weiß und breit.
Korolle: weiß mit einem Hauch Rosa an der Basis, stark gefüllt.
Staubfäden: rosa.
Stempel: weiß.
Laub: gelblichgrün.
Wuchs: aufrecht, dann überhängend, starkwüchsig.
Sehr gute Sorte, die sich selbst putzt, das heißt sie wirft die Blüte, die sehr lange schön bleibt, mitsamt dem Fruchtknoten ab. Wie alle weißen Fuchsien bevorzugt sie einen schattigen Platz.

'Impudence' (Schnabel 1957, USA) No. 291
Tubus: hellrot.
Sepalen: hellrot, lang und schmal.
Korolle: weiß, leicht rot geadert, tellerförmig flach, einfach.
Staubfäden: rot.
Stempel: rot.
Laub: mittelgrün.
Wuchs: aufrecht mit langen Internodien.
Die aus 4 kreisrunden Petalen zusammengesetzte Korolle, die sich ganz flach öffnet, ergibt mit den elegant hochgestellten Sepalen eine Blüte von vollkommener Schönheit. Frühes, häufiges Entspitzen ist erforderlich, um eine gut bestockte Pflanze zu bekommen.

'Indian Maid' (Waltz 1962, USA) No. 524
Tubus: scharlachrot.
Sepalen: scharlachrot, lang, hochgestellt und gedreht.
Korolle: reinstes Königsblau, gefüllt.
Staubfäden: hellrot.
Stempel: rosa.
Laub: dunkelgrün.
Wuchs: hängend.
Die Farbenpracht und der Blütenreichtum dieser Sorte sind nicht mehr zu übertreffen. Hinzu kommt der elegante, elastische Wuchs und die völlig problemlose Kultur. Mehr Vorzüge kann man wirklich nicht oft beieinander finden.

'Ingram Maid' (Ryle 1976, GB) No. 1401
Tubus: weiß, dick.
Sepalen: weiß, rosa Basis, unterseits rosa, horizontal.
Korolle: rahmweiß, einfach, bleibt geschlossen und kompakt.
Staubfäden: rot.
Stempel: rot.
Laub: mittelgrün.
Wuchs: stark, aufrecht und buschig.
Überreich blühende, robuste Fuchsie, die sich auch

gut zur Hochstamm-Erziehung bewährt hat. Eine Überraschung sind die zartfarbenen Blüten.

'Iris Amer' (Amer 1966, GB)
Tubus: weiß, mit rosa Hauch, kurz und dick.
Sepalen: weißrosa, unterseits rosa, grüne Spitzen.
Korolle: hellrot mit karminroten Stellen, an den äußeren Petalen ist die Basis orange, gefüllt.
Staubfäden: hellrot.
Stempel: weißrosa.
Laub: dunkelgrün.
Wuchs: aufrecht und buschig.
Früh- und unwahrscheinlich reichblühende Sorte mit oft 4 bis 6 Blüten aus einer Blattachsel. Reagiert gut auf häufiges Entspitzen und ist starkwüchsig genug, um schnell einen Hochstamm mit einer gut verzweigten Krone zu bilden. Verdientermaßen populär und beliebt.

'Isidor Raffeiner' (Nutzinger 1971, A)
Tubus: scharlachrot.
Sepalen: scharlachrot.
Korolle: weiß, rot geadert, gefüllt.
Staubfäden: rot.
Stempel: rosa.
Laub: mittelgrün.
Wuchs: aufrecht, sparrig.
Wegen der langen Internodien muß man diese Sorte früh und wiederholt entspitzen und bekommt dann einen reich- und lange blühenden Strauch. Der starke Wuchs müßte auch zur Anzucht von Hochstämmen oder Pyramiden ausreichen. Benannt wurde diese Sorte nach einem liebenswürdigen Fuchsienfreund, der viel zur Verbreitung der Fuchsien beigetragen hat.

'Isle of Mull' (Tolley 1978, GB) No. 1455
Tubus: hellmagenta mit dunkleren Adern.
Sepalen: hellrosa, fest, unterseits gekreppt.
Korolle: magentarosa mit metallischem Glanz, einfach.
Staubfäden: magenta.
Stempel: weiß.
Laub: dunkelgrün.
Wuchs: aufrecht und buschig.
Die zahlreichen, mittelgroßen Blüten haben die besonders hübsche Kuli-Hut-Form.

'Jack Ackland' (Haag & Son 1952, USA)
Tubus: rosa.
Sepalen: kräftig rosa.
Korolle: tiefrosa, später aufhellend, einfach.
Staubgefäße: rosa.
Stempel: weißrosa.
Laub: dunkelgrün mit roten Adern.
Wuchs: breit ausladend.
Diese sehr populäre Sorte hat viele gute Eigenschaften. Sie blüht ununterbrochen mit großen, klassischen Blüten. Die Sepalen sind doppelt so lang wie der Tubus und elegant hochgestellt. Eine sehr robuste Sorte, auch als Hochstamm zu ziehen.

'Jack Shahan' (Tiret 1948, USA)
Tubus: bengalrosa.
Sepalen: bengalrosa.
Korolle: bengalrosa, einfach.
Staubgefäße: rosa.
Stempel: rosa.
Laub: dunkelgrün.
Wuchs: lockerer Busch, horizontal.
Die beiden vorstehenden Sorten werden häufig miteinander verwechselt, selbst in Gärtner-Katalogen. Sie lassen sich aber am Wuchs gut unterscheiden, denn 'Jack Ackland' wächst steifer und mehr aufrecht und auch das Rosa der Blüte ist heller.

'Jamboree' (Reiter 1955, USA) No. 231
Tubus: rosaweiß.
Sepalen: lachsrosa, unterseits dunkler, weiße Basis.
Korolle: lachsrosa bis karminrot, gefüllt.
Staubfäden: pink.
Stempel: weiß.
Laub: dunkelgrün, groß und glänzend.
Wuchs: aufrecht und buschig.
Auch eine Sorte, die Wärme und Sonne liebt, ja geradezu erfordert. Das zähe Laub scheint den Schädlingen nicht zu schmecken. Sehr gut als Beetpflanze im Garten.

'Joan Gilbert' (Gilbert 1977, GB)
Tubus: altrosa.
Sepalen: altrosa, wächsern, grüne Spitzen.
Korolle: blau-violett mit lachs und rosa gesprenkelt und durchzogen, gefüllt.
Staubfäden: rosa.
Stempel: rosa.
Laub: dunkelgrün.
Wuchs: aufrecht und buschig.
Typisch für diese Sorte sind die mit den Sepalen verwachsenen Petaloiden. Je weiter sich die Sepalen hochstellen, um so größer entfaltet sich die Korolle. Die kurzen Internodien und die natürliche Verzweigung sind hinzukommende Pluspunkte dieser vielseitig, als Busch oder Hochstamm zu verwendenden Fuchsie.

'Joan Pacey'

'Oranje Boven'

'Joan Pacey' (Gadsby 1972, GB) No. 1067
Bild Seite 142
Tubus: rosa.
Sepalen: rosa, unterseits dunkler, grüne Spitzen.
Korolle: rosa mit dunkler Aderung, einfach.
Staubgefäße: rosenrot.
Stempel: hellrosa.
Laub: mittelgrün.
Wuchs: aufrecht.
Cliff Gadsby, der kürzlich verstorbene englische Züchter, hat uns viele ausgezeichnete Fuchsiensorten hinterlassen. 'Joan Pacey' ist eine gute Topf- und Beetpflanze. Auf Gartenbeeten verträgt sie volle Sonne.

'Joy Patmore' (Turner 1961, GB)
Bild Seite 139
Tubus: weiß.
Sepalen: weiß und wächsern, hochgestellt.
Korolle: leuchtend karminrot, mit besonderer Schattierung, weiß am Grund, einfach.
Staubgefäße: rosa.
Stempel: weiß.
Laub: dunkelgrün.
Wuchs: aufrecht und buschig.

'Kwintet'

Eine erstklassige Sorte, die als Busch nicht sehr hoch wird, aber hervorragende Hochstämme bildet. Die klaren Farben und die Kuli-Hut-Form der Blüten sind auffällig und sehr schön.

'Juno' (Kennett 1966, USA) No. 677
Tubus: grünlich-weiß.
Sepalen: weiß, grüne Spitzen, steil hochgeschlagen.
Korolle: dunkelrot, später heller werdend, weiß an der Basis, mit weißen Adern, einfach.
Staubgefäße: pink.
Stempel: weiß.
Laub: groß und hellgrün.
Wuchs: hängend.
Sehr starkwüchsige Sorte mit großen und vielen Blättern. Man sollte den fast zu dichten Laubwuchs nicht noch mit zusätzlichen Stickstoffgaben fördern, sonst neigen die Blüten dazu, sich unter dem Laub zu verstecken. Die Blüten und auch die eleganten, langen Knospen sind zauberhaft. Eine Pflanze für den Rand eines großen Containers.

'Jupiter 70' (R. Holmes 1970, GB) No. 1209
('Percy Holmes' × 'San Francisco')
Tubus: blaßrosa.
Sepalen: rötlich rosa.
Korolle: orange, einfach.
Staubgefäße: rosenrot.
Stempel: hellrosa.
Laub: mittelgrün.
Wuchs: aufrecht.
Eine der ersten Fuchsien, die im Frühjahr blühen. Als aufrechte „Orange" eignet sie sich besonders gut als Beetpflanze in voller Sonne. Der Wuchs ist dicht und vielverzweigt und darum muß man auf *Botrytis* achten. Erhielt 1970 eine Auszeichnung der BFS.

'Kathy Louise' (Antonelli 1963, USA) No. 558
Tubus: hellrot.
Sepalen: hellrot, grüne Spitzen, unterseits kreppartig.
Korolle: sanftes Rosa-Lavendel, leicht dunkler geadert, groß, gefüllt.
Staubfäden: rosa.
Stempel: rosa.
Laub: dunkelgrün, glänzend, eher klein.
Wuchs: hängend, starkwüchsig.
Blüht nicht besonders früh, aber dann so reich, daß eine Ampel, bepflanzt mit dieser Sorte, atemberaubend schön wird. Als junge Pflanze muß sie öfter entspitzt werden.

'Katrina' (Holmes, Mrs. E. 1968, GB)
Tubus: rosa.
Sepalen: rosa bis fast rot.
Korolle: blaßrosa, rund und gefüllt, ziemlich groß.
Staubfäden: rosa.
Stempel: rosa.

'Loeky'

'Machu Picchu'

'Orange Mirage'

Laub: dunkelgrün.
Wuchs: straff aufrecht und buschig.
Durch den aufrechten Wuchs ist die Sorte gut zur Beetbepflanzung geeignet. Sie wird schnell hoch und blüht reich.

'Kegworth Supreme' (H. Smith 1979, GB)
Tubus: altrosa.
Sepalen: altrosa, dunkler unterseits.
Korolle: fuchsienpurpur, einfach.
Staubfäden: rosa.
Stempel: rosa.
Laub: dunkelgrün.
Wuchs: aufrecht und kompakt.
Eine relativ neue Fuchsie, die mit ihrem starken Wuchs und den vielen, mittelgroßen Blüten vielseitig verwendet werden kann.

'Kentish Maid' (Ron Holmes 1976, GB) No. 1339
Tubus: bengalrosa.
Sepalen: bengalrosa, grüne Spitzen, lang und graziös.
Korolle: fuchsiapurpurn, einfach.
Staubfäden: bengalrosa.
Stempel: hellrosa.
Laub: mittelgrün.
Wuchs: lax-aufrecht und buschig, gut verzweigend.
Die klassischen Blüten werden in großen Mengen gut sichtbar über dem Laub getragen.

'Kernan Robson' (Tiret 1958, USA) No. 336
Tubus: weiß-grün.
Sepalen: weiß, grüne Spitzen.
Korolle: lachs-rosa, dicht gefüllt.
Staubfäden: rosa.
Stempel: rosa.
Laub: dunkelgrün, glänzend.
Wuchs: aufrecht, etwas sparrig, gut als Busch.
Eine Fuchsie von außergewöhnlicher Qualität, Farbe und Blütengröße. Da die Korolle mit den Sepalen teilweise verwachsen ist, wird sie beim Öffnen derselben immer größer. Sukkulente Stiele erfordern vorbeugende Maßnahmen gegen *Botrytis*.

'Keystone' (Haag 1945, USA)
Tubus: hellrosa.
Sepalen: hellrosa, grüne Spitzen.
Korolle: hellrosa, einfach.
Staubfäden: hellrosa.
Stempel: weiß.
Laub: mittelgrün.
Wuchs: aufrecht und buschig.
Obwohl diese Sorte mit den pastellfarbenen, klassischen, mittelgroßen Blüten dankbar und reichblühend ist, ist sie nicht mehr oft in Sammlungen zu finden. Das ist eigentlich sehr bedauerlich.

'Khada' (Roe 1973, GB)
Tubus: hellrot.
Sepalen: hellrot.
Korolle: weiß, leicht rot geadert, einfach.
Staubfäden: rot.
Stempel: rot.
Laub: dunkelgrün, klein.
Wuchs: aufrecht und kompakt.
Eine klein bleibende, natürliche Bonsaifuchsie mit aufrecht stehenden, zierlichen Blüten. Sorgfältige Pflege vorausgesetzt – sie ist nicht einfach zu kultivieren – kann diese Sorte viel Freude machen.

'King of Hearts' (Fuchsia Forest 1965, USA) No. 627
Tubus: rot.
Sepalen: rot.
Korolle: lavendel, die äußeren Petalen rosa und weiß, gefüllt.
Staubfäden: rosa.
Stempel: rosa.
Laub: dunkelgrün.
Wuchs: Hänger.
Dieser Sport von 'Queen of Hearts' bildet zu mehreren eine sehr schöne Ampel.

'King's Ransom' (Schnabel 1954, USA) No. 195
Tubus: schneeweiß.
Sepalen: schneeweiß, breit, kreppartig an der Unterseite, hochgestellt.
Korolle: imperial-purpur, gefüllt.
Staubfäden: rosa.
Stempel: rosa.
Laub: dunkelgrün.
Wuchs: aufrecht und buschig, starkwüchsig.
Gemessen an vielen schwierigen weiß-blauen Sorten ist diese frohwüchsig und problemlos. Die Blüten sind von sehr guter Substanz und das besondere Blau bleibt längere Zeit schön.

'Kiwi' (Tiret 1966, USA) No. 687
Tubus: grünlich-weiß, lang.
Sepalen: weiß, grüne Spitzen, breit.
Korolle: altrosa mit helleren und dunkleren Petaloiden, gefüllt.
Staubfäden: hellrosa.
Stempel: weiß.
Laub: mittelgrün.
Wuchs: aufrecht, überhängend.

Sehr große Blüten, die relativ zahlreich erscheinen. Die Pflanze entwickelt viel Laub, unter dem sich die Blüten gerne verstecken. Am besten kommen die Blüten in einer Wandampel zur Geltung.

'Kon-Tiki' (Tiret 1965, USA) No. 652
Tubus: reinweiß.
Sepalen: reinweiß.
Korolle: mittelviolett, weiß am Grund, gefüllt.
Staubfäden: rosa.
Stempel: weiß.
Laub: dunkelgrün, klein.
Wuchs: hängend.
Wunderschöne Blüten, aber die Pflanze ist nicht einfach zu halten. Besondere Sorgfalt beim Gießen und nicht zu schnelles Verpflanzen in größere Töpfe sind ratsam.

'Kwintet' (van Wieringen 1970, NL)
Bild Seite 142
Tubus: rot, lang und dick.
Sepalen: rot, horizontal.
Korolle: hellrot, einfach.
Staubfäden: rot.
Stempel: weißrosa.
Laub: mittelgrün mit roten Adern, an roten Stielen.
Wuchs: aufrecht und buschig.
Gute, unirote Fuchsien mit schöner Blütenform und guter Substanz gibt es nicht allzu viele. 'Kwintet' gehört zu den besten. Sie ist leicht in der Pflege und unaufhörlich reich blühend. Weil sie gut sonnenverträglich ist, verwendet man sie als Balkonfuchsie und Beetpflanze.

'La Bianca' (Tiret 1950, USA) No. 64
Tubus: grünlich weiß.
Sepalen: weiß mit grünen Streifen und grünen Spitzen.
Korolle: weiß, glockenförmig, einfach.
Staubfäden: weiß.
Stempel: weiß.
Laub: mittelgrün.
Wuchs: lax-aufrecht bis hängend.
Eine reichblühende, weiße Fuchsie, die wenig Probleme macht. Vor *Botrytis*-Befall muß man sie allerdings schützen. Beste Resultate sind bei schattigem Stand zu erzielen.

'La Campanella' (Blackwell 1968, GB)
Tubus: weiß.
Sepalen: weiß mit rosa Anflug.
Korolle: purpurn, halb gefüllt.
Staubfäden: rosa.
Stempel: weiß.
Laub: mittelgrün, klein.
Wuchs: ausladend, hängend.
Als Zufallssämling bei Blackwells of Swindon entstanden hat sich diese Sorte als hervorragende Fuchsie in jeder Hinsicht bewährt. Sie ist leicht zu vermehren, leicht zu kultivieren, nicht anfällig für Schädlinge oder Krankheiten, macht wunderbare, reichblühende Ampeln und ist auch zur Anzucht von Hochstämmen oder dekorativen, an einem Stab hochgezogenen Pflanzen geeignet. Darüber hinaus setzt sie leicht und willig so viel Samen an, daß Hobby-Züchter sie gerne als Mutterpflanze benutzen.

'Lace Petticoats' (Tiret 1952, USA) No. 145
Tubus: weiß.
Sepalen: weiß, grüne Spitzen.
Korolle: weiß, ganz leicht rosa am Grund, gefüllt.
Staubfäden: weiß bis hellrosa.
Stempel: weiß.
Laub: dunkelgrün.
Wuchs: lax-aufrecht bis hängend.
Das Weiß der Blüten bleibt auch bei sehr hellem Stand lange klar. Vor Regen- oder Spritzwasser sollten die Blüten aber unbedingt geschützt werden. Die Pflanze ist nicht allzu robust und darf darum nicht zu schnell und zu häufig in größere Töpfe versetzt werden. Sie sollte auch mit Überlegung und Sorgfalt gegossen werden. Die herrlichen Blüten in großer Zahl lohnen aber jede Mühe.

'Lady Boothby' (Raffill 1939, GB)
Tubus: krimson.
Sepalen: krimson.
Korolle: schwarz-purpurn, einfach.
Staubfäden: rot.
Stempel: rot.
Laub: rötlich grün.
Wuchs: aufrecht, lange Internodien.
Diese Fuchsie will immer hoch hinaus und ist darum nur als Kletterpflanze an einem Gestell zu bändigen. Der Wuchs ist extrem stark. Blüten in Hülle und Fülle von einem außergewöhnlich dunklen, anfangs fast schwarzen, nach rot verblühenden Purpur.

'Lady Heytesbury' (Wheeler 1866, GB)
Tubus: weiß und wächsern.
Sepalen: weiß, breit, horizontal.
Korolle: korallenrosa, heller an der Basis, einfach.
Staubfäden: rosa.
Stempel: weiß.
Laub: hellgrün.

Wuchs: aufrecht.
Dies ist auch eine der immer guten, lange bewährten, alten Sorten. Problemlos zu kultivieren, starkwüchsig und besonders gut für große Formen wie Hochstamm oder Pyramide geeignet.

'Lady Isobel Barnett' (Gadsby 1968, GB) No. 978
Tubus: rosenrot.
Sepalen: rosenrot.
Korolle: rosa-lavendel bis rosalila, offen, einfach.
Staubfäden: hellrosa.
Stempel: hellrosa.
Laub: mittelgrün.
Wuchs: aufrecht.
Die mittelgroßen, weit offenen Blüten werden an starken Stielen seitwärts bis aufwärts über dem Laub getragen, und zwar in unwahrscheinlicher Fülle. Die Pflanze ist robust und verzweigt sich auf natürliche Weise gut. An einer Säule, die man bei dem kräftigen Wuchs leicht in einer Saison ziehen kann, präsentieren sich die Blüten besonders vorteilhaft.

'Lady Kathleen Spence' (Ryle 1974, GB) No. 1248
Tubus: cremeweiß.
Sepalen: cremeweiß außen, unterseits blaßrosa, grüne Spitzen.
Korolle: lavendelblau, hellrosa geadert, einfach.
Staubfäden: pink.
Stempel: weiß.
Laub: dunkelgrün, klein.
Wuchs: aufrecht und gut verzweigt.
Delikate Farben wie diese verlangen einen geschützten Platz, damit Wind und Wetter die Blüten nicht beschädigen. Das Laub ist von weicher, zarter Konsistenz und muß vor Spinnmilbenbefall behütet werden. Die Pflanze ist von schönem, aufrechtem Wuchs und reagiert gut auf wiederholtes Entspitzen. Sie bekam 1976 in England eine Goldmedaille.

'Lady Thumb' (Roe 1966, GB)
Tubus: rot.
Sepalen: rot.
Korolle: weiß, leicht rot geadert.
Staubfäden: rot.
Stempel: rosa.
Laub: dunkelgrün, klein.
Wuchs: aufrecht und buschig.
Dieser bei Georg Roe entstandene Sport von 'Tom Thumb' ist in Laub, Wuchs und Blütenform identisch mit Letzterem. Nur die Farbe der Blüten hat sich geändert. Der Sport scheint aber auch an Robustheit gegenüber der Ausgangssorte eingebüßt zu haben.

'La Fiesta' (Kennett 1962, USA) No. 535
Tubus: weiß, lang.
Sepalen: weiß, unterseits rosa.
Korolle: dunkelrot bis weinrot mit weißen Streifen und weißen Petaloiden, gefüllt.
Staubfäden: rosa.
Stempel: weiß.
Laub: dunkelgrün.
Wuchs: Hänger, sich gut verzweigend.
Von großblütigen, mehrfarbigen Fuchsien, die reichblühend sind wie diese, gibt es gar nicht allzu viele. Sie braucht einen geschützten Platz, damit die Blüten nicht vom Regen braune Flecken bekommen.

'Lakeside' (Thornley 1967, GB) No. 1062
Tubus: rosenrot.
Sepalen: rosenrot, grüne Spitzen.
Korolle: blauviolett, rosa geadert, einfach.
Staubfäden: rosenrot.
Stempel: rosenrot.
Laub: mittelgrün, klein.
Wuchs: überhängend.
Eine der wenigen Sorten, die sich selbst putzen. Sie werfen die verblühte Blume mitsamt dem Samenstand ab. Bei den Fuchsien mit zierlichen Blüten, die in großen Mengen die Pflanze schmücken, ist das eine große Arbeitsersparnis. Eine Ampel oder ein Fußstämmchen dieser Sorte ist eine Augenweide.

'La Neige' (Tiret 1965, USA) No. 650
Tubus: weiß.
Sepalen: weiß, unterseits schwach rosa.
Korolle: rahmweiß, gefüllt.
Staubfäden: blaßrosa.
Stempel: weiß.
Laub: dunkelgrün, groß.
Wuchs: hängend.
Beste Ergebnisse erzielt man unter Glas oder auf einer überdachten Terrasse im Schatten. Die Pflanze entwickelt sehr viel Laub, unter dem sich die Blüten verbergen. Mit Stickstoffdüngern sollte man deshalb etwas zurückhaltend sein. Zieht man 'La Neige' an einem Stab hoch und entspitzt die Seitentriebe 1- bis 2mal, ist jede Blüte in ihrer vollen Schönheit gut sichtbar. Sehr schön auch als Ampelpflanze.

'Laura 68' (Martin 1968, USA) No. 774
Tubus: rot.
Sepalen: rot, außen glänzend, unterseits kreppartig, grüne Spitzen.
Korolle: himmelblau mit rosa Streifen und roten Adern, gefüllt.

Staubfäden: rosa.
Stempel: weiß bis rosa.
Laub: mittelgrün.
Wuchs: lax-aufrecht bis hängend.
Die äußeren Petalen und Petaloiden sind mit den Sepalen verwachsen, so daß, wenn diese sich beim Erblühen heben, die Korolle weit auseinander gezogen wird und einen lockeren, sehr bewegten Eindruck macht. Durch den helleren, fast weißen Rand, der jedes Petal einfaßt, wird das noch unterstrichen. Eine ältere Sorte mit einfachen weiß-rosa Blüten bekam vom Züchter Niederholzer 1946, USA, auch den Namen 'Laura', ist aber in Europa offenbar nicht in Kultur. Schon 1846 kam von Youell eine rosa-purpur Fuchsie als 'Laura' in den Handel.

'Laurie' (Antonelli 1963, USA) No. 557
Tubus: dunkelrosa.
Sepalen: hellrosa, dunkelrosa Streifen, grüne Spitzen.
Korolle: im Aufblühen pink, später klares Rosa, gefüllt.
Staubfäden: kirschrot.
Stempel: pink.
Laub: dunkelgrün.
Wuchs: hängend.
Eine starkwüchsige, reichblühende, reine Hängefuchsie mit formschönen Blüten, die anfangs eine geschlossene Korolle bilden und später 4 größere Petalen aus dem Zentrum nachschieben. Dadurch wirkt die Blüte sehr lang und apart.

'Le Berger' (de Graaff 1977, NL)
Tubus: weiß mit rosa Hauch.
Sepalen: weiß, grüne Spitzen.
Korolle: weiß, ganz wenig rosa geadert, halbgefüllt bis gefüllt.
Staubfäden: hellrosa.
Stempel: weiß.
Laub: mittelgrün, klein.
Wuchs: hängend.
Da die meisten der weißen oder doch fast weißen Fuchsien große bis sehr große Blüten tragen, ist 'Le Berger' mit den zierlichen, elegant beschwingten Blüten eine wirkliche Bereicherung des Sortiments. Sie ist von den Liebhabern kleinblütiger Fuchsien freudig begrüßt worden.

'Lena' (Bunney 1862, GB)
Tubus: creme bis fleischrosa.
Sepalen: fleischrosa, unterseits etwas dunkler, grüne Spitzen.
Korolle: purpurn, hellrosa an der Basis, halb gefüllt.
Staubfäden: hellrosa.
Stempel: weiß.
Laub: mittelgrün.
Wuchs: locker aufrecht bis hängend.
Eine gute, alte, vielseitig verwendbare Sorte mit mittelgroßen Blüten. Sehr ähnlich in Wuchs und Blütenfarben sind auch die Sorten 'Elsa', 'Eva Boerg' und 'Hapsburg'. Man kann also kaum jemals ganz sicher sein, mit welcher Sorte man es gerade zu tun hat. Die Verwirrung wurde noch größer, als ein deutscher Jungpflanzenbetrieb die gute alte 'Lena' kurzerhand zum 'Pink Ballet Girl' machte. Die Unterschiede, falls überhaupt welche vorhanden sind, sind minimal und verwischen sich bei unterschiedlichen Kulturbedingungen völlig. Typisch für 'Lena' ist aber, daß sie im Spätherbst oft Blüten ohne Petalen ausbildet.

'Lena Dalton' (Reimers 1953, USA) No. 169
Tubus: blaßrosa.
Sepalen: blaßrosa, grüne Spitzen.
Korolle: lavendelblau, leicht rosa geadert, gefüllt.
Staubfäden: rosa.
Stempel: weiß.
Laub: dunkelgrün, an rötlichen Stielen, klein.
Wuchs: aufrecht und buschig.
Diese Sorte mit den zierlichen, pastellfarbenen Blüten wird von Fuchsienfreunden, die Ausstellungen beschicken, gerne kultiviert, weil sie so gut auf jedes Entspitzen reagiert. Das Resultat sind dann kissenförmige Pflanzen, die über und über mit Blüten bedeckt sind. Bei heißem Wetter muß auf Spinnmilben-Befall geachtet werden.

'Leonora' (Tiret 1960, USA) No. 434
(Certificate of Merit 1964)
Tubus: creme mit rosa Streifen.
Sepalen: rosa, grüne Spitzen.
Korolle: rosa mit einem leicht lila Hauch, schwach geadert, einfach.
Staubfäden: rosa.
Stempel: rosa.
Laub: mittelgrün.
Wuchs: aufrecht und buschig.
Gehört immer noch zu den besten rosa Sorten. Die unzähligen, schön glockenförmigen, mittelgroßen Blüten lassen die Pflanze von weitem strahlen. So recht eine Fuchsie für den Anfänger, der erst seine Erfahrungen machen muß und mit schwierigen Sorten leicht den Mut verliert. 'Leonora' ist von zarter Substanz und sollte kühl und schattig kultiviert werden.
Gut geeignet zur Verwendung als Busch, Hochstamm oder Ampel.

'Lilac Princess' (Handley 1979, GB) No. 1502
Tubus: kurz, dick, grünweiß.
Sepalen: grünweiß außen, unterseits hellrosa.
Korolle: tieflila, rosa an der Basis, einfach.
Staubfäden: rosa.
Stempel: rosa.
Laub: dunkelgrün.
Wuchs: aufrecht und buschig.
Die mittelgroßen Blüten stehen an kurzen Stielen im rechten Winkel zur Pflanze. Beginnt früh im Jahr zu blühen mit 4 Blüten in jeder Blattachsel.

'Lillibet' (Hodges 1954, USA)
Tubus: rosaweiß, lang.
Sepalen: weiß, unterseits hellrosa, lang und schmal.
Korolle: rosenrot und gefüllt.
Staubfäden: rosa.
Stempel: rosa.
Laub: mittelgrün.
Wuchs: hängend, mit sehr langen Internodien.
Wunderschöne Fuchsie für große Ampeln oder den Kübelrand. Sie läßt sich auch sehr dekorativ an einem Stab hochziehen.

'Little Beauty' (unbekannt)
Tubus: hellrot.
Sepalen: hellrot.
Korolle: lavendelblau, einfach.
Staubfäden: rosa.
Stempel: rosa.
Laub: mittelgrün, klein.
Wuchs: aufrecht und gut verzweigt.
Zierliche Blüten von klarer Farbe bedecken die Pflanze in unglaublichen Mengen vom Mai bis zum Frost. Im Schatten sind die Blütchen besonders leuchtend. Gut als Beet- oder Balkonpflanze. Eine wirkliche Schönheit!

'Loeky' (de Graaff 1979, NL)
Bild Seite 143
Tubus: rosenrot.
Sepalen: rosenrot, hochstehend.
Korolle: rosalila mit roten Adern, tellerförmig, horizontal, einfach.
Staubgefäße: rosenrot.
Stempel: rosa.
Laub: kleines, mittelgrünes Blatt.
Wuchs: aufrecht und gut verzweigt.
Diese neue Fuchsie mit den relativ seltenen, tellerförmigen, besonders auffallenden Blüten entstammt einer Kreuzung zwischen 'Joy Patmore' × 'Impudence'. Sie ist einfach und leicht zu pflegen. Beste Resultate wegen der zarten Substanz im Schatten. Die Zukunft dieser zauberhaften Fuchsien-Neuheit scheint gesichert.

'Lolita' (Tiret 1963, USA) No. 574
(Certificate of Merit 1967 der AFS)
Tubus: weißrosa.
Sepalen: weißrosa, unterseits rosenrot, grüne Spitzen.
Korolle: lila-blau, leicht rosa geadert, gefüllt.
Staubfäden: rosa.
Stempel: weißrosa.
Laub: hellgrün, klein, fein gezähnt.
Wuchs: hängend.
Obwohl eine Sorte mit zarten Porzellanfarben, hält sie Regen und Feuchtigkeit gut aus. Ein gewisser Nachteil liegt darin, daß die Pflanze besonders früh verholzt. So muß man versuchen, im frühen Jahr oft zu entspitzen, um viele Blütentriebe zu bekommen und regelmäßig düngen, um sie im Wachstum zu halten. Eine Wandampel ist der richtige Platz für 'Lolita'.

'Lord Lonsdale' (unbekannt)
Tubus: blaßrosa.
Sepalen: lachsrosa mit großen, grünen Spitzen, herabhängend.
Korolle: orange mit lachsrosa.
Staubfäden: lachsrosa.
Stempel: blaßrosa.
Laub: hellgrün, stark gewellt oder gerollt.
Wuchs: aufrecht.
Die gerollten Blätter von 'Lord Lonsdale' sind typisch für die Sorte und bedeuten keinesfalls eine Erkrankung des Laubes. Die sukkulenten Stiele sind *Botrytis* anfällig. Wie alle orangen Fuchsien liebt sie Sonne und Wärme. Der Zusammenklang von hellem Laub und pastelligen Blüten ist zauberhaft.

'Lottie Hobby' (Edwards 1839, GB)
Tubus: kirschrot.
Sepalen: kirschrot.
Korolle: scharlachrot, einfach.
Staubfäden: rot.
Stempel: rot.
Laub: mittelgrün, klein.
Wuchs: aufrecht.
Eine frühe *Encliandra*-Hybride von zwergigem Wuchs mit dem typischen, kleinen, farnartigen Encliandra-Laub und zierlichen leuchtend roten Blütchen.

'Lydia Götz' (Götz 1958, D)
('Beacon' × 'Henriette Ernst')
Tubus: hellrot.

Sepalen: rot.
Korolle: blau, später rötlich, einfach.
Staubfäden: rot.
Stempel: hellrot.
Laub: dunkelgrün.
Wuchs: stark und aufrecht.
Diese Sorte hat von 'Beacon' die Starkwüchsigkeit und Blühfreudigkeit und von 'Henriette Ernst' das schöne Blau der Korolle geerbt.

'Machu Picchu' (de Graaff 1976, NL)
Bild Seite 143
Tubus: lachsorange.
Sepalen: lachsorange.
Korolle: etwas dunkler orange, einfach.
Staubfäden: rosa.
Stempel: gelblich.
Laub: grau-grün, leicht behaart.
Wuchs: Hänger.
Ist ein Sämling aus 'Speciosa', die wiederum eine Hybride von *F. splendens* × *F. fulgens* ist. Die Blüten erscheinen am Ende der Triebe in Trauben. Als Ampelpflanze gezogen wirkt sie sehr schön. Auch an einem Stab 80 cm hochgezogen und alle Seitentriebe belassen, blühte sie an vielen Trieben gleichzeitig, überreich und pausenlos und war ein wirkliches Schmuckstück. Angesichts dieser Eltern liebt sie es natürlich warm und ist sehr gut sonnenverträglich.

'Magic Lantern' (Handley 1976, GB) No. 1369
Tubus: lachsrosa, lang und dünn.
Sepalen: lachsrosa, unterseits orange, ausgestellt.
Korolle: orange mit dunklerem Rand, einfach.
Staubfäden: lachsrosa.
Stempel: weißrosa.
Laub: dunkelgrün, mittelgroß.
Wuchs: aufrecht, starkwüchsig.
Gute Busch- oder Strauchfuchsie für die Beetbepflanzung im Garten, auch an sonnigen Standorten.

'Magic Flute' (Handley 1975, GB) No. 1275
Tubus: wachsweiß, lang und dünn.
Sepalen: weiß, grüne Spitzen, schmal.
Korolle: korallenrosa, weiß an der Basis, einfach.
Staubfäden: weißrosa.
Stempel: weiß.
Laub: mittelgrün.
Wuchs: hängend.
Die langen, trichterförmigen Blüten erscheinen sehr früh. Die ganze Pflanze macht einen harmonischen Eindruck.

'Major Heaphy' (unbekannt, GB)
Tubus: orangerot.
Sepalen: orangerot, grüne Spitzen.
Korolle: ziegelrot, einfach.
Staubfäden: rot.
Stempel: rosa.
Laub: mittelgrün.
Wuchs: aufrecht.
Gut verzweigter, aufrechter Wuchs und leuchtende Blütenfarben, die in der Sonne strahlen, machen diese reich blühende Sorte zu einer guten Beetpflanze. Sehr hübsch auch als Fußstämmchen. Da sie bei Lufttrokkenheit Knospen und Blüten abwirft, ist sie für Ausstellungen nicht geeignet.

'Mandarin' (Schnabel 1963, USA) No. 582
Tubus: hell-lachsrosa mit dunkleren Streifen.
Sepalen: hell-lachsrosa, dunkler unterseits, grüne Spitzen.
Korolle: karmin-orange, halbgefüllt.
Staubfäden: rosa.
Stempel: hellrosa.
Laub: dunkelgrün.
Wuchs: hängend bis überhängend.
Eine große, schönfarbige Blüte von außergewöhnlich guter Substanz. Als Ampelpflanze oder an einem Stab hochgezogen kommen die Blüten gut zur Geltung. Schädlinge scheinen das fest Laub zu meiden.

'Margery Blake' (Wood 1950, GB)
Tubus: rot.
Sepalen: rot.
Korolle: rot-violett, einfach.
Staubfäden: rosa.
Stempel: rosa.
Laub: mittelgrün, klein.
Wuchs: aufrecht, mehr horizontal, buschig.
Bezaubernde, kleinblütige Sorte. Überaus reich und pausenlos in Blüte. Der Wuchs ist mehr horizontal ausgebreitet und bleibt niedrig. Bonsai-Freunde sollten es mit dieser Sorte versuchen.

'Marin Glow' (Reedstrom 1954, USA) No. 204
Tubus: weiß.
Sepalen: weiß, grüne Spitzen.
Korolle: dunkelviolett, rosa an der Basis, einfach.
Staubfäden: rosa.
Stempel: weiß.
Laub: dunkelgrün.
Wuchs: aufrecht und buschig.
Eine Sorte, die auf Fuchsien-Ausstellungen häufig zu sehen ist und oft Preise holt. Durch regelmäßiges Ent-

spitzen, nach jedem zweiten Blattpaar, bekommt man unwahrscheinlich reich blühende Exemplare. Auch ein Hochstamm mit den mittelgroßen Blüten ist sehr eindrucksvoll. Beste Resultate sind an einem geschützten Platz oder im Gewächshaus zu erzielen.

'Marinka' (Rozain-Boucharlat 1902, F)
Tubus: rot.
Sepalen: rot.
Korolle: etwas dunkler rot, einfach.
Staubfäden: rot.
Stempel: rot.
Laub: dunkelgrün mit roter Mittelrippe.
Wuchs: hängend.
Eine der bekanntesten Hängefuchsien, die seit 80 Jahren immer in Kultur war. Sie ist robust und reichblühend, von aparter Blütenform. Das Laub bekommt in kühlen Nächten im Frühling oder im Herbst dunkle Flecken, die aber harmlos sind und sobald es wärmer wird verschwinden.

'Masquerade' (Kennett 1961, USA) No. 590
Tubus: grün-weiß.
Sepalen: rosa-weiß mit grünen Spitzen.
Korolle: dunkel purpurn, später rötlich, mit rosa Flekken an den äußeren Petalen, gefüllt.
Staubfäden: rosa.
Stempel: weiß bis rosa.
Laub: dunkelgrün.
Wuchs: überhängend, ausladend.
Auffällige, sehr große Blüte, dennoch leicht zu kultivieren. Sie wird am besten geschützt, im Treibhaus oder unter Dach gehalten.

'Mephisto' (Reiter 1941, USA)
Tubus: scharlachrot.
Sepalen: scharlachrot.
Korolle: krimsonrot.
Staubfäden: kirschrot.
Stempel: rosa.
Laub: mittelgrün.
Wuchs: aufrecht und buschig.
Die klassischen, schön geformten, fast einfarbig roten Blüten, an einer schön aufgebauten, großen Pflanze sind sehr dekorativ in Gartenbeeten oder größeren Containern. An einem sehr geschützten Platz ist 'Mephisto' eventuell winterhart.

'Miss California' (Hodges 1950, USA)
Tubus: rosarot.
Sepalen: rosarot, unterseits dunkler, hochgestellt.
Korolle: weiß, rosa geadert, halb gefüllt.
Staubfäden: rosa.
Stempel: rosa.
Laub: mittelgrün.
Wuchs: lax-aufrecht.
Eine Sorte, die unbedingt einen schattigen Platz benötigt. Die hübschen Blüten sind von zarter Substanz und welken in der Sonne rasch. Das weiche Laub wird bei Hitze von Spinnmilben befallen.

'Mission Bells' (Walker & Jones 1948, USA)
Tubus: scharlachrot.
Sepalen: scharlachrot und glänzend.
Korolle: leuchtend purpur, rot an der Basis, einfach und großblütig.
Staubgefäße: rot.
Stempel: rot.
Laub: dunkelgrün.
Wuchs: aufrecht und buschig.
Eine entzückende Sorte, die in jeder Sammlung kultiviert werden müßte. Sie ist leicht zu vermehren, starkwüchsig und trägt die leuchtenden, auffallenden, glokkenförmigen Blüten in reicher Fülle. Als älterer Hochstamm sollte sie allerdings unbedingt einen windgeschützten Platz bekommen, denn älteres Holz ist sehr brüchig.

'Miss Leucadia' (Stubbs 1971, USA) No. 999
Tubus: pink.
Sepalen: pink, grüne Spitzen.
Korolle: sanftes Pinkrosa, gefüllt.
Staubfäden: rosa.
Stempel: rosa.
Laub: dunkelgrün.
Wuchs: hängend.
Diese gute Sorte mit den sehr großen, sich weit öffnenden Blüten – jede Petale hat einen gezähnten Rand – ist eine hervorragende Ampelpflanze für einen geschützten Platz. Die zartfarbenen Blüten sind sehr regenanfällig.

'Miss Vallejo' (Tiret 1958, USA) No. 334
Tubus: hellrosa.
Sepalen: hellrosa, grüne Spitzen.
Korolle: dunkelrosa, leicht geadert, gefüllt.
Staubgefäße: rosa.
Stempel: weiß.
Laub: dunkelgrün.
Wuchs: lockerer Busch.
Wegen der großen, kugelrunden, schweren Blüten muß diese Sorte gut gestützt und aufgebunden werden. Sie liebt einen geschützten Platz, der durchaus hell, aber nicht sonnig sein sollte.

'Molesworth' (Lemoine 1903, F)
Tubus: leuchtend kirschrot.
Sepalen: leuchtend kirschrot.
Korolle: cremeweiß, kirschrot geadert, gefüllt.
Staubgefäße: rot.
Stempel: weißrosa.
Laub: dunkelgrün.
Wuchs: locker, aufrecht.
Diese vielseitige, lang bewährte Sorte eignet sich gut zur Anzucht größerer Pflanzen wie Hochstamm, Pyramiden oder Säulen. Unter den vielen rot-weißen Sorten ist sie an der hübschen, besonders akuraten Blütenform sofort zu erkennen.

'Morning Light' (Waltz 1960, USA) No. 441
Tubus und
Basis der Sepalen: korallenrosa.
Sepalen: weiß mit grünen Spitzen, breit, unterseits rosa.
Korolle: lavendel, leicht rosa gefleckt, gefüllt.
Staubgefäße: rosa.
Stempel: weiß.
Laub: gelb-grün.
Wuchs: lockerer Busch.
Eine zauberhafte, sehr farbenfrohe Sorte. Gut wie alle Sorten des Züchters Waltz. Die subtilen Farben wirken am schönsten unter Glas oder sonstwie vor Regen und Wetter geschützt.

'Mosedale Hall' (Thornley 1974, GB) No. 1216

F. magellanica var. *molinae* × 'Venus Victrix'
|
'Silverdale' × 'Silverdale'
|
'Mosedale Hall'

Tubus: kurz, cremefarben, grün überhaucht.
Sepalen: creme, unterseits rosa.
Korolle: violett, kleine einfache Blüten.
Staubgefäße: creme.
Stempel: creme.
Laub: dunkelgrün.
Wuchs: aufrecht.
Eine von der Abstammung her sehr interessante Sorte, die eigentlich bei uns winterhart sein müßte. Diese Pflanze mit dem hübschen Laub und der überwältigenden Fülle zierlicher, schön gefärbter Blüten ist sowohl im Topf als auch im Gartenbeet gleich dekorativ. Das zarte Laub ist leider anfällig für Spinnmilben (Rote Spinne).

'Mrs. Lovell Swisher' (Evans & Reeves 1942, USA)
Tubus: rosa bis dunkelrosa.
Sepalen: weiß, unterseits rosa, grüne Spitzen.
Korolle: dunkelrosa bis fast rot, heller an der Basis, klein und zierlich, einfach.
Staubgefäße: dunkelrosa.
Stempel: rosa.
Laub: mittelgrün.
Wuchs: aufrecht.
Eine Sorte ohne große Ansprüche, gleichgut als Topf- oder Beetpflanze. Als Hochstamm gezogen bildet sie eine schöne, dichte Krone und bringt ihre zierlichen Blüten in kaum vorstellbarer Fülle von Juni bis zum Frost. Sie muß gut gedüngt werden, um die Blütenmassen zu ernähren. Die Krone verträgt einen jährlichen Rückschnitt bis in das alte Holz.

'Mrs. Marshall' (Jones, Datum nicht bekannt, GB)
Tubus: cremeweiß.
Sepalen: cremeweiß.
Korolle: kirschrot, mittelgroß, einfach.
Staubgefäße: rosa.
Stempel: weiß.
Laub: grasgrün und glänzend.
Wuchs: aufrecht und buschig.
Eine gute alte Sorte, die man vielseitig verwenden kann. Sie bekam 1929 eine Auszeichnung von der RHS. Besonders gute Hochstamm-Fuchsie.

'Mrs. Victor Reiter' (Reiter 1940, USA)
('Amy Lye' × 'Mrs. W. Rundle')
Tubus: schneeweiß.
Sepalen: schneeweiß und von wächserner Substanz.
Korolle: karminrot, lang, einfach.
Staubgefäße: blaßrosa.
Stempel: weiß.
Laub: hellgrün, schwach behaart.
Wuchs: locker, aufrecht.
Die klaren Farben und die elegante Blütenform sind beeindruckend. Da die Pflanze relativ langsam wächst, auch nicht besonders gut überwintert, sollte man im Herbst immer einige Stecklinge machen. Sehr gut als mehrjährige Pflanze, wenn man sie durchkultiviert. Die Blüte ist dann besonders reich.

'Mrs. W. P. Wood' (Wood 1949, GB)
Tubus: blaßrosa, fast weiß.
Sepalen: blaßrosa.
Korolle: weiß, einfach.
Staubgefäße: blaßrosa.
Stempel: weiß.
Laub: hellgrün und klein.

Wuchs: aufrecht und buschig.
Ist ein Sämling von 'Margaret' mit *F. magellanica* var. *molinae*-Abstammung. Die Blüten sind aber eine deutliche Verbesserung sowohl in der Größe als auch in der Anzahl. Ausgepflanzt in ein Gartenbeet, möglichst nicht in voller Sonne, kommen die zarten Blüten, an einem niederen Busch, vor dem hellen Laub vorzüglich zur Geltung. In England ist sie winterhart und wäre in dieser Hinsicht auch hier einen Versuch wohl wert.

'Mrs. W. Rundle' (Rundle 1883, GB)
Tubus: fleischrosa.
Sepalen: fleischrosa mit grünen Spitzen.
Korolle: orange, lange Blüten, einfach.
Staubgefäße: rosa.
Stempel: rosa.
Laub: hellgrün.
Wuchs: lockerer Busch.
Diese alte, berühmte und wegen ihrer subtilen Schönheit sehr geliebte Sorte verzweigt sich nicht allzu freudig. Sie muß daher als junge Pflanze wiederholt entspitzt und, wenn man einen aufrechten Busch haben möchte, auch gestützt werden. Ihre volle Schönheit entwickelt die 'Mrs. W. Rundle' als Hochstamm. Irgendwer hat sie als eine echte Verkörperung von Grazie und Charme beschrieben und das trifft auch wirklich zu. Sie liebt einen sonnigen oder wenigstens recht hellen Platz. Allerdings zeigen die Blüten ihre volle Schönheit am besten unter Glas.

'Nancy Lou' (Stubbs 1971, USA) No. 998
Tubus: blaßrosa.
Sepalen: rosa, hochgeschlagen.
Korolle: brilliant weiß, große runde Blüten von perfekter Form, gefüllt.
Staubfäden: leuchtend rosa.
Stempel: blaßrosa.
Laub: mittelgrün.
Wuchs: aufrecht und kompakt.
Eileen Saunders nennt sie zu recht einen Superstar der Fuchsienwelt mit dem weißesten Weiß, das in den Vorstellungen der Waschmittelwerbung existiert. Bei all ihren Qualitäten ist die Pflanze anspruchslos und leicht zu pflegen.

'Native Dancer' (Tiret 1965, USA) No. 648
Tubus: rot.
Sepalen: rot, glänzend.
Korolle: tief purpur, gefüllt.
Staubfäden: rot.
Stempel: rot.
Laub: dunkelgrün.
Wuchs: lax-aufrecht oder hängend.
Die großen Blüten erscheinen ziemlich reich an einer schönen Pflanze.

'Nellie Nuttal' (G. Roe 1977, GB)
Tubus: rot.
Sepalen: rot.
Korolle: schneeweiß, nur ganz wenig geadert, einfach.
Staubfäden: rot.
Stempel: rot.
Laub: klein und mittelgrün.
Wuchs: aufrecht, sehr buschig mit kurzen Internodien.
Die mittelgroßen Blüten erscheinen in überreicher Fülle und sind seitwärts und aufwärts stehend vom 'Upward Look'-Typ. Eine außergewöhnlich gute Sorte, die manche älteren rot-weißen Sorten weit aussticht. Eingeführt wurde dieses Juwel von der Nursery Nuttal in Doncaster.

'Neue Welt' (Mahnke 1912, D)
Tubus: rot.
Sepalen: rot und glänzend.
Korolle: veilchenblau.
Staubfäden: rot.
Stempel: rot.
Laub: dunkelgrün.
Wuchs: aufrecht, starkwüchsig und gut verzweigt.
Eine ausgezeichnete, ältere deutsche Züchtung, die viel mehr verbreitet werden sollte. Ein Hochstamm ist schnell gezogen und wird ohne alle Probleme von Jahr zu Jahr schöner.

'Nicolaas Aalhuizen' (Steevens 1973, NL)
Tubus: rot.
Sepalen: rot.
Korolle: purpurn, einfach.
Staubfäden: rot.
Stempel: rot.
Laub: mittelgrün, klein.
Wuchs: aufrecht und gut verzweigt.
Dieser Sämling von 'Peter Pan' mit seinen zierlichen Blüten wurde nach dem langjährigen, verdienten Präsidenten der holländischen Fuchsiengesellschaft benannt und besticht durch seine Blütenfülle.

'Nicola' (Daglish 1964, GB)
('Swanley Gem' × 'Citation')
Tubus: kirschrot.
Sepalen: kirschrot, hochgeschlagen.
Korolle: violett-purpurn, heller an der Basis, rosa geadert, einfach.

Staubfäden: kirschrot.
Stempel: kirschrot.
Laub: glänzend dunkelgrün mit roten Blattadern und Stielen.
Wuchs: aufrecht und buschig.
Diese vergrößerte Ausgabe von 'Swanley Gem' hat die gleichen zauberhaften, tellerförmigen Blüten. Die hochgeschlagenen Sepalen verdecken den Tubus vollkommen.

'Nicola Jane' (Dawson 1959, GB)
Tubus: kirschrot.
Sepalen: kirschrot, aufrecht stehend, unterseits kreppartig.
Korolle: hellrosa mit roter Aderung, gefüllt.
Staubfäden: kirschrot.
Stempel: kirschrot.
Laub: dunkelgrün mit roter Aderung und roten Stielen.
Wuchs: aufrecht und buschig.
Diese reichblühende, gut zur Beetbepflanzung geeignete Sorte, wird in England als winterhart angesehen.

'Nightingale' (Waltz 1960, USA) No. 442
Tubus: weiß, kurz.
Sepalen: weiß, rosa überzogen.
Korolle: tief purpurn innen, außen rosa, weiß und korallenfarbig, gefüllt, sehr groß.
Staubfäden: rosa.
Stempel: blaßrosa.
Laub: dunkelgrün.
Wuchs: hängend bis überhängend.
Die großen, im Aufblühen weit offenen, dreifarbigen Blüten sind von außerordentlich guter Substanz und bleiben lange schön. Hübsch als Ampelpflanze.

'Nina Wills' (Wills-Atkinson 1961, GB) No. 1129 (1973)
Tubus: rosa.
Sepalen: rosa.
Korolle: hellrosa, einfach.
Staubgefäße: pink.
Stempel: blaßrosa.
Laub: hellgrün, glänzend.
Wuchs: aufrecht und buschig.
Dieser rosa Sport von 'Forget-Me-Not' eignet sich hervorragend zur Beetbepflanzung. Die zartfarbigen Blüten stechen gut von anderen Farben ab.

'Normandy Bell' (Martin 1961, USA) No. 465
Tubus: hellrosa.
Sepalen: hellrosa.
Korolle: orchideen-rosa, leicht geadert, einfach.
Staubfäden: blaßrosa.
Stempel: weißrosa.
Laub: mittelgrün.
Wuchs: lax-überhängend, gestützt auch als Busch.
Dieser 'Citation'-Abkömmling hat die gleichen perfekten, glockenförmigen Blüten und stellt auch die gleichen Kulturansprüche. Eine mit dieser Sorte bepflanzte, gut kultivierte Ampel wird immer Aufsehen erregen.

'Norman Mitchinson' (Dr. Ryle 1976, GB) No. 1477
Tubus: weißrosa.
Sepalen: wachsweiß, grüne Spitzen, rosa Basis.
Korolle: tief purpurn, manchmal rosa und weiß gefleckt, einfach.
Staubfäden: rosa.
Stempel: rosa.
Laub: grün, leicht variegiert.
Wuchs: aufrecht.
Sehr gute neuere Sorte, die in Manchester 1976 mit einer Silbermedaille ausgezeichnet worden ist.

'Northumbrian Belle' (Dr. Ryle 1973, GB) No. 1115
('Lena Dalton' × 'Citation')
Tubus: kurz, dick, rosa.
Sepalen: pink.
Korolle: tief blauviolett, rosa geadert, einfach bis halbgefüllt.
Staubfäden: kirschrot.
Stempel: pink.
Laub: dunkelgrün mit roter Mittelrippe und roten Stielen.
Wuchs: aufrecht, gut verzweigt.
Eine der besten Sorten von M. Ryle. Mit dem buschigen Wuchs und der ausdauernden reichen Blüte besonders gut zur Topfkultur geeignet.

'Northway' (Golics 1976, GB)
('La Campanella' × 'Howlett's Hardy')
Tubus: hellrosa, kurz und gedrungen.
Sepalen: hellrosa.
Korolle: kirschrot, einfach.
Staubfäden: pink.
Stempel: pink.
Laub: hellgrün.
Wuchs: locker und buschig.
Unermüdlich blühende Sorte mit schönen Farben. Die zierlichen Blüten werden an starken Stielen seitwärts und aufwärts gut sichtbar über dem Laub getragen. Erfordert besondere Sorgfalt bei der Düngung. Stickstoffmangel zeigt sich am helleren Laub.

'Novella' (Tiret 1968, USA) No. 796
Tubus: fleischrosa, sehr lang.
Sepalen: rosiges Pink, grüne Spitzen.
Korolle: rauchig-orange, gefüllt.
Staubfäden: blaßrosa.
Stempel: blaßrosa.
Laub: mittelgrün, gezähnt.
Wuchs: überhängend, ausladend.
In voller Sonne färben sich die schönen Blüten besonders gut aus.

'Orange Crush' (Handley 1972, GB) No. 1057
Tubus: lachsorange.
Sepalen: lachsorange.
Korolle: leuchtend orange, heller am Grund, einfach.
Staubfäden: rosa.
Stempel: hellrosa.
Laub: hellgrün.
Wuchs: straff aufrecht.
Zum Unterschied von 'Orange Flair' werden die Sepalen hier waagerecht getragen. Ansonsten gleichen sich beide Sorten. Beide lieben die Sonne und sind gute Beetpflanzen, aber auch gute Stammbildner.

'Orange Drops' (Martin 1963, USA) No. 572
Tubus: orange, wächsern und dick.
Sepalen: orange, horizontal, grüne Spitzen.
Korolle: orange, einfach.
Staubfäden: orange.
Stempel: orange.
Laub: mittelgrün, groß.
Wuchs: waagerecht, überhängend.
Von der Blütenfarbe her eine der besten orangefarbenen Sorten, wenn nur die Pflanze einen etwas eleganteren Wuchs hätte. Frühes, häufiges Entspitzen ist unbedingt erforderlich. Vielleicht sollte man sie mal als „Trauer"-Stamm versuchen? Immerhin bekam sie 1967 eine Auszeichnung.

'Orange Flair' (Handley 1972, GB) No. 1058
Tubus: salmorange, dick und wächsern.
Sepalen: salmorange, unterseits kreppartig, hochgeschlagen.
Korolle: orange, heller an der Basis, einfach.
Staubfäden: orange.
Stempel: orange.
Laub: mittelgrün.
Wuchs: aufrecht.
Diese Sorte bringt nur Seitentriebe, wenn man häufig entspitzt. Sonne, je mehr desto besser, bringt das Orange zum Strahlen. Die Einzelblüte ist wohlgeformt und lange haltbar.

'Orange Mirage' (Tiret 1970, USA) No. 896
Bild Seite 143
Tubus: salmrosa.
Sepalen: salmrosa, unterseits orange, grüne Spitzen.
Korolle: orange, einfach, großblütig.
Staubfäden: rosa.
Stempel: rosa.
Laub: mittelgrün, rote Mittelrippe und rote Stiele.
Wuchs: locker, aufrecht.
Wie bei vielen Sorten dieser Farbstellung wirkt das Orange der Korolle oft etwas verbrannt. Die Blüten sind apart geformt und von guter Substanz.

'Oranje Boven' (de Graaff 1980, NL)
(Auszeichnung der VKC, Apeldoorn 1980)
Bild Seite 142
Tubus: lachs-orange, lang und dünn.
Sepalen: lachs-orange, schmal, große grüne Spitzen.
Korolle: kräftiges, rauchiges Orange, einfach.
Staubfäden: helles Lachs.
Stempel: helles Lachs.
Laub: groß, hellgrün.
Wuchs: stark, aufrecht.
Eine starkwachsende Pflanze mit langen Internodien, die in relativ kurzer Zeit sehr hoch wird. Die Blüten sind lang und schmal, sehr elegant und von schöner, zarter Farbe, die auf dem hellen Laub besonders gut zur Geltung kommt. Der Züchter empfiehlt sie sogar als Kletterfuchsie.

'Oranje van Os' (van Os, NL)
Tubus: lachsrosa, lang.
Sepalen: lachsrosa, lang, mit grünen Spitzen, waagerecht stehend.
Korolle: klares Orange.
Staubfäden: lachsrosa.
Stempel: lachsrosa.
Laub: hellgrün, groß.
Wuchs: straff aufrecht.
Wenn man die junge Pflanze häufiger entspitzt, um den etwas steifen Wuchs auszugleichen, bekommt man schnell einen schönen, großen Busch mit zahllosen, leuchtenden, eleganten Blüten. Eine sonne- und wärmeliebende Sorte, von der J. van Os, der sie vor Jahren in Venlo entdeckte, vermutet, daß sie deutschen Ursprungs ist.

'Ortenburger Festival' (Töpperwein 1973, D)
No. 1432
Tubus: rot, kurz und dick.
Sepalen: tiefrot, waagerecht stehend.
Korolle: blauviolett, später weinrot, einfach.

Staubfäden: rot.
Stempel: rot.
Laub: dunkelgrün.
Wuchs: aufrecht und gut verzweigt.
Dieser 'Bodethal' × 'Beacon'-Sämling hat etwas größere Blüten als die Ausgangssorten und ist eine ausgezeichnete Beetpflanze, die schnell weite Verbreitung gefunden hat. Registriert 1977, von der Firma Fuchsiarama, Fort Bragg, USA.

'Other Fellow' (Hazard and Hazard 1946, USA)
Tubus: weiß und wächsern, lang.
Sepalen: weiß und wächsern, grüne Spitzen.
Korolle: korallenrosa, weiß an der Basis, einfach.
Staubfäden: weiß.
Stempel: weiß.
Laub: mittelgrün, fein gezähnt.
Wuchs: aufrecht und buschig.
Die kleinen, zierlichen Blüten erscheinen in solcher Fülle, daß jeder Busch oder Hochstamm zum auffälligen Blickfang wird. Ein Juwel und dennoch robust und für jeden Verwendungszweck geeignet.

'Pacific Queen' (Waltz 1963, USA) No. 587
Tubus: weißrosa.
Sepalen: rosa, weiße Spitzen.
Korolle: rosenrot, gefüllt, von guter Substanz.
Staubfäden: rosa.
Stempel: blaßrosa.
Laub: dunkelgrün, rote Mittelrippe.
Wuchs: aufrecht.
Stark- und hochwachsend mit vielen, großen, sehr schön geformten Blüten. Bei guter Kultur ein Blickfang von großer Wirkung, dabei völlig problemlos.

'Pacquesa' (Clyne 1974, GB) No. 1286
Tubus: rot, kurz, wächsern.
Sepalen: tiefrot, glänzend, kreppartig unterseits.
Korolle: schneeweiß mit wenig roter Aderung, einfach.
Staubfäden: rot.
Stempel: rot.
Laub: grasgrün, glänzend.
Wuchs: aufrecht, gut verzweigt.
Die Substanz und Haltbarkeit der mittelgroßen, klassischen Blüten ist hervorragend. Rot-weiße Fuchsien gibt es in vielen Sorten, diese ist aber eine Verbesserung der älteren mit wirklich strahlenden Blüten in großer Fülle.

'Papa Bleuss' (Tiret 1956, USA) No. 253
Tubus: grünlich weiß.
Sepalen: weiß, unterseits rosa, gekreppt.
Korolle: sehr dunkles Violett, nach Rot verblühend, gefüllt.
Staubfäden: rosa.
Stempel: weiß.
Laub: mittelgrün, roter Mittelnerv.
Wuchs: locker aufrecht bis hängend.
Wegen der ungewöhnlich großen und schweren Blüten muß man jeden einzelnen Trieb rechtzeitig, möglichst unauffällig stützen. Die Blüten sind wunderschön, man darf nur nicht allzu viele auf einmal davon erwarten. Im übrigen gilt das früher für weiß-blaue Fuchsien Gesagte.

'Party Frock' (Walker & Jones 1953, USA)
Tubus: rosenrot.
Sepalen: rosenrot, lang und steil hochgestellt, grüne Spitzen.
Korolle: lila-lavendel, äußere Petalen rosa durchzogen, einfach bis halbgefüllt.
Staubfäden: rosa.
Stempel: blaßrosa.
Laub: dunkelgrün.
Wuchs: aufrecht, gut verzweigt und starkwüchsig.
Eine hervorragende Sorte, die schnell zu einem großen Busch heranwächst und sich auch gut zur Hochstammkultur eignet. Die pastellfarbenen, wohlgeformten Blüten sind wunderschön.

'Paul Cambon' (Lemoine 1909, F)
Tubus: scharlachrot, kurz und dick.
Sepalen: scharlachrot, breit und hochgeschlagen.
Korolle: parma-violett, gefüllt.
Staubfäden: scharlachrot.
Stempel: scharlachrot, nicht länger als die Staubfäden.
Laub: mittelgrün mit rotem Mittelnerv, stark gezähnt.
Wuchs: aufrecht und sparrig.
Eine alte, wunderschöne Sorte mit einer perfekten, rosettenförmigen Korolle in auffälliger Farbe. Die Pflanze ist allerdings langsamwachsend und schwer in eine gute Form zu bringen. Sie liebt es kühl und schattig und wird am besten unter Glas kultiviert.

'Peloria' (Martin 1961, USA) No. 466
Tubus: lackrot.
Sepalen: lackrot, unterseits kreppartig, teils mit den Petalen verwachsen.
Korolle: innen purpurblau, außen rosa gestreift und panaschiert, gefüllt.
Staubfäden: rot.
Stempel: rot.
Laub: dunkelgrün, rot geadert, an roten Stielen.
Wuchs: aufrecht und stark.

Sehr große, sternförmige Blüten an einer stark und von Natur sehr ordentlich wachsenden Pflanze. An einer mehrjährigen Pflanze ist der Blütenreichtum enorm und die Blüten sind gut und lange haltbar.

'Pepi' (Tiret 1963, USA) No. 578
Tubus: weiß bis rosa.
Sepalen: weiß mit rosa Hauch, unterseits rosa.
Korolle: kirschrot, orange marmoriert, orange Petaloiden, gefüllt.
Staubfäden: kirschrot.
Stempel: rosa.
Laub: mittelgrün, roter Mittelnerv.
Wuchs: aufrecht bis überhängend.
Sehr große Blüten von guter Substanz. Wegen der Schwere der Blüten ist selbst mit Stützen keine gute Buschform zu erreichen. Am besten pflanzt man in eine Ampel und überläßt den Wuchs der Pflanze selbst. So blüht sie dann überreich und schön.

'Peppermint Stick' (Garson 1951, USA)
Bild Seite 161
Tubus: hellrot.
Sepalen: hellrot, an den Spitzen rosarot.
Korolle: purpur, mit roten und rosa Streifen, gefüllt.
Staubfäden: rosa.
Stempel: rosa.
Laub: mittelgrün.
Wuchs: aufrecht.
Eine der ersten Fuchsien mit dreifarbigen Blüten. Im Gegensatz zu manchen neueren Sorten dieser Art ist sie robust und vielblütig. Blüht unter Glas schon früh im Jahr und ist leicht zu pflegen.

'Phenomenal' (Lemoine 1869, F)
Tubus: scharlachrot.
Sepalen: scharlachrot, sehr breit.
Korolle: indigoblau, heller an der Basis, leicht rot geadert, gefüllt.
Staubfäden: rot.
Stempel: rot.
Laub: dunkelgrün, roter Mittelnerv.
Wuchs: sparrig, aufrecht.
Sehr große, eigenartig geformte Blüten. Selbst der recht starke Wuchs dieser Sorte reicht nicht aus, die schweren Blüten ohne Stütze zu tragen. Wenn die Standortbedingungen nicht optimal sind, öffnen sich manche Blüten nicht. Ein kühler, schattiger Standort ist zu empfehlen.

'Pinch Me' (Tiret 1969, USA) No. 831
Tubus: schneeweiß.
Sepalen: schneeweiß.
Korolle: lilablau bis purpurn, gefüllt.
Staubfäden: rosa.
Stempel: weiß.
Laub: hellgrün, schön gezähnt, rote Stiele und rote Mittelrippe.
Wuchs: Hänger.
Eine starkwüchsige, sehr dekorative Ampelpflanze. In dieser Farbkombination gibt es viele schwierige, heikle Fuchsien. 'Pinch Me' hingegen ist dankbar und problemlos zu kultivieren. Mehrmaliges Entspitzen führt zu guter Verzweigung. Gut auch als Spalier. Diese Sorte wurde in Holland zeitweilig als 'Phoenix' angeboten, das hat zu einiger Verwirrung geführt.

'Pink Bon Accord' (Thorne 1959, GB)
Tubus: blaßrosa.
Sepalen: blaßrosa, unterseits dunkler, grüne Spitzen.
Korolle: leuchtend korallenrosa, einfach.
Staubfäden: korallenrosa.
Stempel: blaßrosa.
Laub: grasgrün, schön gezähnt.
Wuchs: aufrecht und buschig.
Die mittelgroßen Blüten von leuchtender Farbe stehen mehr seitwärts an den Triebspitzen, also nicht ganz so aufrecht wie bei 'Bon Accord', von der diese Sorte eine Mutation oder ein Sämling sein soll. Sehr gut sonnenverträglich und darum besonders gut als Beetpflanze.

'Pink Cloud' (Walker 1953, USA) No. 269
Tubus: rosa.
Sepalen: rosa, unterseits dunkler,
Korolle: blaßrosa, dunkler, einfach.
Staubfäden: dunkelrosa.
Stempel: hellrosa.
Laub: mittelgrün.
Wuchs: aufrecht.
Eine ungewöhnlich große, schön geformte Blüte mit lustig gedrehten Sepalen, aber schlechter Substanz. Häufig entspitzt als junge Pflanze macht sie schnell einen großen Busch. Die Wuchskraft ist auch ausreichend für Hochstamm- oder Pyramidenformen. Der Standort sollte aber immer möglichst kühl und schattig gewählt werden.

'Pink Darling' (Machedo 1961, USA)
Tubus: dunkelrosa.
Sepalen: blaßrosa, unterseits dunkler.
Korolle: sanft lila-rosa.
Staubfäden: rosa.
Stempel: weiß.
Laub: dunkelgrün, klein.

Wuchs: straff aufrecht.
Im Gegensatz zur vorhergehenden Sorte sind die Blüten klein und zierlich und werden an starken Stielen seitwärts-aufwärts getragen. Frühes, häufiges Entspitzen macht die Pflanze buschig und vieltriebig. Sie produziert dann Blüten in unwahrscheinlichen Mengen den ganzen Sommer hindurch. Eine in jeder Weise exzellente Sorte.

'Pink Flamingo' (Castro 1961, USA) No. 470
(Certificate of Merit 1964)
Tubus: rosenrot.
Sepalen: rosenrot, grüne Spitzen.
Korolle: weißrosa, mit rosa Adern an der Basis.
Staubfäden: blaßrosa.
Stempel: weiß.
Laub: dunkelgrün, der Neuaustrieb ist bronze.
Wuchs: Hänger mit sehr langen Internodien, aber elastischen Zweigen.
Erkennungsmerkmal dieser Sorte sind die kurios gedrehten Sepalen an der langen Blüte, die wohl auch der Anlaß für die Wahl des Namens waren. Frühes Entspitzen ist unerläßlich. Eine Wandampel ist der beste Platz, um diese Fuchsie zu präsentieren. Vermehrung und Kultur sind problemlos. Sehr alt wird die Pflanze allerdings nicht. Im Herbst einen Steckling zu machen ist sicherheitshalber immer angebracht.

'Pink Galore' (Fuchsia-La 1958, USA) No. 469
Bild Seite 161
Tubus: rosa, lang, etwas dunkler als die Korolle.
Sepalen: rosa, breit und hochgeschlagen.
Korolle: rosa, gefüllt.
Staubfäden: hellrosa.
Stempel: hellrosa.
Laub: dunkelgrün und glänzend, der junge Austrieb ist rot überlaufen.
Wuchs: hängend.
Dies ist unbestritten die Fuchsie mit dem reinsten Rosa und sehr schönen Blüten, wenn sie als Pflanze nur nicht so mühsam wäre. Um eine schöne, gleichmäßig gewachsene Ampel zu bekommen, sollte man mindestens 5 Pflanzen verwenden. Die Wuchskraft reicht auch noch zu einem kleinen Stämmchen. Am besten hält man sie immer unter Glas. Hier sind die atemberaubenden Blüten sehr lange haltbar. Da 'Pink Galore' schlecht überwintert, sollte sie alle Jahre neu aus Herbststecklingen herangezogen werden. Verdienstzeugnis der AFS 1958.

'Pink Marshmallow' (Stubbs 1971, USA) No. 996
Tubus: rosaweiß.
Sepalen: weiß, unterseits rosig, grüne Spitzen.
Korolle: weiß, etwas rosa geadert, gefüllt.
Staubfäden: blaßrosa.
Stempel: weiß.
Laub: hellgrün und groß, oft 11 bis 12 cm lang.
Wuchs: überhängend, ausladend.
Gehört zu den besten Züchtungen von Annabella Stubbs. Die Sorte ist mittlerweile 10 Jahre alt und wegen ihrer Riesenblüten entsprechend berühmt. Für Liebhaber großblumiger Fuchsien ist sie ein absolutes Muß. Ihre volle Größe und Schönheit erreichen die Blüten im Gewächshaus. Dort sind sie bis zu 8,5 cm lang, ohne Fruchtknoten und Staubfäden gemessen. Die Sorte ist nicht heikel und auch an einem geschützten Platz im Freien blüht sie sehr reich. Die Einzelblüte ist dann allerdings kleiner. Auffällig sind auch die beinahe runden Knospen.

'Pink Pearl' (Bright 1919, GB)
Tubus: rosa.
Sepalen: altrosa, unterseits dunkler und gekreppt, grüne Spitzen.
Korolle: altrosa, leichte Aderung, gefüllt.
Staubfäden: altrosa.
Stempel: hellrosa.
Laub: dunkel, klein und spitz, rötliche Stiele und Zweige.
Wuchs: aufrecht bis überhängend.
Eine der unverwüstlichen, alten Sorten. Gezüchtet wurde sie vom Lye-Schwiegersohn, der für seine Riesen-Pyramiden berühmt war. Die aparte Blütenform, die rundliche Korolle an langem Tubus, die von rundlichen Sepalen umgeben ist, hebt sich von vielen anderen auffällig ab. Die Pflanze ist robust und problemlos. Sie blüht, besonders an überwinterten Pflanzen, verschwenderisch.

'Pink Quartet' (Walker & Jones 1949, USA)
Tubus: rosa.
Sepalen: dunkelrosa, hochgestellt.
Korolle: weißliches Rosa, halbgefüllt.
Staubfäden: rosa.
Stempel: rosa.
Laub: dunkelgrün.
Wuchs: aufrecht, etwas steif.
Wie ein Quartett sind die Petalen fein säuberlich in 4 Rollen gewickelt. Das gibt der Blüte eine besondere Form und gute Substanz. Frühes Entspitzen führt zu einer besseren Verzweigung.

'Pink Temptation' (Wills 1966, GB)
Tubus: cremeweiß.

Sepalen: cremeweiß, unterseits rosa, grüne Spitzen, horizontal.
Korolle: tyrisch-rosa, mit weißer Basis, einfach.
Staubfäden: rosa.
Stempel: weißrosa.
Laub: dunkelgrün, an den Rändern gewellt.
Wuchs: überhängend, elastisch, sehr dicht und verzweigt.
Dieser Sport von 'Temptation' hat alle guten Eigenschaften der Ursprungssorte. Die elastischen Zweige ermöglichen eine Bepflanzung von Kästen an exponierten Stellen. Ein Hochstamm dieser Sorte entwikkelt eine besonders dichte, reichblühende Krone.

'Pinup' (Kennett 1968, USA) No. 775
Tubus: rein weiß, lang.
Sepalen: rein weiß, lang und schmal.
Korolle: leuchtend Rosa, halbgefüllt.
Staubfäden: blaßrosa.
Stempel: weißrosa.
Laub: dunkelgrün.
Wuchs: hängend.
In einer Wandampel kommen die zauberhaften, pastellfarbenen, mittelgroßen Blüten zu wunderschöner Wirkung.

'Playboy' (Homann 1969, GB)
('Phyllis' × 'Fascination')
Tubus: kirschrot.
Sepalen: kirschrot, hochgestellt, kreppartig.
Korolle: rosa, rot geadert und marmoriert, gefüllt.
Staubfäden: kirschrot.
Stempel: kirschrot.
Laub: dunkelgrün.
Wuchs: aufrecht und buschig.
Eine verschwenderisch blühende Sorte, die vielseitig verwendbar ist. Besonders gut und förmlich leuchtend als Balkon- oder Beetpflanze in voller Sonne.

'Plenty' (Gadsby 1974, GB) No. 1223
('Cloverdale' × 'Lady Isobel Barnett')
Tubus: karminrot.
Sepalen: altrosa, unterseits heller, an der Spitze leicht gedreht.
Korolle: violett-purpurn, rosa Basis, glockenförmig, einfach.
Staubfäden: karminrot, verschieden lang.
Stempel: rosa.
Laub: dunkelgrün, groß.
Wuchs: aufrecht und buschig.
Eine der besten Sorten von Cliff Gadsby. Blüten in so großer Fülle, daß der Name nicht treffender gewählt werden konnte. Die Blüten stehen seitswärts an kurzen Stielen wie bei 'Lady Isobel Barnett'. Sehr schön als große, dekorative Schaupflanze, aber auch schon kleine Pflanzen sind mit Blüten förmlich überschüttet.

'Poseidon' (Travis 1980, GB) No. 1584
Tubus: schlank und lang (92 mm), aprikosenfarbig.
Sepalen: lang und schmal, aprikosenfarbig.
Korolle: klein, kurz, aprikosenfarbig, einfach.
Staubfäden: aprikosenfarbig, eingeschlossen.
Stempel: aprikosenfarbig.
Laub: salbeigrün, groß.
Wuchs: aufrecht und stark.
Sämling von *F. fulgens* var. 'Rubra Grandiflora' mit gleichen Eigenschaften, aber hellerer Blütenfarbe.

'Postiljon' (von der Post, 1975, NL)
Bild Seite 161
Tubus: weiß mit rosa Anflug.
Sepalen: rahmweiß mit grünen Spitzen.
Korolle: rotviolett, weiß an der Basis, einfach.
Staubfäden: weiß.
Stempel: weiß.
Laub: mittelgrün, klein.
Wuchs: Hänger, der sich sehr gut verzweigt.
Auch ein 'La Campanella'-Abkömmling mit sehr guten Eigenschaften. Die Sorte blüht von Mai bis Oktober ohne Pause und im Gewächshaus auch den Winter hindurch.

'Prelude' (Kennett 1958, USA) No. 348
Tubus: weißrosa.
Sepalen: weißrosa.
Korolle: große lila Petalen im Zentrum, sind umgeben von weiß und rosa panaschierten Petaloiden, gefüllt.
Staubfäden: rosa.
Stempel: rosaweiß.
Laub: mittelgrün.
Wuchs: hängend.
Für alle Liebhaber, die eine wunderschöne Blüte über alles stellen, ist dies die richtige Fuchsie. Der Wuchs allerdings ist schwer zu beeinflussen. Am besten man entspitzt die junge Pflanze 1- bis 2mal und läßt dann der Natur ihren Lauf. In einer Ampel, in Augenhöhe, sind die Blüten in ihrer einmaligen Schönheit ein zauberhafter Anblick. Es gibt noch eine zweite Fuchsie mit dem Namen 'Prelude' mit einfachen rot-magenta Blüten (Blackwell 1957, GB).

'President' (Standish 1841, GB)
('Formosa Elegans' × *F. corymbiflora*)
Tubus: leuchtend rot.

Sepalen: leuchtend rot.
Korolle: rosig-magenta, rot am Grund, einfach.
Staubfäden: rot.
Stempel: rot.
Laub: dunkelgrün mit rotem Neuaustrieb.
Wuchs: aufrecht und buschig.
Diese sehr alte, früh blühende Sorte kann es immer noch mit vielen modernen Fuchsien der gleichen Farbstellung aufnehmen. An einem geschützten Platz war 'President' mehrere Jahre hindurch winterhart.

'President B. W. Rawlins' (Thorne 1966, GB)
Tubus: hellrosa.
Sepalen: hellrosa, unterseits orange-rosa, grüne Spitzen.
Korolle: karminrot, orange durchzogen, an der Basis heller, einfach.
Staubfäden: rosa.
Stempel: blaßrosa.
Laub: mittelgrün.
Wuchs: hängend.
Schön geformte, große Blüten mit halb hochstehenden, unterseits gekreppten Sepalen. Der Wuchs ist stark und kräftig und tendiert zum Hängen. Sehr gut für große Ampeln. Benannt wurde die Sorte nach einem ehemaligen Präsidenten der BFS.

'President Margaret Slater' (Taylor 1972, GB) No. 1119
('Cascade' × 'Taffy')
Tubus: weiß, dünn und lang.
Sepalen: außen weißrosa, unterseits orange, lang und schmal, grüne Spitzen, elegant gedreht.
Korolle: mauve-pink mit orangen Tönen, einfach.
Staubfäden: pink.
Stempel: hellrosa.
Laub: mittelgrün, rot geadert, fein gezähnt.
Wuchs: hängend.
Von der Mutter 'Cascade' kommt der sagenhafte Blütenreichtum und der Wuchs, der unmittelbar am Topfrand nach unten geht. Als Ampelpflanze besonders dekorativ. Benannt nach einer ehemaligen Präsidentin der BFS.

'Preston Guild' (Thornley 1971, GB) No. 1010
Tubus: reinweiß, lang und dünn.
Sepalen: reinweiß, hochgestellt, leicht gerollt.
Korolle: blauviolett, weiß an der Basis, einfach.
Staubfäden: weiß.
Stempel: weiß.
Laub: mittelgrün mit roter Mittelrippe, an roten Stielen.
Wuchs: aufrecht, gut verzweigt.
Die zierlichen Blüten rufen überall Begeisterung hervor. Wenn die klaren Farben lange schön bleiben sollen, ist ein schattiger, regengeschützter Platz allerdings erforderlich.

'Prosperity' (Gadsby 1974, GB) No. 1224
Tubus: dunkelrot.
Sepalen: dunkelrot.
Korolle: blaßrosa, rot geadert und gesprenkelt, gefüllt.
Staubfäden: rosenrot.
Stempel: rosa.
Laub: dunkelgrün mit roter Aderung.
Wuchs: steif aufrecht.
Eine Sorte, die sehr hoch wird und sich selbst bei häufigem Entspitzen nur schlecht verzweigt. Im Hintergrund eines Gartenbeetes kommen die vielen Blüten zu schönster Geltung.

'Purple Heart' (Walker and Jones 1950, USA)
Tubus: leuchtend rot.
Sepalen: rot, lang, wächsern.
Korolle: innere Petalen violettblau, äußere Petalen rosenrot, rot gerandet, gefüllt.
Staubfäden: rot.
Stempel: rot.
Laub: dunkelgrün, rote Adern.
Wuchs: aufrecht, etwas sparrig.
Wunderschöne Blüten, leider immer nur einige zu gleicher Zeit an einer stark wachsenden Pflanze, die ohne große Probleme zu kultivieren ist. Frühes wiederholtes Entspitzen ist von Vorteil.

'Queen Victoria' (unbekannt)
Tubus: wachsweiß.
Sepalen: wachsweiß, rosa Hauch, grüne Spitzen.
Korolle: dunkles Lavendelblau mit rosa an der Basis, gefüllt.
Staubfäden: rosa.
Stempel: hellrosa.
Laub: mittelgrün.
Wuchs: aufrecht und buschig.
Entzückende Sorte, völlig problemlos, macht aus einem Januar-Steckling eine große, reichblühende Pflanze. Nicht zu verwechseln mit der berühmten Fuchsie gleichen Namens von Story 1855, die die ersten rot-weiß gefüllten Blüten besaß.

'RAF' (Garson 1942, USA)
Tubus: kirschrot.
Sepalen: kirschrot.
Korolle: rosa, helle Adern und Flecken, gefüllt.

Staubfäden: kirschrot.
Stempel: kirschrot.
Laub: mittelgrün, rot geadert.
Wuchs: lax Busch oder Hänger.
Der Blütenreichtum dieser Sorte ist unvorstellbar. Wenn man dem nicht mit regelmäßiger Düngung Rechnung trägt, werden die späteren Blüten deutlich kleiner. Die Blüte beginnt besonders früh im Jahr und dauert ohne Pause bis zum ersten Frost.

'Radings Inge' (Reiman-Dietiker 1980, NL)
(*F.* × *bacillaris*-Sämling, Auszeichnung Apeldoorn 1980)
Tubus: rosenrot.
Sepalen: creme.
Korolle: orange, einfach.
Staubgefäße: orange.
Laub: klein, farnartig.
Wuchs: aufrecht, vielverzweigt.
Blüten etwa 12 mm lang bei 8 mm unterer Weite.

'Radings Karin' (Reiman-Dietiker 1981, NL)
(*F.* × *bacillaris*-Sämling)
Tubus: rosenrot.
Sepalen: rosenrot.
Korolle: orange-rot, einfach.
Laub: klein, farnartig.
Wuchs: aufrecht und buschig.
Zierliche Blüten, 13 mm lang bei 10 mm unterer Weite.

'Radings Marjorie' (Reiman-Dietiker 1980, NL)
(*F.* × *bacillaris*-Sämling, Auszeichnung Apeldoorn 1980)
Tubus: weiß.
Sepalen: helles Bordeauxrot.
Korolle: hellrosa, einfach.
Laub: klein und zierlich.
Wuchs: aufrecht.
Die Blüten sind 13 mm lang bei 9 mm unterer Weite.

'Radings Michelle' (Reiman-Dietiker 1980, NL)
(*F.* × *bacillaris*-Sämling, Auszeichnung Apeldoorn 1980)
Tubus: rosa.
Sepalen: weißrosa.
Korolle: hellrosa, einfach.
Laub: klein, farnartig.
Wuchs: aufrecht und vielverzweigt.
Blüte zierlich, etwa 12 mm lang bei 8 mm unterer Breite.
Im Herbst schöne, schwarze Beeren.

'Razzle Dazzle' (Martin 1965, USA) No. 630
Tubus: blaßrosa.
Sepalen: blaßrosa, unterseits dunkler, breit, kreppartig.
Korolle: mitelblau, rosa an der Basis mit rosa Petaloiden, gefüllt.
Staubfäden: rosa.
Stempel: hellrosa.
Laub: mittelgrün.
Wuchs: hängend.
Die Blüten dieser Sorte sind ein Phänomen. Im Anfang erscheinen sie eher klein, aber sehr dicht gefüllt. Es dauert Tage, bis die vielen Petalen und Petaloiden sich entfaltet haben und die dicken Sepalen sich völlig aufrollen zu bizarren Hörnern. Zum Schluß ist die Blüte doppelt so groß und hängt an einem außergewöhnlich langen Blütenstiel.

'Rebecca' (Singleton 1980, GB) No. 1580
Tubus: blaßgrün, kurz und dick.
Sepalen: weiß, leicht hochstehend.
Korolle: weiß.
Staubfäden: weiß.
Stempel: weiß.
Laub: dunkelgrün.
Wuchs: überhängend.
Dieser Sämling von 'Ting-a-Ling' hat schöne tellerförmige Blüten und eignet sich gut für alle, auch größere Anzuchtformen. Beste Farbe im Schatten.

'Red Spider' (Reiter 1946, USA)
(Certificate of Merit der AFS 1948)
Tubus: lang, dünn, karminrot.
Sepalen: krimsonrot, lang, schmal und hochgestellt.
Korolle: etwas dunkler Rot, einfach.
Staubfäden: hellrot.
Stempel: hellrot.
Laub: mittelgrün, sehr dicht.
Wuchs: hängend, starkwüchsig.
Von der sagenhaft reichen Blütenfülle, die 'Red Spider' über einen langen Zeitraum produziert, kann man bei vielen anderen Fuchsien nur träumen. Eine Ampel sollte aber früh und oft entspitzt werden, damit die Blüten nicht nur an den lang herunterhängenden Triebenden sitzen, sondern gleichmäßig über die ganze Pflanze verteilt. Sehr gut auch zur Verkleidung der Außenseiten größerer Container. An heißen Plätzen muß das sehr dichte Laub vor Spinnmilben-Befall geschützt werden.

'Reichards Sämling' (Teupel 1931, D)
Tubus: weiß, wächsern, kurz und kompakt.

Sepalen: weiß, wächsern, grüne Spitzen, hochgestellt.
Korolle: rosa mit etwas dunkleren Rändern, weiße Basis, einfach.
Staubfäden: hellrosa.
Stempel: weiß.
Laub: mittelgrün, klein.
Wuchs: aufrecht, sich natürlich verzweigend.
Zierliche, zartfarbene Blüten von sehr guter Substanz und damit guter Wetterfestigkeit an einer buschigen Pflanze. Früh- und reichblühende Sorte, die in England über viele Jahre zu den Ausstellungsfavoriten gehörte. Zum Glück der Fuchsienfreunde hat der Botanische Garten Berlin sie auch bei uns vor dem Verlust bewahrt und über die letzten 50 Jahre gerettet. Sie wurde dort allerdings unter dem Namen 'Reichsminister Semmler' (?) kultiviert.

'Reverend Dr. Brown' (Taylor 1973, GB) No. 1118
('Sophisticated Lady' × 'Citation')
Tubus: blaßrosa, kurz und dick.
Sepalen: blaßrosa außen, innen tiefrosa, grüne Spitzen, steil hochgeschlagen.
Korolle: weiß, leicht rosa geadert, gefüllt.
Staubfäden: rosa.
Stempel: rosaweiß.
Laub: mittelgrün.
Wuchs: aufrecht und gut verzweigt.
Sehr reich blühende, zart wirkende, aber doch robuste Sorte, die schnell und stark wächst und leicht zu kultivieren ist. Benannt ist sie nach einem der Gründungsmitglieder und späterem Präsidenten der BFS.

'Ridestar' (Blackwell 1965, GB)
Tubus: scharlachrot.

'Pink Galore'

'Peppermint Stick'

'Postilijon'

Sepalen: scharlachrot.
Korolle: tiefes, reines Blau, mit rosa Adern, im Verblühen rosig-lavendel, gefüllt.
Staubfäden: rot.
Stempel: rot.
Laub: dunkelgrün.
Wuchs: aufrecht.
Große Blüten in Mengen an einer starkwüchsigen Pflanze, die auch einen guten Hochstamm bildet.

'Rolla' (Lemoine 1913, F)
Tubus: blaßrosa.
Sepalen: blaßrosa.
Korolle: cremeweiß, rosa an der Basis, gefüllt.
Staubfäden: weißrosa.
Stempel: weißrosa.
Laub: mittelgrün.
Wuchs: aufrecht.
Eine sehr gute, alte Sorte, die etwas an Popularität verloren hat. Vor allem in Amerika ist viel damit gezüchtet worden. Außer 'Flying Cloud' gibt es viele weiße Sorten, die 'Rolla' in ihrem Stammbaum haben.

'Rose of Castille' (Banks 1855, GB)
Bild Seite 165
Tubus: wachsweiß, dick, rundlich.
Sepalen: wachsweiß, grüne Spitzen, ganz leichter Hauch von Rosa.
Korolle: blaupurpurn, weiß an der Basis, einfach.
Staubfäden: blaßrosa.
Stempel: weiß.
Laub: hellgrün.
Wuchs: straff aufrecht, buschig.
Eine der sehr guten, vielgeliebten Sorten mit mittelgroßen, seitwärts-aufwärts stehenden, sehr hübschen Blüten von großer Leuchtkraft. Blüht sehr früh und reich ohne Pause bis zum Frost.

'Rose of Castille Improved' (Lane 1871, GB)
Tubus: fleischrosa.
Sepalen: fleischrosa.
Korolle: violettpurpurn, einfach.
Staubfäden: rosa.
Stempel: weiß.
Laub: hellgrün.
Wuchs: aufrecht.
Sehr verschieden von 'Rose of Castille', starkwüchsig und vielseitig verwendbar wie diese, aber auf keinen Fall eine Verbesserung.

'Rosy Frills' (Handley 1979, GB) No. 1503
Tubus: grünlichweiß.
Sepalen: außen weißrosa, innen blaßrosa, gelbgrüne Spitzen, breit.
Korolle: rosenrot, mit roten Rändern, äußere Petalen lachs gestreift, gefüllt.
Staubfäden: rosa.
Stempel: weiß.
Laub: dunkelgrün mit roten Stielen.
Wuchs: halbhängend, locker.
Früh- und reichblühende Sorte.

'Rough Silk' (Baker 1970, GB)
Tubus: blaßrosa, lang.
Sepalen: blaßrosa, grüne Spitzen, lang und schmal.
Korolle: weinrot, an der Basis rosa, einfach.
Staubfäden: rosa.
Stempel: rosa.
Laub: hellgrün.
Wuchs: hängend.
Ursprünglich wurde diese Sorte mit dem Namen 'Bakers Boy' benannt und später umgetauft. Die eleganten, großen Blüten kommen am besten in einer Wandampel zur Geltung.

'Royal Purple' (Lemoine 1896, F)
Tubus: tiefrot, glänzend.
Sepalen: tiefrot, wächsern, unterseits heller.
Korolle: königsblau, heller am Grund, rot geadert, einfach.
Staubfäden: kirschrot.
Stempel: kirschrot.
Laub: mittelgrün, glänzend.
Wuchs: aufrecht und buschig.
Eine Fuchsiensorte, die nur Qualitäten aufzuweisen hat. Schöner Aufbau, große, schön geformte Blüten von guter Substanz und leuchtenden Farben. Vielseitig verwendbar als Kübelpflanze oder im Gartenbeet, sehr gut auch als Hochstamm und Pyramide, sogar als Kletterpflanze zu verwenden. Was in Deutschland unter dem Namen 'Heron' oder 'Schwabenland' angeboten wird, stellt sich sehr oft als 'Royal Purple' heraus.

'Royal Touch' (Tiret 1964, USA) No..597
Tubus: rosenrot.
Sepalen: rosenrot.
Korolle: königsblau, gefüllt.
Staubfäden: rosa.
Stempel: rosa.
Laub: dunkelgrün.
Wuchs: hängend.
Von den vielen rot-blauen Fuchsien sticht diese Sorte durch das besonders schöne Blau ab. Die Pflanze ist

starkwüchsig und problemlos; auch schön als „Trauerstamm“.

'Royal Velvet' (Waltz 1962, USA) No. 526
Tubus: krimsonrot.
Sepalen: krimsonrot, breit, unterseits gekreppt.
Korolle: tief purpurblau, an der Basis rot gefleckt, gefüllt.
Staubfäden: rot.
Stempel: rot.
Laub: mittelgrün, rot geadert, rote Stiele.
Wuchs: lax aufrecht oder überhängend.
Unter den vielen Sorten mit stark gefüllter purpurblauer Korolle und rotem Kelch ist 'Royal Velvet' eine der allerbesten. Im Aufblühen öffnet sich die Korolle weit und enthüllt ein rotes Zentrum. Die roten Staubfäden und der lange rote Stempel unterstreichen die Schönheit noch. Häufiges Entspitzen bringt einen starken Busch, der mit wenig Stützen auskommt. Sehr gut auch als Hochstamm, an dem man viele Jahre seine Freude haben kann.

'Ruffled Petticoat' (Foster 1974, USA) No. 1173
Tubus: weinrot.
Sepalen: weinrot.
Korolle: weiß, weinrot überzogen, gefüllt.
Staubfäden: rosa.
Stempel: rosa.
Laub: hellgrün, fein gezähnt.
Wuchs: aufrecht und buschig.
Große, weit geöffnete Blüten mit plissierten Petalen. Reich und lange blühend, von aparter Schönheit.

'Rufus' (Nelson 1952, USA) No. 177
Tubus: rot.
Sepalen: rot.
Korolle: rot, einfach.
Staubfäden: rot.
Stempel: rot.
Laub: hellgrün.
Wuchs: aufrecht, starkwüchsig.
Wird in Amerika liebevoll 'Rufus the Red' genannt. Eine Sorte für den Anfänger, völlig ohne Probleme. Die mittelgroßen Blüten erscheinen zahlreich und pausenlos die ganze Saison hindurch. Sehr schön auch als Hochstamm.

'Ruth King' (Tiret 1967, USA) No. 736
Tubus: weiß.
Sepalen: weiß, grüne Spitzen.
Korolle: lila-rosa, äußere Petalen weiß marmoriert, gefüllt.
Staubfäden: rosa.
Stempel: hellrosa.
Laub: dunkelgrün.
Wuchs: hängend.
Eine starkwachsende Ampelsorte mit auffälligen, ausdrucksstarken, großen Blüten. Keine besonderen Probleme bei der Pflege, gut ernährte Pflanzen sind sehr blühfreudig.

'Sahara' (Kennett 1966, USA) No. 679
Tubus: rosa.
Sepalen: rosa mit grünen Spitzen.
Korolle: Die mittleren Petalen sind purpurn, die äußeren rosa mit orangen Petaloiden, gefüllt.
Staubfäden: rosa.
Stempel: blaßrosa.
Laub: mittelgrün.
Wuchs: aufrecht.
Für eine Fuchsie mit so großen, auffälligen, schön gefärbten Blüten ist sie leicht zu kultivieren und wächst schnell zu einer buschigen Pflanze heran. Die volle Schönheit der Blüten entwickelt sich allerdings nur unter Glas. Im Freien bleiben die Blüten deutlich kleiner.

'Salmon Glow' (Handley 1978, GB) No. 1454
Tubus: ganz blaß lachsrosa, lang und dünn, wächsern.
Sepalen: lachsrosa, mit grünen Spitzen, horizontal.
Korolle: lachsorange, einfach, jedes Petal sitzt an einem Stielchen.
Staubfäden: lachsrosa, eingeschlossen.
Stempel: weißrosa.
Laub: hellgrün.
Wuchs: locker, aufrecht bis hängend.
Lange, elegante Blüten, die auf dem hellen Laub sehr gut wirken, werden in Mengen produziert und sind von hervorragender Substanz. Die Sorte ist starkwüchsig genug, um schnell eine Ampel zu füllen. Auch ein Trauerstämmchen, sozusagen eine Ampel auf einem Stamm, ist bald gezogen.

'Sarah Jane' (Putley 1974, GB)
Tubus: pink, sehr kurz.
Sepalen: rosenrot, hellere Spitzen.
Korolle: lila, dunkler an der Basis, gefüllt.
Staubfäden: rosa.
Stempel: rosa.
Laub: dunkelgrün.
Wuchs: aufrecht und buschig.
Extrem reich blühend mit kleinen, rosettigen, wunderschön geformten Blüten. Die Pflanze ist starkwüchsig und problemlos in der Kultur.

'Rose of Castille', Improved

'Sattelite' (Kennett 1963, USA) No. 642
Tubus: grünweiß.
Sepalen: weiß, grüne Spitzen.
Korolle: dunkelrot, hellrot mit weißen Längsstreifen, einfach.
Staubfäden: rosa.
Stempel: weiß.
Laub: mittelgrün.
Wuchs: aufrecht.
Sehr schöne, großblütige Sorte in klaren Farben. Die sukkulenten Zweige müssen gegen *Botrytis* geschützt werden. Frühes Entspitzen bringt richtigen Wuchs.

'Schneewittchen' (Klein 1878, D)
Tubus: rot, kurz und dick.
Sepalen: rot, wächsern, horizontal.
Korolle: weiß, rot geadert, gefüllt.
Staubfäden: rot.
Stempel: pink.
Laub: dunkelgrün, klein.
Wuchs: aufrecht und buschig.
Die relativ kleinen, gedrungenen Blüten sind von sehr guter Substanz und darum wetterfest. Mit dem aufrechten, sich von Natur gut verzweigenden Wuchs ist diese lang bewährte, alte deutsche Sorte besonders gut zur Beetbepflanzung im Garten oder Park geeignet. Die leuchtend rot-weißen Blüten haben auch eine gute Fernwirkung.

'Sensation' (Munkner 1962, USA) No. 545
Tubus: blaßrosa, wächsern, lang.
Sepalen: rosa, unterseits dunkler, grüne Spitzen, sehr lang und schmal.
Korolle: veilchenblau, rosa an der Basis, rot geadert, halbgefüllt.
Staubfäden: kirschrot.
Stempel: weißrosa, extrem lang.
Laub: mittelgrün, roter Mittelnerv.
Wuchs: hängend.
Sensationell kann man diese Sorte zu recht nennen. Die elegant gedrehten Sepalen messen von einer Spitze zur anderen 10 bis 12 cm. Jede Petale ist am unteren Rand hübsch geschwungen und gewellt. Alles zusammen ergibt eine außergewöhnlich große und schöne Blüte, deren Charme man mit Worten nur schwer wiedergeben kann. Man sollte aber nicht verschweigen, daß die Pflanze wirklich optimale Kulturbedingungen benötigt, um ihre volle Schönheit zu entfalten. Es lohnt aber, ihr diese zu verschaffen.

'Stanley Cash'

'Toos'

'Rose of Castille'

'Shanley' (unbekannt, USA)
Tubus: lang, blaß lachsorange.
Sepalen: lachsorange mit grünen Spitzen.
Korolle: kurz, orange, einfach.
Staubfäden: lachsrosa.
Stempel: lachsrosa.
Laub: hellgrün, bronce-überzogen, groß.
Wuchs: lax-aufrecht.
Wie alle Fuchsien dieser Farbstellung liebt sie Sonne und Wärme. Starkwüchsig und problemlos, doch zauberhaft und ununterbrochen reich blühend. Sie eignet sich besonders für Balkonkästen in sonniger Lage. Die Ähnlichkeit mit 'Swanley Yellow' ist sehr groß.

'Shuna Lindsay' (Travis 1980, GB) No. 1585
Tubus: rot und dick, lang.
Sepalen: rot mit grünen Spitzen.
Korolle: orangerot.
Staubfäden: rot.
Stempel: rot.
Laub: dunkelgrün.
Wuchs: aufrecht.
Diese neue Sorte, eine der letzten, die James Travis (†) registrieren ließ, kann am besten als eine zwergige *F. denticulata* beschrieben werden.

'Ting-a-Ling'

'Siepke Arjen' (Reiman-Dietiker 1979, NL)
(*F.* × *bacillaris*-Sämling)
Tubus: weiß.
Sepalen: weiß.
Korolle: weiß, einfach.
Blüten: zierlich, etwa 10 mm lang, bei 10 mm unterer Weite.
Laub: klein, farnartig.
Wuchs: aufrecht und vielverzweigt.
Im Herbst schöne, schwarze Beeren.

'Sierra Blue' (Waltz 1957, USA) No. 313
Tubus: weiß, kurz.
Sepalen: weiß, am Grund und am Rand blaßrosa, grüne Spitzen.
Korolle: silberblau, weiß an der Basis, rosa geadert, gefüllt.
Staubfäden: blaßrosa.
Stempel: weiß.
Laub: dunkelgrün.
Wuchs: hängend.
Das schöne, zarte Blau und wächserne Weiß der Blüten sind eine Augenweide. Alles, was wiederholt zur Kultur der weiß-blauen Fuchsien gesagt wurde, muß hier besonders bedacht und befolgt werden, wenn man in den reinen Genuß dieser Schönheit kommen will.

'Sleigh Bells' (Schnabel 1954, USA) No. 196
Tubus: weiß und lang.
Sepalen: weiß, lang und schmal, steil aufgerichtet, grüne Spitzen.
Korolle: weiß, groß, einfach.
Staubfäden: weiß.
Stempel: weiß.
Laub: dunkelgrün.
Wuchs: aufrecht und sparrig.
Gehört zu den besten weißen Sorten. Die Blüten haben eine perfekte Glockenform, der Wuchs ist ausreichend, um auch größere Formen zu ziehen. Beste Resultate im Schatten.

'So Big' (Waltz 1955, USA) No. 228
Tubus: rosa.
Sepalen: rosa, an der Basis dunkler, grüne Spitzen.
Korolle: cremeweiß, gefüllt.
Staubfäden: rosa.
Stempel: blaßrosa.
Laub: hellgrün, sehr groß.
Wuchs: Hänger.
Eine sehr große, längliche Blüte von wunderschöner Form. Selbst die langen, schmalen Knospen schmükken. Die Pflanze ist dabei robust und starkwachsend. Nur als hängende Pflanze im Balkonkasten oder besser noch in einer Ampel an einem kühlen, geschützten Platz zu verwenden. Selbst mit Hilfe von mehreren Stäben läßt sie sich nicht zu einem aufrechten Busch formen.

'Sonata' (Tiret 1960, USA) No. 437
Tubus: grün-weiß.
Sepalen: rosa, grüne Spitzen.
Korolle: weiß, rosa geadert, gefüllt.
Staubfäden: blaßrosa.
Stempel: blaßrosa.
Laub: mittelgrün.
Wuchs: aufrecht bis überhängend.
Der Wuchs ist extrem steif und brüchig. Wegen des Gewichtes der großen Blüten muß man jeden einzelnen Zweig gut stützen. Besonders gute Resultate unter Glas oder an sonstigen geschützten Stellen.

'Sophisticated Lady' (Martin 1964, USA) No. 609
Tubus: rosa.
Sepalen: rosa, zur Spitze heller, grüne Spitzen.
Korolle: cremeweiß, kurz, gefüllt.
Staubfäden: hellrosa.
Stempel: hellrosa.
Laub: mittelgrün, roter Mittelnerv.
Wuchs: hängend.
Typisch für diese Sorte sind die breiten, sich nicht ganz bis zur Horizontalen hebenden Sepalen. Ganz einfach in der Kultur ist die Pflanze nicht. Sie liebt es kühl und luftig. Bei großer Wärme oder Lufttrockenheit öffnen sich die Knospen gar nicht oder nur unvollständig.

'South Gate' (Walker and Jones 1951, USA)
Tubus: blaßrosa.
Sepalen: blaßrosa, grüne Spitzen.
Korolle: hellrosa, gefüllt, dunkler geadert.
Staubfäden: hellrosa.
Stempel: weiß.
Laub: dunkelgrün, rote Stiele.
Wuchs: locker, aufrecht.
Ohne den Schutz eines Gewächshauses sind viele gefüllte rosa Fuchsien nur schwierig zu optimaler Entfaltung zu bringen. 'South Gate' hingegen ist einfach und problemlos zu kultivieren. Starkwüchsig und reichblühend mit schön geformten Blüten. Frühes Entspitzen ist allerdings erforderlich. Sehr gut auch als Hochstamm.

'Space Shuttle' (de Graaff 1981, NL)
Tubus: lang, etwa 2 cm, scharlachrot.

Sepalen: kurz, spitz, grün.
Korolle: orange mit gelbem Rand, innen weiß-gelb, einfach.
Staubfäden: weiß.
Stempel: weiß, lang.
Laub: grau-grün, runzelig und behaart.
Wuchs: aufrecht, überhängend.
Dieser Sämling, der bisher unter der Nummer 105 lief, ist im April 1981 in Aalsmeer ausgezeichnet worden. Die großen, samtigen Blätter deuten auf eine *F. splendens*- oder 'Speciosa'-Herkunft hin. Die Blüten sind sehr apart.

'Stanley Cash' (Pennisi 1970, USA) No. 905
Bild Seite 164
Tubus: weiß.
Sepalen: weiß, grüne Spitzen.
Korolle: königsblau, gefüllt.
Staubfäden: hellrosa.
Stempel: weiß.
Laub: dunkelgrün.
Wuchs: hängend.
Dies ist eine etwas robustere weiß-blaue Fuchsie mit sehr großen, wohlgefomten, etwas eckigen Blüten. Auch die schneeweißen, dicken, fast runden Knospen sind sehr hübsch. Nach der ersten reichen und frühen Blüte macht die Pflanze eine kurze Pause und bildet dann weitere Knospen. Man muß oft entspitzen, damit mehr Blütentriebe entstehen.

'Strawberry Fizz' (Stubbs 1971, USA) No. 997
Tubus: rosa.
Sepalen: rosa, zurückgerollt.
Korolle: dunkelrosa, Petalen fein gezähnt, gefüllt.
Staubfäden: rosa.
Stempel: hellrosa.
Laub: dunkelgrün.
Wuchs: hängend.
Eine großblütige, reichblühende Ampelfuchsie aus gutem Hause. Die Blüten sind wie bei allen Stubbs-Züchtungen von hervorragender Substanz. Beste Resultate an einem schattigen, geschützten Platz.

'Strawberry Sundae' (Kennett 1958, USA) No. 350
Tubus: grünlich weiß, lang.
Sepalen: weiß mit grünen Spitzen.
Korolle: zartes Lilarosa, gefüllt.
Staubfäden: rosa.
Stempel: weiß.
Laub: mittelgrün.
Wuchs: lax-aufrecht oder Hänger.
Auch eine der wenigen anspruchsvollen Sorten, bei deren Kultur man nur in einem hellen, aber kühlen Gewächshaus Erfolg hat. Vorsicht beim Gießen und nicht zu schnell in einen größeren Topf umsetzen. Weiße Fliegen und Spinnmilben lieben das zarte Laub der pastellfarbenen Fuchsien. Darum sollte man vorbeugend gegen Schädlinge sprühen. Hat man all diese Schwierigkeiten gemeistert, sind die Blüten der 'Strawberry Sundae' verdienter Lohn.

'Sugar Blues' (Martin 1964, USA) No. 610
Tubus: weiß.
Sepalen: weiß, unterseits rosa.
Korolle: dunkelblau, äußere Petalen rosa marmoriert, gefüllt.
Staubfäden: rosa.
Stempel: weiß.
Laub: dunkelgrün.
Wuchs: hängend.
Der klare Farbkontrast dieser Sorte bleibt unter Glas oder an einem kühlen, schattigen Standort länger erhalten. In der Sonne wird der Kelch rosa und die Korolle verblüht schneller zu einem immer noch hübschen Violett. Für eine gut gefüllte Ampel werden 3 bis 4 Pflanzen benötigt.

'Summer Snow' (Waltz 1956, USA) No. 272
Tubus: weiß, lang.
Sepalen: weiß, grüne Spitzen, hochgestellt.
Korolle: rahmweiß, halbgefüllt.
Staubfäden: weiß.
Stempel: weiß.
Laub: mittelgün.
Wuchs: hängend, gestützt auch aufrecht.
Die Blüten sind denen von 'Flying Cloud' sehr ähnlich, die Pflanze ist aber besser verzweigt, von kräftigerem Wuchs und leichter zu formieren.

'Susie Tandy' (Whitehouse-Fuchsiavale 1980, GB) No. 1537
Tubus: dunkelrosa.
Sepalen: pink außen, dunkler unterseits, grüne Spitzen.
Korolle: creme mit rosa, klein, kompakt, gefüllt.
Staubfäden: rosa.
Stempel: weißrosa.
Laub: mittelgrün, klein und spitz, roter Mittelnerv und rote Stiele.
Wuchs: Hänger, dicht belaubt mit kurzen Internodien.
Ampeln oder Hängekörbe, bepflanzt mit dieser Sorte, sind zauberhaft. Die hübschen, eher kleinen Blüten erscheinen in erstaunlicher Vielzahl. Die Farben ent-

'White Spider'

wickeln sich am besten im Schatten. Ein Fußstämmchen zu ziehen müßte sich lohnen.

'Suzanna' (van der Grijp 1968, NL)
Tubus: rosenrot, kurz.
Sepalen: rot.
Korolle: blau, rot geadert, einfach bis halbgefüllt.
Staubfäden: rot.
Stempel: rosenrot.
Laub: dunkelgrün.
Wuchs: aufrecht, stark und buschig.
Kleine, schön geformte Blüten in wirklich leuchtender Farbe bedecken den gut verzweigten Busch in unwahrscheinlicher Fülle. Die Blütezeit beginnt im frühen Mai und endet erst mit dem ersten Frost.

'Swanley Gem' (Cannell 1901, GB)
Tubus: scharlachrot.
Sepalen: leuchtend scharlachrot.
Korolle: blau-violett, heller an der Basis, leicht rot geadert, einfach.
Staubgefäße: rot.
Stempel: rot.
Laub: mittelgrün, klein.
Wuchs: aufrecht und buschig.

'Whirlaway'

'Sugar Blues'

Die mittelgroßen Blüten sind auffällig, einmal durch die schöne Farbkombination, aber mehr noch durch die besondere Blütenform. Die 4 rundlichen Petalen öffnen sich zu einem flachen Teller, der hübsch über dem zierlichen Laub getragen wird und jedem in die Augen sticht. Es gibt nur wenige Sorten mit dieser aparten Blütenform. Die Pflanze ist nicht sehr starkwüchsig, aber die Höhe eines Fußstämmchens (30 cm) vermag sie zu erreichen.

'Swanley Yellow' (Cannell 1900, GB)
Tubus: orange-rosa, sehr lang.
Sepalen: orange-rosa, horizontal gestellt.
Korolle: leuchtend gelb-orange, einfach.
Staubgefäße: rosa.
Stempel: rosa.
Laub: bronzegrün, groß.
Wuchs: lax-aufrecht.
Die beiden 'Swanley's', obwohl schon um die Jahrhundertwende entstanden, haben noch nichts von ihrer Popularität eingebüßt und sind auch heute noch eine Zierde jeder Fuchsiensammlung. Obwohl man nach dem Namen eine gelbe Blüte erwarten könnte, trifft das nicht zu. Doch das Orange neigt mehr zur gelben als zur roten Seite. 'Swanley Yellow' liebt die Sonne und einen geschützten Platz. Die Blüten erscheinen in Trauben am Ende der Zweige in Intervallen. Wenn man einige Male entspitzt, bekommt man eine sehr gute Beetpflanze.

'Sweet Leilani' (Tiret 1957, USA) No. 296
Tubus: rosa.
Sepalen: rosa, hochgestellt.
Korolle: rauchblau, gefüllt.
Staubfäden: rosa.
Stempel: rosa.
Laub: mittelgrün.
Wuchs: locker, aufrecht.
Im Aufblühen wird die dichtgefüllte Blüte immer größer und weiter. Gut hitzeverträglich und leicht zu kultivieren. Wegen der schweren Blüten muß gut gestützt werden.

'Swingtime' (Tiret 1950, USA) No. 66
('Titanic' × 'Yuletide')
Tubus: kurz, glänzend rot.
Sepalen: außen glänzend rot, unterseits rosenrot und gekreppt.
Korolle: milchweiß, wenig rot geadert, stark gefüllt.
Staubfäden: rot.
Stempel: rot.
Laub: dunkelgrün, rote Mittelrippe.
Wuchs: lax-aufrecht und buschig.
Eine Fuchsiensammlung ohne 'Swingtime' wäre nicht komplett. Unter den vielen guten rot-weißen Sorten nimmt sie nach wie vor einen Spitzenplatz ein. Sie ist problemlos in der Kultur und außergewöhnlich wetterfest, darum sehr gut als Beetpflanze im Garten. Ein Hochstamm von beträchtlichen Ausmaßen ist relativ schnell gezogen und verträgt den Rückschnitt so gut, daß man über viele Jahre eine kompakte Krone behält. Auch als Spalier gezogen ist sie sehr effektiv.

'Sylvia' (Veitch 1892, GB)
Tubus: scharlachrot.
Sepalen: scharlachrot.
Korolle: weiß mit kirschroter Aderung, gefüllt.
Staubfäden: rot.
Stempel: rot.
Laub: dunkelgrün.
Wuchs: aufrecht bis überhängend.
Diese reichblühende, alte Sorte ist immer noch im Umlauf. Sie eignet sich besonders gut zur Anzucht von dauerhaften Hochstämmen. Bedauerlicherweise wird sie häufig unter dem Namen 'Schneewittchen' angeboten. Diese beiden alten Sorten sind aber in Wuchs und Blütenform deutlich und klar voneinander zu unterscheiden. Nicht zu verwechseln mit 'Sylvia' von Curtis 1971, GB, rosenrot-creme mit bronze-grünem Laub.

'Taffeta Bow' (Stubbs 1974, USA) No. 1196
Tubus: dunkelrosa.
Sepalen: dunkelrosa, grüne Spitzen, breit und lang.
Korolle: violett-purpurn, am Grund rosa, gefüllt.
Staubfäden: rosa.
Stempel: weißrosa.
Laub: mittelgrün mit roter Mittelrippe, groß.
Wuchs: hängend.
Wie alle Züchtungen von Mrs. Stubbs, hervorragend. Starkwachsend bei guter Verzweigung. Die sehr großen, schön gefärbten Blüten erscheinen in reicher Fülle. Sie eignet sich gut als Ampelpflanze, aber fast noch besser als dekorative Pflanze an einem Stab hochgezogen und die Seitentriebe einmal entspitzt.

'Tangerine' (Tiret 1949, USA)
(F. cordifolia ×)
Tubus: grünlich-orange, ziemlich lang und schmal.
Sepalen: hellgrün mit dunkler grünen Spitzen, unterseits gelblich, nicht hochgeschlagen.
Korolle: helles, reines Orange, einfach, jedes Petal endet in einer Spitze.
Staubfäden: rosa-orange, eingeschlossen.
Stempel: weiß, kurz.

Laub: mittelgrün.
Wuchs: aufrecht mit langen Internodien.
Die schöne Pflanze ist verdientermaßen populär. Wer an einem sonnigen Platz im Garten eine Dreiergruppe dieser Sorte pflanzt – sie wächst schnell bis zu Meterhöhe heran – wird seine helle Freude an ihr haben. Die anfänglich weichen und saftigen Triebe sollten etwas gestützt werden. Im Herbst muß natürlich wieder eingetopft werden. Alternativ kann man auch Stecklinge machen.

'Tausendschön' (Nagel 1919, D)
Tubus: lackrot.
Sepalen: lackrot.
Korolle: hellrosa, rot geadert, gefüllt.
Staubfäden: rot.
Stempel: rot.
Laub: mittelgrün, mit roter Aderung, an roten Stielen.
Wuchs: aufrecht und buschig.
Eine frühblühende, reichblühende und robuste Sorte, die immer noch, nach mehr als 60 Jahren, gerne und oft gepflegt wird. Starkwüchsig, gut verzweigend und besonders geeignet als Beet- und Balkonfuchsie.

'Temptation' (Petersen 1959, USA) No. 376
Tubus: rosaweiß.
Sepalen: rosaweiß.
Korolle: orange-rosa, weiß am Grund, einfach.
Staubfäden: rosa.
Stempel: blaßrosa.
Laub: mittelgrün mit gewellten Rändern.
Wuchs: lax-aufrecht mit biegsamen Zweigen.
Als Beet- und Topfpflanze ununterbrochen reich blühend. Als Hochstamm mit einer vielverzweigten, dichten Krone ist die Sorte besonders dauerhaft.

'Tenessee Waltz' (Walker and Jones 1951, USA)
Tubus: hellrot.
Sepalen: hellrot.
Korolle: eine Mischung von mauve und rosa, gefüllt.
Staubfäden: rosa.
Stempel: rosa.
Laub: mittelgrün.
Wuchs: stark und aufrecht.
Die etwas eckigen Blüten von aparter Form werden schön gleichmäßig verteilt an der gesamten Pflanze präsentiert. Der Busch ist kräftig genug, um die vielen, relativ großen Blüten ohne Stütze zu tragen. Auch eine der Sorten für den Anfänger, völlig problemlos, ob als Busch oder als Hochstamm. Jeder Steckling bewurzelt in kurzer Zeit. Häufiges Entspitzen bringt uns Schaupflanzen.

'Texas Longhorn' (Fuchsia-La 1960, USA)
Tubus: rot und kurz.
Sepalen: rot, extrem lang.
Korolle: weiß, rot geadert, halbgefüllt bis gefüllt.
Staubfäden: rot.
Stempel: rot.
Laub: dunkelgrün, rot geadert, groß mit langen Internodien.
Wuchs: hängend bis ausladend überhängend.
Diese Pflanze ist schwer in eine befriedigende Form zu bringen. Sie bezieht ihre Popularität ausschließlich von den riesigen Blüten. Schon die außergewöhnlich langen Knospen (oft bis 12 cm) sind eine Sensation. Geöffnet haben die horizontalen Sepalen eine Spannweite von 15 cm und stehen wie Windmühlenflügel um die eher kleine, dichte Korolle herum. Die großen Blätter mit gewellten Rändern rollen sich oft um den Stamm herum, diesen völlig einschließend. Ein Hochstamm von 'Texas Longhorn' mit mehr als 50 der Riesenblüten, war vor einigen Jahren auf der Chelsea-Show in London, ständig von staunenden Menschen umringt. Meistens zieht man jedoch Ampeln aus dieser Sorte.

'Ting-A-Ling' (Schnabel-Paskesen 1959, USA) No. 381
Bild Seite 165
Tubus: weiß.
Sepalen: weiß, außen blaßrosa, grüne Spitzen.
Korolle: weiß, weit offen, einfach.
Staubfäden: blaßrosa.
Stempel: weiß.
Laub: grau-grün.
Wuchs: aufrecht und buschig.
Eine gute all-round-Fuchsie sowohl als Busch wie auch als Hochstamm. Ohne Zweifel eine der besten weißen Fuchsien. Sie ist wie alle zartfarbenen Fuchsien leicht anfällig für *Botrytis* und sollte, besonders in feuchten Jahren, vorbeugend mit einem Fungizid behandelt werden.

'Tinker Bell' (Hodges 1955, USA) No. 244
Tubus: weißrosa, lang.
Sepalen: weißrosa außen, innen dunkler, Spitzen rot.
Korolle: weiß, leicht rosa geadert, lang, einfach.
Staubfäden: weiß.
Stempel: weiß.
Laub: dunkelgrün.
Wuchs: Hänger.
Reich und lange blühend mit eleganten, langen Blüten. Zur Ampelbepflanzung sollten mindestens 5 Pflanzen verwendet werden.

'The Aristocrat' (Waltz 1953, USA) No. 165
Tubus: rosa.
Sepalen: rosa, weiße Spitzen, hochgeschlagen.
Korolle: cremeweiß, mit rosa Adern, gefüllt.
Staubfäden: weißrosa.
Stempel: weiß.
Laub: mittelgrün.
Wuchs: aufrecht und buschig.
Die stark gefüllte Korolle ist etwas locker arrangiert und jedes der äußeren Petalen ist fein gezähnt. Das schöne Weiß altert ohne die rostigen Flecken, die bei manchen weißen Sorten leider auftreten. Die Pflanze trägt trotz ihrer dünnen Stiele die zahlreichen Blüten mühelos und blüht ununterbrochen bis zum Frost.

'Tolling Bell' (Turner 1964, GB)
Tubus: scharlachrot.
Sepalen: scharlachrot.
Korolle: schneeweiß, leicht rot geadert, einfach.
Staubfäden: rot.
Stempel: rot.
Laub: mittelgrün, rot geadert.
Wuchs: aufrecht und buschig, starkwachsend.
Wegen der perfekten großen Glockenform ist der Name gut gewählt. Ein Herbststeckling, zügig kultiviert und nach jedem zweiten Blattpaar entspitzt, bringt bis zum nächsten Mai eine wahre Schaupflanze von großer Schönheit. Die Hitzebeständigkeit ist allerdings nicht besonders groß, darum sollte der Standplatz möglichst kühl und schattig sein.

'Toos' (van Suchtelen 1980, NL)
(Auszeichnung der VKC, Apeldoorn 1980)
Bild Seite 165
Tubus: creme, glänzend.
Sepalen: hellrosa, grüne Spitzen.
Korolle: helles Rosa-Lila, wenig geadert an der Basis, einfach.
Staubfäden: hellrosa.
Stempel: weißrosa.
Laub: graugrün, klein.
Wuchs: aufrecht und buschig.
'Toos' wird vom Züchter als echte Topfpflanze beschrieben, die sich schön aufbaut, ohne daß man viel entspitzen muß. Auch ein Bäumchen läßt sich gut ziehen, wenn im Herbst damit begonnen wird. Leider ist sie etwas anfällig für *Botrytis*. Sie blüht früh, reich und lange mit seitwärts-aufwärts an starken Stielen stehenden Blüten ('Bon Accord' ×).

'Torch' (Munkner 1963, USA) No. 566
Tubus: creme, rosa überzogen, wächsern.
Sepalen: pink, breit.
Korolle: rosig bis rot im Zentrum mit aprikosen-orangen Petaloiden, gefüllt.
Staubfäden: rosa.
Stempel: weißrosa.
Laub: hellgrün.
Wuchs: steif aufrecht, starkwüchsig.
Aufrecht wachsende, gefüllt blühende Sorten sind nicht allzu dicht gesät. 'Torch' ist zwar steif im Aufbau, aber bei frühem Entspitzen gut als Busch oder Hochstamm. Behauptet sich sogar im Garten in voller Sonne.

'Tranquility' (Soo Yun 1970, USA) No. 909
Tubus: weiß.
Sepalen: weiß, unterseits rosa, grüne Spitzen.
Korolle: purpur mit rosa, gefüllt.
Staubfäden: rosa.
Stempel: rosa.
Laub: dunkelgrün, rot geadert, rote Stiele.
Wuchs: hängend.
Die Sepalen drehen und rollen sich elegant und geben der Blüte einen sehr beschwingten Ausdruck. Sehr schöne Ampelpflanze mit zahlreichen, großen Blüten.

'Traudl Böhm' (Nutzinger 1971, A)
Tubus: rot.
Sepalen: rot.
Korolle: weißrosa, einfach.
Staubfäden: rosa.
Stempel: rosa.
Laub: mittelgrün, klein.
Wuchs: aufrecht und buschig.
Wie kleine Trompeten stehen die zierlichen Blüten an der vielverzweigten Pflanze. Sehr reich blühende, robuste Beet- und Balkonfuchsie.

'Troika' (de Graaff 1976, NL)
Tubus: rosenrot.
Sepalen: weiß.
Korolle: blau-lila, nach lila-rosa verblühend, halb gefüllt.
Staubfäden: rosenrot.
Stempel: weiß.
Laub: mittelgrün.
Wuchs: lax-überhängend.
'Troika' ist ein Sämling von 'La Campanella' und hat viele Eigenschaften der Mutter, leider auch die Blühpausen. Die Farben und die größere Blüte sind eine deutliche Verbesserung. Da sie es kühl liebt, ist sie in den Herbstmonaten am besten, dann blüht sie bis zum ersten Frost.

'Twinkling Star' (Handley 1976, GB) No. 1373
Tubus: weiß, rosa gestreift.
Sepalen: weiß, unterseits rosa, grüne Spitzen.
Korolle: kirschrot.
Staubfäden: kirschrot.
Stempel: weißrosa.
Laub: dunkelgrün, klein.
Wuchs: aufrecht.
Die Blüten stehen seitwärts-aufrecht, 4 bis 6 in jeder Blattachsel. Der leicht gekrümmte Tubus gibt der Blüte etwas Besonderes. Eine kompakte, sehr früh und reich blühende Topfpflanze.

'UFO' (Handley 1972, GB) No. 1059
Tubus: weiß, kurz.
Sepalen: weiß, schmal und lang, steil hochstehend, grüne Spitzen.
Korolle: tiefviolett, weiß am Grund, einfach, tellerförmig.
Staubfäden: blaßrosa.
Stempel: weiß bis rosa.
Laub: mittelgrün.
Wuchs: aufrecht.
Sieht aus wie eine fliegende Untertasse. Die Blüten sind von guter Substanz, die Pflanze verzweigt sich natürlich, bildet einen schönen Busch mit vielen Blüten und besonders eleganten Knospen.

'Uncle Charley' (Tiret 1949, USA)
Tubus: hellrot.
Sepalen: hellrot, lang, schmal und gerollt.
Korolle: schönes, kräftiges Hellblau, halbgefüllt.
Staubfäden: rosa.
Stempel: weißrosa.
Laub: mittelgrün.
Wuchs: aufrecht und buschig.
Eine sehr gute und farbschöne Sorte, die sich vielseitig verwenden läßt.

'Uncle Jules' (Reiter 1947, USA)
Tubus: rot.
Sepalen: rot.
Korolle: campanula-blau, sehr gefüllt.
Staubfäden: rot.
Stempel: rosa.
Laub: mittelgrün.
Wuchs: weit ausladend, überhängend.
Die riesigen Blüten sind von schöner Form und guter Substanz, allerdings nicht sehr zahlreich.

'Unique' (Haag and Son 1950, USA)
Tubus: weiß, kurz, dick, mit roten Streifen.
Sepalen: weiß mit leichtem rosa Hauch, grüne Spitzen.
Korolle: pink, einfach.
Staubfäden: hellrosa.
Stempel: weiß.
Laub: hellgrün, groß.
Wuchs: aufrecht und starkwüchsig.
Die Blüten sind wächsern, sehr wetterfest und dauerhaft, relativ klein, aber eher kompakt und gedrungen als zierlich. Außer dieser bei uns gezogenen Sorte gibt es 2 weitere gleichen Namens: rot-dunkelpurpurn, von Miller 1845, GB, herausgebracht und eine mit einfarbig rosenroten, einfachen Blüten von Hazard and Hazard, USA.

'Upward Look' Gadsby 1968, GB) No. 870
('Bon Accord' × 'Athela')
Tubus: karminrot, kurz.
Sepalen: karminrot, breit, grüne Spitzen.
Korolle: blaß purpurn bis magenta, einfach.
Staubfäden: pink.
Stempel: pink.
Laub: mittelgrün.
Wuchs: aufrecht und buschig.
Mit diesem reich blühenden Sämling aus einer interessanten Kreuzung begann Cliff Gadsby eine neue Zuchtlinie. Die Fuchsien dieser Reihe haben alle mehr oder weniger aufwärts stehende Blüten an starken Stielen.

'Vanity Fair' (Schnabel-Paskesen 1962, USA) No. 534
Tubus: grünlich-weiß, dick.
Sepalen: grünlich-weiß, rosa überzogen, grüne Spitzen, hochgestellt.
Korolle: ganz blasses Rosa, sehr groß und dicht gefüllt.
Staubfäden: blaßrosa.
Stempel: weiß.
Laub: mittelgrün.
Wuchs: aufrecht und starkwüchsig.
Eine der fast weißen Fuchsien, die verhältnismäßig leicht zu kultivieren ist. Natürlich liebt sie Schutz vor Wind und Wetter. Wegen der extrem schweren Blüten müssen die Zweige gut gestützt werden.

'Vanessa' (Colville 1964, GB)
Tubus: pink.
Sepalen: pink, lang und breit, gedreht.
Korolle: blaß-lavendelblau, stark gefüllt.
Staubfäden: pink.
Stempel: blaßrosa.
Laub: hellgrün.

Wuchs: aufrecht.
Eine starkwüchsige Sorte mit großem Laub und sukkulenten Zweigen, die man nur schwer in eine gute Form bringen kann. Die wohlgeformten, delikat gefärbten Blüten sind aber so schön, daß jede Mühe gerechtfertigt ist. Bei Hitze öffnen sich die dichtgefüllten Knospen nur schlecht. 'Vanessa' liebt einen kühlen, luftigen Standort.

'Violet Rosette' (Kuechler 1963, USA) No. 549
Tubus: scharlachrot, lang und dünn.
Sepalen: scharlachrot, glänzend, unterseits gekreppt, steil hochgestellt.
Korolle: dunkles Blauviolett, mit wenig Rot an der Basis, gefüllt.
Staubfäden: scharlachrot.
Stempel: scharlachrot, sehr lang.
Wuchs: aufrecht bis überhängend.
Laub: mittelgrün.
Besonders hübsch und dicht gewickelte, rosettenförmige Blüten von guter Substanz. Für die Blütengröße auch verhältnismäßig reich blühend. Junge Pflanzen sollten wiederholt entspitzt werden und jeder einzelne Trieb gut abgestützt.

'Violet Bassett Burr' (Holmes, Mrs. E. 1972, GB)
Tubus: grünlich weiß.
Sepalen: weiß mit grünen Spitzen, unterseits rosa, rosa gerandet.
Korolle: hell-lila, blasser an der Basis, gefüllt.
Staubfäden: rosa.
Stempel: weiß.
Laub: dunkelgrün.
Wuchs: aufrecht.
Eine besonders hübsche Blüte in zarten Pastelltönen. Der Wuchs ist stark und junge Pflanzen sollten wiederholt entspitzt werden. Ein wind- und wettergeschützter Platz ist unerläßlich. Am schönsten sind die Blüten in einem gut gelüfteten Gewächshaus. Die Pflanze überwintert in späteren Jahren nicht mehr sehr gut.

'Viva Ireland' (Ireland 1956, USA)
Tubus: blaßrosa.
Sepalen: rosa, lang und schmal, gedreht.
Korolle: sanftes Lavendelblau, einfach.
Staubfäden: rosa.
Stempel: weißrosa.
Laub: mittelgrün.
Wuchs: hängend, elastisch.
Eine liebliche Sorte. Der Gesamteindruck ist leicht und beschwingt. 4 bis 6 Pflanzen werden benötigt, um eine gut gefüllte Ampel zu erhalten.

'Venus Victrix' (Gulliver 1840, GB)
Tubus: weiß.
Sepalen: weiß, grüne Spitzen.
Korolle: fast reines Blau, leicht rosa-weiß am Grunde der Petalen, einfach.
Staubfäden: hellrosa.
Stempel: weißrosa.
Laub: mittelgrün, fein gezähnt, klein.
Wuchs: aufrecht, schwachwüchsig.
Diese berühmte Sorte, als Zufallssämling in einem englischen Pfarrgarten entstanden, wies zum ersten Mal in der Kulturgeschichte der Fuchsien einen weißen Kelch auf. Die zierliche Pflanze ist schwierig zu kultivieren. Selbst Fuchsien-Experten gelingt es nur selten, sie über einen längeren Zeitraum zu behalten. Bis auf den heutigen Tag wurde und wird die Sorte häufig als Kreuzungspartner benutzt. In fast allen weiß-blauen Fuchsien ist ihr Erbgut – wie verdünnt auch immer – vorhanden. Der passionierte Fuchsien-Sammler wird mit allen Mitteln versuchen, dieses Juwel für seine Kollektion zu erwerben. Da aber keiner der bekannten Fuchsiengärtner die Rarität anbietet, muß man oft lange danach suchen.

'Vobeglo' (De Groot, NL)

F. regia typica × 'Bon Accord'
|
'Pallas' × 'Frau Henriette Ernst'
|
'Vobeglo'

Tubus: salmrosa.
Sepalen: salmrosa.
Korolle: lila, einfach.
Staubfäden: rosa.
Stempel: hellrosa.
Laub: klein, dunkelgrün.
Wuchs: aufrecht, kompakt, mit kurzen Internodien.
Eine der wenigen Fuchsien, von denen der Stammbaum bekannt ist. 'Voblego' ist am besten als Topfpflanze unter Glas und blüht dann überreich ohne Pause bis zum Herbst. Vollblühend sieht sie mit ihren aufwärts stehenden Blüten wie eine Azalea aus. Der Züchter rät, sie alle Jahre neu aus Stecklingen heranzuziehen und ihr einen hellen Platz zu geben. Von 'Bon Accord' hat sie eine gewisse Anfälligkeit für *Botrytis* geerbt.

'Voodoo' (Tiret 1953, USA) No. 157
Tubus: dunkelrot, kurz.

Sepalen: dunkelrot, hochgestellt.
Korolle: sehr dunkles Purpurviolett, dicht gefüllt.
Staubfäden: rot.
Stempel: rot.
Laub: dunkelgrün.
Wuchs: aufrecht.
Wegen der großen, schweren Blüten muß bald und gut gestützt werden. Die Blüten erscheinen mehr vereinzelt und sind von langer Haltbarkeit.

'Waldfee' (Travis 1973, GB) No. 1150
(*F. michoacanensis* ×)
Tubus: lang und schmal, lila-rosa.
Sepalen: lila-rosa, relativ breit.
Korolle: lila-rosa, einfach.
Staubfäden: weiß-rosa, eingeschlossen.
Stempel: weiß-rosa.
Laub: klein und schmal.
Wuchs: aufrecht und sehr stark.
Winzige, längliche Blütchen vom *Encliandra*-Typ. Für die Freunde kleinblütiger, besonderer Fuchsien eine Rarität. Besonders hübsch ist der fast durchsichtige, lange Tubus, der Staubfäden und Stempel durchscheinen läßt.

'Walsingham' (Clithero 1979, GB)
('Northumbrian Belle' × 'Blush of Dawn')
Tubus: fast weiß.
Sepalen: weiß, rosa überhaucht, horizontal.
Korolle: ganz helles Lila, halbgefüllt, glockenförmig.
Staubfäden: rot.
Stempel: blaßrosa.
Laub: smaragdgrün, schön gezähnt und zugespitzt.
Wuchs: aufrecht und gut verzweigt.
Diese neue Sorte ist nach dem berühmten Pilgerschrein in Ost-England benannt. Die wohlgeformten, pastellfarbenen Blüten sind zauberhaft und erscheinen in Mengen.

'War Paint' (Kennett 1960, USA) No. 431
Tubus: grünweiß.
Sepalen: weiß, unterseits pink.
Korolle: nelkenrot, rosa marmoriert, gefüllt.
Staubfäden: rosa.
Stempel: weiß.
Laub: mittelgrün, roter Mittelnerv.
Wuchs: aufrecht.
Sukkulente, brüchige Zweige und großes Laub an einer Pflanze, die nur schwer in Form zu halten ist. Die Blüten sind zauberhaft und von guter Substanz, erscheinen aber eher spärlich und immer paarweise.

'Waxen Beauty' (Clyne 1975, GB) No. 1287
Tubus: weiß mit rosa Anflug.
Sepalen: weiß, grüne Spitzen.
Korolle: weiß, etwas rosa am Grund, gefüllt.
Staubfäden: rosaweiß.
Stempel: weiß.
Laub: mittelgrün.
Wuchs: aufrecht.
Formt einen gut verzweigten, sehr schönen Busch mit vielen Blüten. Wie alle weißen Sorten sollte sie einen geschützten, schattigen Platz bekommen. Gute Schaupflanze.

'Wedgewood' (Schnabel, 1951, USA) No. 82
Tubus: weiß.
Sepalen: weiß, glänzend, lang und schmal.
Korolle: blauviolett, weit offen, gefüllt.
Staubfäden: rosa.
Stempel: weiß.
Laub: mittelgrün.
Wuchs: aufrecht.
Entzückende, elegante Blüten, die eine gut gewachsene Pflanze in großer Zahl schmücken. Frühes Entspitzen ist angebracht.

'Westergeest' (de Graaff 1979, NL)
Tubus: hellorange.
Sepalen: salm-orange, mit grünen Spitzen, horizontal stehend, oft 5 und mehr Sepalen.
Korolle: salmrosa, an den Rändern dunkelrosa, einfach.
Staubfäden: rosa.
Stempel: blaßrosa.
Laub: hellgrün.
Wuchs: aufrecht und gut verzweigt.
Diese zierliche, kleinblütige, sehr reich und lange bühende Sorte gehört zu den Neuheiten aus Holland, die das vorhandene Sortiment wirklich bereichert haben.

'Whirlaway' (Waltz 1964, USA) No. 494
Bild Seite 168
Tubus: grünweiß.
Sepalen: weiß, sehr lang und schmal, steil hochgestellt.
Korolle: weiß, einfach, manchmal halbgefüllt.
Staubfäden: blaßrosa.
Stempel: blaßrosa.
Laub: dunkelgrün.
Wuchs: überhängend mit starken Zweigen.
Eine vielgeliebte, wunderschöne, weiße Sorte. Die Blüten sind in einem frühen Stadium, wenn sich die Sepalen oben teilen und an den Spitzen noch zusammen-

halten, so ein Lampion bildend, besonders hübsch. Um eine größere Pflanze z. B. für eine Schau zu ziehen, muß im Herbst des Vorjahres gesteckt werden.

'White King' (Pennisi 1968, USA) No. 753
Tubus: weiß, mit grünen Streifen.
Sepalen: weiß.
Korolle: weiß, extrem groß, gefüllt.
Staubfäden: weiß.
Stempel: weiß.
Laub: dunkelgrün.
Wuchs: ausladend, überhängend.
Sehr starkwüchsig und leicht zu kultivieren. Wenn man sie als Busch ziehen will, muß früh und oft entspitzt werden. Die schön geformten, extrem großen Blüten erscheinen ohne Pause und werden an sehr langen Blütenstielen getragen. Im Gegensatz zu anderen weißen Fuchsien ist sie nicht besonders anfällig für *Botrytis,* gute Kulturbedingungen vorausgesetzt.

'White Queen' (Doyle 1899, GB)
Tubus: cremeweiß.
Sepalen: cremeweiß, reinweiß unterseits.
Korolle: lachsorange, jedes Petal hat den Ansatz einer Längsfalte, einfach.
Staubfäden: blaßrosa.
Stempel: weiß.
Laub: mittelgrün.
Wuchs: lax-aufrecht.
Wird oft mit 'Amy Lye' verwechselt. Das Laub von 'Amy Lye' ist aber beim Neuaustrieb bronzefarben. Starkwüchsige, reichblühende, alte Sorte.

'White Spider' (Haag 1951, USA)
Bild Seite 168
Tubus: weißrosa.
Sepalen: rosa, grüne Spitzen, lang, schmal, elegant gedreht.
Korolle: weiß, leicht rosa geadert, einfach.
Staubfäden: weiß.
Stempel: weiß.
Laub: mittelgrün.
Wuchs: horizontal, ausladend, elastisch.
Der Name ist etwas irreführend, denn der Kelch ist bei dieser Sorte immer rosa, auch bei schattigem Stand. Die eleganten Blüten kommen an einem Hochstamm am besten zur Geltung und strahlen einen ganz eigenen Charme aus.

'Winston Churchill' (Garson 1942, USA)
Tubus: pink, lang.
Sepalen: pink, breit, hochgestellt, grüne Spitzen.
Korolle: lavendelblau, rosa geadert, gefüllt.
Staubfäden: kirschrot.
Stempel: kirschrot.
Laub: mittelgrün.
Wuchs: aufrecht, sehr stark.
Diese verschwenderisch reichblühende Sorte eignet sich ihres aufrechten Wuchses wegen gut zur Beetbepflanzung. Leider ist sie bei voll sonnigem Stand sehr anfällig für Spinnmilben und sollte schon vorbeugend gespritzt werden. Auch überwintern läßt sie sich nicht gerne. Wer sie nicht verlieren möchte, muß im Herbst Stecklinge machen.

'Wood Violet' (Schmidt 1946, USA)
Tubus: rot.
Sepalen: rot.
Korolle: violettblau, halbgefüllt.
Staubfäden: rot.
Stempel: rosa.
Laub: dunkelgrün, rot geadert.
Wuchs: aufrecht und kompakt.
Zierliche, wohlgeformte Blüten in klaren Farben. Der gleichmäßige, vielverzweigte Wuchs ist zur Bepflanzung kleiner Schalen oder ins Gartenbeet geeignet.

'Yonder Blue' (Tiret 1954, USA) No. 210
Tubus: altrosa.
Sepalen: altrosa, breit, hochgestellt.
Korolle: mittelblau, dicht gefüllt, fest und rund.
Staubfäden: rosa.
Stempel: rosa.
Laub: mittelgrün.
Wuchs: lax-aufrecht.
Ein Certificate of Merit der AFS spricht für die Qualität der Pflanze. Die Blüten sind von guter Substanz und bei häufigem Entspitzen auch zahlreich.

'Ziegfield Girl' (Fuchsia Forest, 1966, USA) No. 671
Tubus: rosa.
Sepalen: rosa, unterseits dunkler, grüne Spitzen, breit und kreppartig.
Korolle: sehr schönes, klares Rosa, gefüllt.
Staubfäden: rosa.
Stempel: blaßrosa.
Laub: dunkelgrün, rote Mittelrippe.
Wuchs: hängend.
Diese aufregend schönen, rosettenförmigen, rundlichen Blüten – auch die Knospen sind rund und dick – sind anspruchsvoll was den Standort und die Kultur betrifft. Am schönsten werden die Blüten in einem kühlen Gewächshaus. Bei heißer Luft und sonnigem Stand öffnen sie sich nicht.

Fuchsiengärten

Insel Mainau
(Eigentümer Graf Lennart Bernadotte,
Direktor Josef Raff)
Die berühmten Mainau-Gärten ziehen alljährlich Millionen Besucher an und verdanken dieses große Interesse nicht nur der herrlichen Lage im Bodensee, sondern zum großen Teil gewiß der Vielseitigkeit der Pflanzenwelt, die dort in schönster Vollendung gepflegt und präsentiert wird.
Der Fuchsienliebhaber findet auf der Insel große Exemplare der wichtigsten winterharten Fuchsien aus der *F. magellanica*-Gruppe. Auch Fuchsienarten wie *F. arborescens, F. boliviana* var. *luxurians* 'Alba', *F. fulgens* und viele andere sind vertreten. Ein großes Sortiment von Fuchsiensorten, alte und neue, steht den Sommer über auf Beeten und in Gruppen und läßt das Herz des Fuchsienfreundes höher schlagen.
Im Buch „Pflanzenschätze der Mainau" von Josef Raff kann man Näheres auch über die dortigen Fuchsien nachlesen. Zum Beispiel erwähnt er eine 130jährige Fuchsie.

Bremen
(Leiter Dr. Lothar Heft)
Der Botanische Garten Bremen zeigt neben seinen reichhaltigen Rhododendron-Pflanzungen während der Sommermonate die für Deutschland wohl größte ständige Fuchsien-Ausstellung. Hunderte von Fuchsienarten und -sorten werden vom 15. Juni ab in großen Schauhäusern präsentiert. Dr. Heft ist einmal bemüht, gute, lang bewährte Fuchsien zu erhalten und zu bewahren, andererseits führt er laufend aus dem Ausland neue und allerneueste Züchtungen ein, so daß die Sammlung immer interessant bleibt.

Schloß Egeskov
(Insel Fünen, Dänemark)
Graf Ahlefeldt-Laurvig hat hier neben anderen sehenswerten, von hohen Hecken umgebenen Gärten einen zauberhaften Fuchsiengarten angelegt. Unter hohen, alten, schattenspendenden Bäumen stehen auf Beeten und in Kübeln Fuchsienarten und -sorten in großer Vielfalt und ästhetisch gelungener Anordnung. Bemerkenswert ist die große Anzahl alter und sehr alter, knorriger Hochstämme in schönen Sorten.

Botanischer Garten Jochum Hof
(Steil, Tegelen, Holland)
Der Garten zeigt eine interessante, umfangreiche Kollektion alter und neuer Fuchsien.

Rosen- und Fuchsien-Schaugarten „De Wilde"
(Prinses Irenelaan 14, Bussum, Holland)
Ein sehenswerter Garten, der den Sommer hindurch für Besucher geöffnet ist. Gezeigt werden Fuchsien als Hochstämme, in Ampeln, in Containern, auf Gartenbeeten, winterharte Fuchsien als große eingewachsene Sträucher von einem Teppich aus Heidekräutern untermalt.

Botanische Gärten
Sie üben auf Pflanzenfreunde immer eine große Anziehungskraft aus. In mehreren deutschen Anlagen werden interessante Fuchsiensammlungen unterhalten. Besonders der Sammler von Fuchsienarten kann hier seltene Arten kennenlernen und studieren.
In den Botanischen Gärten Berlin-Dahlem, Bonn, Dortmund, Köln, Tübingen und im Palmengarten Frankfurt sind größere Sammlungen zu sehen.

Kur- und Stadtgärten
Kur- und Stadtgärten sind häufig Fundgruben für den Fuchsienfreund, der mit offenen Augen durch die Anlage geht. Der Stadtgarten Überlingen (Bodensee) ist berühmt für seine Vielfalt an hervorragend gezogenen Fuchsien-Hochstämmen. In Bad Berleburg, Bad Salzuflen, Bad Mergentheim, Bad Driburg, um nur einige zu nennen, kann man herrliche Fuchsien-Anlagen besichtigen.

Bundes- und Landesgartenschauen geben Gelegenheit, Fuchsien zu studieren.

Fuchsien-Gesellschaften

Deutschland
Deutsche Dahlien-, Fuchsien- und
Gladiolen-Gesellschaft e. V.
Ubierstr. 30
5300 Bonn 2

Deutsche Fuchsiengesellschaft e. V.
Pankratiusstr. 10
Gross Förste
3208 Giesen

Kontakte zu Fuchsienfreunden in aller Welt können dieses Hobby sehr bereichern. Hier einige Adressen von ausländischen Fuchsien-Gesellschaften:

Amerika
American Fuchsia Society
Membership Secretary
Mr. Norman J. Cantley
59 Aura Vista Street
Millbrae, CA 94030
(415) 697–6278

National Fuchsia Society
Membership Secretary
Mrs. Myrtle Engel
8137 Loyola Blvd.
Los Angeles, CA 90045

Australien
Australian Fuchsia Society
A. Snewin Esq.,
Box No. 129
Rundle Street P. O.,
Adelaide S. A. 5000

Belgien
Les Amis du Fuchsia
62, rue de l'Esperance,
4000 Liege
Belgien

Canada
British Columbia Fuchsia Society
Mrs. E. I. Hood,
2175 West 16th Avenue,
Vancouver 9,
British Columbia

Dänemark
Dansk Fuchsia Klub
Birkebaekalle 15,
7260 Sdr. Omme

Frankreich
Monsieur J. Cesar
Vieux Champs Germigny
89600 St.-Florentin

Großbritannien
The British Fuchsia Society
Hon. Secretary
Ron Ewart, Esq.
The Bungalow,
Brookwood Military Cemetery
Brookwood, Surrey

Northampton and District
Fuchsia Society
President
L. B. Boullemier, Esq.
1, St. Matthews Parade
Northampton
England
Außerdem gibt es Regionalgruppen in fast allen Grafschaften. Die Adressen sind bei der BFS zu erfragen.

Neuseeland
Canterbury Horticultural Society Fuchsia Circle:
W. Mc Nickel, Esq.
100 Richardson Terrace,
Opawa,
Christchurch 2.

New Zealand Fuchsia Society
Eden House,
Khyber Pass
Auckland

Niederlande
Nederlandse Kring van Fuchsia Vrienden
Secretaris:
Mevr. H. Wit-Nijhuis,
Graaf Floris V-straat
4931 HK Geertruidenberg

Südafrika
South African Fuchsia Society:
Mrs. J. Smith,
P. O. Box 227,
Gillitts,
Natal

Bezugsquellen

Deutschland
Gartenbaubetrieb
Reinhard Heinke
–Spezialkulturen–
Eichholzstr. 2
4600 Dortmund 41 (Lichtendorf)

Rudolf und Klara Baum –Fuchsienkulturen–
Scheffelrain l
7250 Leonberg 1
(Versand)

Gartenbau
Heinrich Breukmann
Leinschede 22
5970 Plettenberg 2

Schweiz
E + C Angst van der Leek
CH 9500 Wil/Zürich
(Versand)

Holland
Gebr. Van't Westeinde
Kwekerij 'Westhof'
'S-Heer Arendskerke NL
(Versand)

Kooyman Fuchsia's
Papeweg 32
Wassenaar NL

De Wilde (Fuchsias)
Prinses Irenelaan 14
Bussum NL

England
B & H. M. Baker
Bourne Brook Nurseries
Greendtead Green,
Halstead, Essex GB

H. A. Brown
20 Chingford Mount Road
South Chingford
London, E. 4 GB

Don Stilwell,
Woodbridge Nursery
Hibernia Road
Hounslow GB

Wills Fuchsias LTD
Inh. R. A. and Mrs. I. James
Chapel Lane, West Wittering
Chichester, Sussex GB
(Versand)

High Trees Nurseries
Inh. Steve Head
Buckland, Nr. Reigate
Surrey GB
(Versand)

Fuchsiavale Nurseries
Stanklyn Lane
Summerfield
Kidderminster
Worcs. D y 10 4 HS GB
(Versand)

Fuchsia Specialists
R. & J. Pacey
Stathern,
Melton Mowbray
Leicestershire GB
(Versand)

Fuchsias
C. S. Lockyer
'Lansbury'
70 Henfield Road, Coalpit Heath
Bristol, BS 17 2 UZ GB

Literaturverzeichnis

BOULLEMIER, L. B.: Facinating Fuchsias. Northampton, 1973.

BOULLEMIER, L. B.: A Check List of Species Hybrids and Cultivars of the Genus Fuchsia. Northampton 1975.

BREEDLOVE, D. E.: The Systematics of Fuchsia Section Encliandra (Onagraceae). University of California Press, Berkeley 1969.

CALIFORNIA FUCHSIA SOCIETY: A to Z on Fuchsias. 1946.

CÉSAR, J.: Les Fuchsias. Dargaud Editeur, Neuilly sur Seine, Cedex 1981.

ESSIG, E. O.: A Check List of Fuchsias. The American Fuchsia Society, San Francisco 1936.

EWART, R.: Fuchsia Lexicon. Blandford Press, Poole 1982.

FESSLER, A.: Fuchsien für Haus und Garten. Kosmos, Stuttgart 1980.

GANSLMEIER, H.: Fuchsien. Landwirtschaftskammer Rheinland, Heft 16, Bonn 1979.

GOULDING, E. J.: Fuchsias. Bartholomew, Edinburgh 1973.

JENNINGS, K., and MILLER, V.: Growing Fuchsias. Croom Helm, London 1979.

LAAN, J. E. van der: Fuchsias het hele jaar door. Thieme, Zutphen 1974.

MUNZ, P. A.: A Revision of th Genus Fuchsia (Onagraceae). California Academy of Sciences, 1943.

PORCHER, F.: Le Fuchsia. Librairie Centrale d' Agriculture et de Jardinage, 1874, 4. Aufl.

PUTTOCK, A. G., and GIFFORD, J.: Lovely Fuchsias. London 1959.

PROUDLEY, B., and V.: Fuchsias in Colour. Blandford Press, Poole 1975.

SAUNDERS, E.: Wagtail's Book of Fuchsias. I, II, III, IV.

THE NATIONAL FUCHSIA SOCIETY: The New A to Z on Fuchsias. 1976.

THORNE, T.: Fuchsias for all Purposes. Collingridge, London 1959.

TOMLINSON, V.: Growing Fuchsias in Southern Africa. Galaxie Press, Salisbury (Rhodesia) 1976.

TRAVIS, J.: Fuchsia Culture. Travis, Bamber Bridge, Lancester.

WELLS, G.: Fuchsias. Royal Horticultural Society, 1972.

WILSON, S. J.: Fuchsias. Faber und Faber, London 1965.

WOOD, W. P.: A Fuchsia Survey. Williams & Norgate, 1959.

American Fuchsia Society Bulletin, verschiedene Jahrgänge.

„Fuchsiana“, Organ des Nederlandse Kring van Fuchsiavrienden, verschiedene Jahrgänge.

Gartenwelt, verschiedene ältere Jahrgänge.

Möllers Deutsche Gartenzeitung, verschiedene ältere Jahrgänge.

The Fuchsia Annual. The British Fuchsia Society, verschiedene Jahrgänge.

Bildquellen

Die Zeichnungen fertigte Frau Cornelia Frank, Stuttgart, nach Vorlagen der Autorin.

BIERMANN, H. J., Schwerte: Abb. Seite 22, 74, 130 (unten links), 131 (links), 134 (oben links, oben rechts), 142 (unten rechts), 164 (rechts).

BÖGEMANN, L., Leezdorf: Abb. Seite 27, 31 (unten links).

BURDA GmbH, Offenburg: Abb. Seite 62, 107.

FELBINGER A., Leinfelden-Echterdingen: Abb. Seite 18, 59, 67, 75, 79.

GRIJSEN-SELLINK, M., Winterswijk (Niederlande): Abb. Seite 66.

HECHT, H., Bestwig: Abb. Seite 78 (rechts), 110 (links), 135 (oben rechts), 138 (unten).

HEINKE, M., Dortmund: Abb. Seite 30 (unten).

NOWINSKI, J., Berlin: Abb. Seite 58 (rechts), 106 (unten).

POST, J. W. VAN DER, Oegsgeest (Niederlande): Abb. 11, 14, 15 (unten), 30 (oben), 31 (oben links), 58 (links), 106 (oben), 131 (rechts), 135 (unten rechts), 138 (oben links), 142 (oben rechts), 143 (oben, Mitte), 161 (oben rechts, unten rechts), 165 (oben links), 168 (oben links, unten rechts).

SEIBOLD, H., Hannover: Abb. Seite 71.

THIEME, E., Schwerte-Ergste: Abb. Seite 63, 78 (links), 135 (oben links), 168 (unten links).

WEIHRAUCH, H., Iserlohn: Abb. Seite 15 (oben), 19, 70, 110 (rechts), 130 (oben, unten rechts), 134 (unten links), 138 (oben rechts), 139 (oben, unten), 142 (oben links), 143 (unten), 161 (unten links), 164 (links), 165 (oben rechts, unten rechts).

WRIGHT, J. O., Woodley Reading (England): Abb. Seite 31 (unten rechts).

Sachregister

Seitenzahlen mit Sternchen* verweisen auf Abbildungen

Der Nutzgarten
Obst und Gemüse aus eigenem Anbau
Von H. Link, Ravensburg, und W. Titze, Kiel
316 Seiten, 102 Tabellen, 86 Farbfotos und 185 Zeichnungen
Kst. mit Schutzumschlag DM 48,–
(Ein Gartenpraxis-Buch)

Garten-Anlage
Handwerkliches Arbeiten mit Erde, Stein, Holz
Von P. Wirth, Stuttgart
224 Seiten m. 103 Farbfotos u. 426 Zeichn.
Kst. mit Schutzumschlag DM 48,–
(Ein Gartenpraxis-Buch)

Das biologische Gartenbuch
Gemüse, Obst, Blumen, Rasen auf biologisch-dynamischer Grundlage
Von K. v. Heynitz, Pforzheim, u. G. Merckens, Ulm
Verbesserte 2. Auflage. 288 Seiten mit 67 Farbfotos, 33 Schwarzweißfotos und 150 Zeichnungen, Kst. mit SU DM 42,–
(Ein Gartenpraxis-Buch)

Pflanzenschutz im Garten
Von H.-G. Michel u. H. Umgelter, Stuttgart
277 Seiten mit 124 Farbfotos, 71 Schwarzweißfotos und 47 Zeichnungen
Kst. mit Schutzumschlag DM 48,–
(Ein Gartenpraxis-Buch)

Stauden
und ihre Lebensbereiche in Gärten und Grünanlagen
Von Prof. Dr. R. Hansen, Weihenstephan, und F. Stahl, Nürnberg
571 Seiten mit 90 Farbfotos, 157 Zeichn. und zahlreichen Listen
Ln. mit Schutzumschlag DM 78,–

Iris
Von F. Köhlein, Bindlach
360 Seiten m. 147 Farbfotos u. 60 Zeichn.
Kst. mit Schutzumschlag DM 96,–

Lilien
Von C. Feldmaier, Pfarrkirchen, und J. McRae, Borning/USA
Neubearbeitete und erweiterte 2. Auflage.
246 Seiten m. 24 Farbtafeln u. 35 Zeichn.
Ln. mit Schutzumschlag DM 96,–

Miniaturgärten
in Trögen, Schalen und Balkonkästen
Von J. Carl, Pforzheim
156 Seiten mit 70 Farbfotos und 69 Zeichn.
Kst. DM 36,–

Steingarten
Von W. Schacht, Frasdorf
Neubearbeitete und erweiterte 5. Auflage.
190 Seiten m. 108 Farbfotos u. 15 Skizzen
Kst. mit Schutzumschlag DM 56,–

Das Kleingewächshaus
Technik und Pflanzenpflege
Von M. Walter, Bretzfeld-Waldbach
2. Auflage. 174 Seiten mit 59 Farbfotos, 113 Schwarzweißfotos und Zeichnungen
Kst. DM 36,–

Zu beziehen durch Ihre Buchhandlung. Prospekte kostenlos.

Verlag Eugen Ulmer
Postfach 70 05 61 · 7000 Stuttgart 70